代替肉の技術と市場

Technology and Market of Alternative Meat

監修：井上國世
Supervisor：Kuniyo Inouye

シーエムシー出版

はじめに

　わが国では少子高齢化と人口減少が最大の関心事である。国立社会保障・人口問題研究所の直近（2023 年 4 月 26 日公表）による将来人口の推計値によると，2008 年に最高値 1.28 億人を記録したあと減少に転じ，減少の勢いはやむ気配がない。2070 年に 8,700 万人，2120 年に 5,000 万人になると予想されている。2120 年には 3,000 万人になるとする予測（朝日新聞 2024 年 4 月 16 日，京都大学・森知也教授）もある。今後，100 年間にわたり，労働，生産，消費のいずれの局面においても大幅な人口減少に見舞われることは間違いなさそうである。一方，世界に目を転ずると，こちらの人口は拡大の一途をたどっており，今世紀末には 110 億人に達すると予想されている。世界人口の爆発的増大によって，世界的な食料不足が危惧されている。言い換えれば，食料問題に対する向き合い方は，国内に向き合う場合と国際社会に向き合う場合とでは，異ならざるをえないということになる。

　食料不足に対して，近年フードテック（FoodTech, FT）と呼ばれる取り組みが活発になっている。食（Food）に先進的テクノロジーを掛け合わせること（xTech）で，食に関連する技術，商品，サービスなどにおいて革新的なイノベーションを達成しようとするムーブメントと理解される。一方，食料をめぐる貧困，飢餓，栄養不足，環境への負荷，食料に起因する健康問題（生活習慣病），食料の無駄使いや廃棄（フードロス）の問題などの複雑で解決困難な問題がある。また，タンパク質源を家畜（とくに牛）の肉に頼ることにより，穀物や水の過度な消費と温室効果ガスの産生に加担していると指摘されており，家畜に頼らない食料タンパク質（代替肉）の確保に向けた研究開発と実用化が急ピッチである。大豆をはじめとする植物タンパク質は既に広く活用されている。さらに，魚類の（陸上）養殖技術の発展にも目を見張るものがあり，既に食卓に上がっているものも多い。

　世界情勢に目を転じると，食料のなかでもとりわけタンパク質の絶対的な不足が予想されており，2050 年まで（早ければ 2030 年頃）には，タンパク質の供給が追い付かなくなる事態（プロテインクライシス）に陥るとされている。藻類や昆虫，ミミズなどの未利用タンパク質資源の利用，および微生物や動物細胞などからのタンパク質生産（精密農業，細胞農業）などに強い関心が注がれているところである。翻って，わが国の状況をみると，食料自給率は先進国の中では突出して低い。近年のウクライナ戦争が引き金になり，世界中で深刻な穀類不足が現出したことを見るまでもなく，国際紛争やコロナ禍のような疫病，異常気象，洪水，干ばつ，地震のような人為的および自然的災害により食料確保すなわち食の安全保障が脅かされる可能性がある。

　本書では，食料の抱える問題を人口動態および自給率，環境保護などの観点から論じ，FT による取り組みを紹介した。また，どうしても不足することが予想されるタンパク質について，国の内外でなされている多角的な取り組みを紹介した。また，専門的観点から，第一線でご活躍中

の先生方にご執筆頂いた。ご多忙のところ，快く執筆の労を取って頂いたことに，あつく御礼申し上げます。本書が，食料とりわけタンパク質生産が抱える諸問題とそれに対する諸技術に関心をお持ちの研究者，技術者，学生諸氏にとり，いくばくか有益な情報を提供できているのなら，幸甚に存じる次第です。

2024 年 11 月

京都大学名誉教授

井上國世

執筆者一覧（執筆順）

井 上 國 世　京都大学名誉教授

岡 本 裕 之　(国研)水産研究・教育機構　本部　研究戦略部　研究調整課長

三 石 誠 司　宮城大学　副学長／食産業学群　フードマネジメント学類　教授

中 野 康 行　不二製油㈱　たん白事業部門　たん白開発二部　第一課　課長

川 口 甲 介　株式会社 CO2 資源化研究所　研究員

湯 川 英 明　株式会社 CO2 資源化研究所　代表取締役 CEO/CSO

魚 井 伸 悟　マリンフード㈱　研究部　副部長

村 上 真理子　農林水産省　大臣官房　新事業・食品産業部　新事業・国際グループ
　　　　　　　課長補佐

シーエムシー出版　編集部

目　　次

【技術編】

第1章　プロテインクライシスに対するフードテックの挑戦

井上國世

Ⅰ　世界および日本の食料事情 ……………… 4

1　人口爆発 ……………………………………… 4

　1.1　世界の人口 ………………………………… 4

　1.2　マルサス人口論 ………………………… 4

2　日本の食の状況 …………………………… 4

　2.1　食料，食糧，糧食，食料品，食品，食物，栄養，飼料，作物 ………… 4

　2.2　日本の食料自給率 ……………………… 5

　2.3　食料国産率 ……………………………… 6

　2.4　日本の食料自給の傾向 ……………… 7

　2.5　食料自給率におけるフードロス … 7

　2.6　日本の穀物自給率 ……………………… 8

　2.7　穀物の栄養成分 ………………………… 8

　2.8　過去20年間に世界の穀物需要は1.5倍に増加 …………………………… 9

　2.9　今後30年間に穀物需要は1.7倍増加 ……………………………………… 9

　2.10　穀物需要におけるバイオエタノール（BE）の台頭 ……………………10

　2.11　畜産物の需要見通し …………………10

　2.12　日本の牛肉消費動向 …………………11

　2.13　プロテインクライシス（PC）………11

3　食料に関わる世界の現状 ………………12

　3.1　食料に関わる諸課題 …………………12

　3.2　異常気象 …………………………………12

　3.3　農業の環境への負荷 …………………13

　3.4　農業に起因するGHGの問題 ………14

　3.5　貧困，飢餓，南北問題 ………………14

　3.6　経済成長と食料生産性 ………………15

　3.7　食をめぐる世界と日本の状況 ………16

Ⅱ　プロテインクライシス（PC）に対するフードテック（FT）の現状…………17

4　フードテック（FT）……………………17

　4.1　FTの定義 ………………………………17

　4.2　FTの背景 ………………………………17

　4.3　FT市場は700兆円 …………………18

　4.4　日本のFTへの取り組みは遅れている ………………………………………18

　4.5　日本の取組み（フードテック官民協議会とフードテック推進ビジョン）……………………………………18

　4.6　日本発FTの目指す姿 ………………20

　4.7　FTの分類とインパクト ……………21

　4.8　肉を食べることの意味 ………………21

5　代替肉を開発・製造するための作戦 ……22

　5.1　代替肉の位置付け ……………………22

　5.2　植物肉（プラントベースミート，PBM）の栄養価 ………………………23

　5.3　作戦1：従来行われてきた植物性タンパク質や魚肉の利用 ……………23

　5.4　作戦2：畜産肉以外のタンパク質を原料とした代替肉 …………………24

　5.5　作戦3：微生物や藻類由来タンパク質を原料とする代替肉 ………………24

5. 6　微生物タンパク質 ……………………24

5. 7　微生物タンパク質の利用の歴史 ……25

5. 8　粗タンパク質（crude protein）……26

5. 9　石油タンパク質および SCP（single
　　　cell protein）…………………………26

5. 10　SCP の栄養学的特徴 ………………27

5. 11　水素細菌または水素酸化細菌の利
　　　用 …………………………………28

6　藻類タンパク質 …………………………28

6. 1　藻類タンパク質の利用 ……………28

6. 2　藻類の培養法 ………………………29

7　精密発酵（precision fermentation,PF）…30

7. 1　精密発酵の概要 ……………………30

7. 2　精密発酵（PF）の生産工程 ………30

8　作戦 4：培養肉 …………………………31

8. 1　動物細胞培養の歴史 ………………31

8. 2　動物細胞培養技術を用いる培養肉
　　　の製造 ………………………………31

8. 3　培養肉をめぐるニュース …………32

8. 4　畜産の問題点 ………………………33

8. 5　培養肉に対する社会の反応 ………33

8. 6　培養肉と食文化および食の伝統 ……35

9　作戦 5：遺伝子改変技術を用いる食用
　　動物，魚，植物の改変 …………………35

10　作戦 6：昆虫食 …………………………35

11　代替肉の市場 ……………………………36

11. 1　代替肉の世界市場は 2050 年に
　　　5. 4 倍に増加 ………………………36

11. 2　培養肉の市場 ………………………37

11. 3　昆虫食および昆虫飼料の市場 ……38

12　食品中の主要タンパク質 ………………38

12. 1　食品タンパク質の概要 ……………38

12. 2　必須アミノ酸 ………………………38

12. 3　小麦タンパク質 ……………………39

12. 4　大豆タンパク質 ……………………39

12. 5　大豆タンパク質の食品特性 ………40

12. 6　米タンパク質 ………………………41

12. 7　卵タンパク質 ………………………41

12. 8　乳タンパク質 ………………………42

12. 9　畜肉タンパク質 ……………………43

12. 10　魚肉タンパク質 ……………………44

第 2 章　ゲノム編集魚の作出技術とその規制　　岡本裕之

1　魚類のゲノム編集技術 …………………53

1. 1　クリスパーキャスの登場 …………53

1. 2　受精卵を用いたゲノム編集 ………54

1. 3　ゲノム編集ツールの導入時期の検
　　　討 …………………………………55

1. 4　クリスパーキャスによるゲノム編
　　　集 …………………………………56

1. 5　交配による変異の固定と均一化 ……57

1. 6　国内および海外のゲノム編集魚 ……58

2　ゲノム編集魚の取り扱い規制 …………60

2. 1　利用目的に応じたゲノム編集魚の
　　　届出 …………………………………60

2. 2　事前相談における確認項目 ………61

2. 3　ゲノム編集魚の食品衛生上の取扱
　　　の整理 ………………………………65

2. 4　ゲノム編集生物の後代交配種の取
　　　扱い ………………………………66

2. 5　ゲノム編集技術応用食品の表示 ……66

3　まとめ ……………………………………67

第3章　世界の食肉需要とビジネスとしての代替肉の可能性
三石誠司

1　はじめに ………………………… 70
2　世界の食肉生産の動向 ………… 72
　2.1　問題の根幹と食肉生産 …… 72
　2.2　食肉の貿易 ………………… 73
3　代替肉の現実的な可能性 ……… 74
3.1　市場規模 …………………… 74
3.2　企業数 ……………………… 76
3.3　商業化へのリアリティ検討へ ……… 77
4　おわりに ………………………… 80

第4章　粒状大豆たん白の開発と大豆ミートへの展開
中野康行

1　植物性（大豆）たん白 ………… 81
2　粒状植物性（大豆）たん白 …… 83
　2.1　種類 ………………………… 83
2.2　製造条件 …………………… 85
2.3　食感及び風味 ……………… 86
3　代替肉（大豆ミート） ………… 89

第5章　水素細菌を用いたタンパク質の生産
川口甲介，湯川英明

1　はじめに ………………………… 92
2　畜産物生産の限界要因 ………… 93
3　代替タンパク質 ………………… 94
　3.1　微生物タンパク質（SCP）…… 94
　3.2　精密発酵（Precision Fermentation）
　　………………………………… 95
4　バイオプロセス産業 …………… 95
4.1　バイオプロセス産業の変遷 ……… 96
5　株式会社 CO2 資源化研究所（UCDI）
　の取り組み …………………… 97
5.1　UCDI® 水素菌について ……… 97
5.2　プロテイン事業の工業化に向けて
　………………………………… 98
6　終わりに ……………………… 99

第6章　代替チーズ「スティリーノ」
魚井伸悟

1　「スティリーノ」とは…………… 100
2　代替チーズの歴史 …………… 100
3　代替チーズの存在意義と2つのアプロー
　チ ……………………………… 101
4　海外の代替チーズ事情 ……… 103
5　現在の国内の代替チーズ事情 ……… 104
6　スティリーノの詳細と特徴紹介 ……… 104
6.1　コレステロール含量低減 … 106
6.2　モッツァレラタイプ ……… 106
6.3　乳成分完全不使用「ヴィーガン」
　………………………………… 109
7　今後の課題と展望 …………… 111

第7章　期待が高まるフードテックビジネス
　〜フードテック官民協議会の取組〜　　村上真理子

1　期待が高まるフードテックの分野 …… 112
2　フードテックを推進する背景 ………… 113
3　フードテック官民協議会 …………… 113
4　フードテック推進ビジョンとロードマッ

プの策定 ……………………………… 115
5　ビジョンの実現に向けた取組 ……… 117
6　さいごに ……………………………… 118

【市場編】　　　　　　　　　　　　シーエムシー出版　編集部

第1章　世界のプロテイン市場

1　世界的スケールにおけるタンパク質
　（プロテイン）供給不足問題の発生…… 123
2　代替タンパク質の研究開発の現状 …… 124
　2.1　植物性タンパク質 ……………… 124
　2.2　乳タンパク質（ミルクプロテイン）

…………………………………… 126
　2.3　昆虫タンパク質 ………………… 127
　2.4　培養肉 …………………………… 129
　2.5　微生物タンパク質 ……………… 130
　2.6　精密発酵 ………………………… 133

第2章　フードテックの現状

1　フードテックとは ………………… 135
2　フードテックの概念 ………………… 136
3　フードテックの市場規模 …………… 138
4　国内のフードテックの動向 ………… 138
　4.1　フードテックのロードマップ …… 138

　4.2　フードテックを展開する企業 …… 140
5　海外のフードテックの動向 ………… 144
　5.1　米国 …………………………… 144
　5.2　欧州（EU） …………………… 144
　5.3　アジア ………………………… 146

第3章　代替タンパク質の市場動向

1　植物性タンパク質 …………………… 147
　1.1　植物性タンパク質素材の種類 …… 147
　1.2　植物性タンパク質の長所・短所 … 147
　1.3　植物性タンパク質の動向 ………… 148
2　乳タンパク質 ………………………… 169
　2.1　概要 ……………………………… 169
　2.2　市場／開発動向 ………………… 170

3　昆虫タンパク質 …………………… 174
4　微生物タンパク質 ………………… 177
　4.1　微生物タンパク質素材の種類 …… 177
　4.2　微生物タンパク質の長所と短所 … 178
　4.3　微生物発酵タンパク質の動向 …… 178
5　精密発酵タンパク質 ………………… 185
6　代替肉の動向 ……………………… 191

| 6.1 植物肉 …………………… 191 | 6.3 高タンパク食品 ……………… 197 |
| 6.2 培養肉 …………………… 196 | 7 スポーツプロテイン ……………… 202 |

第4章　代替肉に関連するフードテック技術

1 代替油脂 …………………… 211	4 植物分子農業 ……………… 217
2 味覚検知ツール …………… 212	5 培養肉の量産化技術 ……………… 217
3 3Dフードプリンター …………… 214	

技術編

第1章　プロテインクライシスに対する
　　　　フードテックの挑戦

井上國世*

はじめに

　地球人口の爆発的増加が続いている。過去には，農業技術の革新による食料増産が人口増加を支えてきた。地球は今後も全ての人に十分な食料を供給する能力があるだろうか。

　食は人にとり根源的な意味をもつ。人の体は食物により作られ，日々更新されている。この過程で身体的・精神的活動が生み出される。食は，健康，医療，環境，文化などと密接な関係をもつ。一方，問題も多い。人は地球上に現れて以来，いつも食料の獲得，生産，分配などの問題に向き合ってきた。地球から供給される食料に見合うだけの人口が生きながらえてきた。人は飢餓に直面するたびに技術革新をもって何とか生き延びてきた。今日，食は宇宙空間や超高齢社会など未知の分野へも活動の幅を広げており，更なる技術革新が求められている。近年，食料の量と質に関して，地球レベルで種々の問題が提起され，食料危機などと称される。これらの諸問題に対して，「先端的食品工学」と呼んでよい「フードテック（FoodTech），以下FT」なる技術革新が起こってきた。

　一方，食料危機のなかでは，とりわけ動物性タンパク質の生産が抱える問題が深刻だ[1~3]。「タンパク質危機」あるいは「プロテインクライシス（protein crisis），以下PC」と呼ばれる所以だ。

　本書の目的はPCに対するFTからの取組みについて紹介することである。本稿はその「序論」である。本稿I部では「世界および日本における食料事情」を，II部では「PCに対するFTの現状」を概説した。個別の専門分野に関しては，気鋭の先生方にご執筆いただいた。先生方には，あつく御礼申し上げます。本書が，食料に興味を持たれる研究者，技術者，学生諸君にとり，研究・開発の一助になることを祈念いたします。

本稿で用いた主要な略号：
　FT, フードテック；GHG, 温室効果ガス；MP, マイコプロテイン（菌体由来タンパク質）；PBM, プラントベースミート（植物由来タンパク質から作られた人工肉）；PC, プロテインクライシス（タンパク質危機）

　＊　Kuniyo Inouye　京都大学名誉教授

I 世界および日本の食料事情

1 人口爆発

1.1 世界の人口

国連人口基金（UNFPA）発行の「世界人口白書2023」（2023年4月19日）によると，世界人口は2022年11月15日に80億人に到達し，2023年には80.45億人とされる[4]。なお，2023年の日本の人口は，前年から230万人減の1.23億人である。

地球に人（新人）が現れたのは10万年前とされるが，BC 8000年の世界人口は100万人，BC 2500年では1億人とされる。AC元年に2億人に到達し，1000年に3億人，1800年に10億人，1900-25年に20億人になったとされている[5]。1900年頃までは緩やかな増加を示してきたが，それ以降急増し，1960年に30億人，1974年に40億人，1987年に50億人，1999年に60億人，2011年に70億人に到達した[6]。人口爆発である。

今後の世界人口の動態について，国連の報告では，世界人口は増加の一途をたどり，2050年に100億人に達する[7]が，今世紀末に110億人程度でピークを迎えると推定されている[5]。また，今後1世代のうちに90億人を下回る水準でピークを迎え，今世紀後半には人口は減少し始めるとの説もある[5]。いずれにしても，21世紀後半には100億人に達することを覚悟しておく必要がありそうである。

1.2 マルサス人口論

1798年，英国の古典経済学者 T. R. マルサスは人口論を著した。食料は算術級数的にしか増加しないのに比べ，人口は幾何級数的に増加する傾向をもつので，そのうち食料不足が起こり，その結果，貧困と犯罪とが増加すると予言した。このような問題を回避するため，人口制御のための方策を推奨した。マルサス人口論の発表後，奇しくも産業革命がおこり，植民地開拓，肥料・農薬の開発，衛生・医療の進歩，化学工業の発展などに後押しされる形で，逆に爆発的な人口増加を見ることとなった。

2 日本の食の状況

2.1 食料，食糧，糧食，食料品，食品，食物，栄養，飼料，作物

広辞苑[8]に従って，食料およびその関連語と類義語を整理する。

食料：食べ物とするもの。食料品。

食糧：食用とする糧。糧食。食物。主として主食物をいう。

糧食：食糧。糧米。かて。特に，貯蔵したり携行したりするもの。

食料品：食品，食べ物。特に主食以外の野菜・魚介類・肉類などを指す。

第 1 章　プロテインクライシスに対するフードテックの挑戦

食品：人が日常的に食物として摂取する物の総称。飲食物。食料品。

食物：生物が生きるために日常摂取して身体の栄養を保持するもの。

栄養：生物が外界から物質を摂取し代謝してエネルギーを得て，また，これを同化して成長することと。また，その摂取する物質。

飼料：飼育動物に与える食物。トウモロコシ，ソルガム，オオムギ，エンバクなど。飼料穀物。
　　　粗粒穀物。

作物：田畑に栽培する農作物。

　それぞれの違い，とくに食料と食糧の違いは容易には判別しがたい。一方，食料，食品が分類された直接食べることができるもの，食糧は食品の材料となる食べられるもの全部，すなわち，広範囲に食品をとらえたものとの説明もあり[9]，例えば「家畜は食糧であるが，肉は食品である」としている。また，食糧，食料は生産面を，食品，食物は消費面を重視したときに用いるとする説もある。食糧とは旅や戦争に携帯する米，麦などの主食を指すとの説明もある。栄養・生物学辞典（朝倉書店）[10]は，食料は食糧とも書き，糧食ともいうとし，これらは食物，食品，食餌，食，食料品，食べ物などとほぼ同じ意味であるが，食糧には米，麦など主食を意味するニュアンスがある，としている。食糧は「かて」とも呼ばれるが，主食としての機能（栄養的機能）を表していると理解できる。これに対し，食料は，栄養的に必要な食物のみならず嗜好品をも含み，食用になるもの全般を指すと思われる。

2.2　日本の食料自給率

　食料自給率は，わが国の食料供給に対する国内生産の割合を示す指標である[11]。具体的には，品目ごとに重量で計算する「品目別自給率」[例えば，令和 3 /2021 年度の小麦の国内生産量（109.7 万トン）を小麦の国内消費量（642.1 万トン）で割って得られる 17 ％]と食料全体を総合して共通の「ものさし」[例えば，供給熱量（カロリー）や生産額]で計算した「総合食料自給率」がある。さらに，「穀物自給率」がある（下記）。海外では食料自給率と言えば穀物自給率を指すことが多く，自給率の国際比較の場合などで用いられる（2.4 項参照）。

　しかし，わが国では食料自給率と言えば「総合食料自給率」を指すことが多い。このとき，「ものさし」に供給熱量を用いた「供給熱量ベース（カロリーベース）」と金額を用いた「生産額ベース」とがある。品目ごとの供給熱量は，「日本食品標準成分表 2020 年版（八訂）」に基づいて算出される。

　「総合食料自給率」が飼料自給率を反映した内容であることに注意。一方，「食料国産率」（下記 2.3 項）は飼料自給率を反映しない内容になっている。

　令和 3 年度の「カロリーベース総合食料自給率」は，1 人 1 日当たりの国産供給熱量（860 kcal）を 1 人 1 日当たりの供給熱量（2,265 kcal）で割って得られる値 38 ％。また，令和 3 年度の「生産額ベース総合食料自給率」は，食料の国内生産額（9.9 兆円）を食料の国内消費仕向け額（15.7 兆円）で割って得られる値 63 ％である。

5

代替肉の技術と市場

　一方，総合食料自給率から野菜や果物，菓子などの効果を差し引いた自給率を表す指標として「穀物自給率」がある。「穀物自給率」には 2 つの概念がある。

　「穀物自給率」と言うときは通常「飼料を含む穀物全体の自給率」（穀物自給率 a と呼ぶ）を指す。これは，重量ベースにおいて，穀物（飼料用を含めた米，小麦，大麦，トウモロコシなど）の国内生産量（重量）を国内消費仕向量（重量）で割った値（％）であり，概ね 28％前後で推移している。

　「穀物自給率」のもう一つの概念は，「主食用穀物自給率」（穀物自給率 b）と呼ばれる。これは，重量ベースで，主食用穀物（米，小麦，大麦，裸麦のうち，飼料用を除いたもの）の国内生産量（重量）を国内消費仕向量（重量）で割って得られる値（％）であり，概ね 60％程度で推移。輸入依存度が高い飼料用穀物が，穀物自給率 b に比べて a を大きく低下させていることが分かる。

2.3　食料国産率

　「食料・農業・農村基本計画」（令和 2/2020 年 3 月に閣議決定）で提示された指標。「総合食料自給率」（2.2 項）が飼料自給率を反映した内容であるのに対し，「食料国産率」は飼料自給率を反映しない内容になっている。すなわち，飼料が国産か輸入かに拘わらず，畜産業の国内生産の状況を表す指標が示される。

　具体的には，令和 3 年度の「カロリーベース食料国産率」は，1 人 1 日当たりの（飼料自給率を反映しない）国産供給熱量（1,071 kcal）を 1 人 1 日当たりの供給熱量（2,265 kcal）で割った値 47％となる。飼料自給率を反映した自給率については，2.2 項および 2.4 項参照。

　一方，「生産額ベース食料国産率」は，食料の（飼料自給率を反映しない）国内生産額（10.8 兆円）を食料の国内消費仕向け額（15.7 兆円）で割った値 69％になる。

　国産飼料を用いて生産された国産牛肉について計算した「カロリーベース食料自給率」（A）は，12％。一方，飼料が国産か輸入かに拘わらず，国内で生産された国産牛肉全体について計算した「カロリーベース食料国産率」（B）は 45％になる。ここで，B と A の差（45－12＝33％）は，輸入飼料を用いて国内で生産された国産牛肉に基づくカロリーベース自給率になる。

　「飼料自給率」は，畜産物に仕向けられる飼料の自給率を示す指標であり，令和 3 年 /2021 度の飼料自給率は，「純国内産飼料生産量」（645 万 TDN トン）を「飼料需要量」（2,530 万 TDN トン）で割った値 25％である。ここで，TDN は家畜飼料中に含まれるエネルギーを評価する指標である。可消化養分総量（total digestible nutrients）を意味し，飼料中の栄養成分とその消化率とから，消化・吸収される養分（可消化養分）を求め，その総和として飼料のエネルギー価を推定したもの[12]。TDN は精密さに欠けるという指摘がある。今日，飼料エネルギーの指標として，飼料の持つ化学エネルギー（燃焼熱）から糞として排泄されるエネルギーを差し引いた「可消化エネルギー（DE）」，DE から尿やメタンとして排泄されるエネルギーを差し引いた「代謝エネルギー（ME）」が用いられる。

　食料自給率の算定の対象になる食料には国内に流通している全ての食品，食材が含まれる。し

6

かし，酒類は嗜好品として扱われ食料には含まれないこと，また，酒造用の米も食料には含まれないことから，食料自給率に反映されていないことに注意が必要。

2.4　日本の食料自給の傾向

　2023年8月7日，農林水産省は令和4年度食料自給率及び食料自給力指標を報告した[13]。「カロリーベース食料自給率」は前年度（2021年度）と同じ38％。「カロリーベース食料国産率」（飼料自給率を反映しない）も前年度と同じ47％，「飼料自給率」も前年度と同じ26％。「生産額ベース食料自給率」は，前年度より5pt低い58％，「生産額ベース食料国産率」（飼料自給率を反映しない）は前年度より4pt低い65％であった。2020年度に比べて，「カロリーベース食料自給率」は1pt低下したが，「生産額ベース食料自給率」は9pt，「生産額ベース食料国産率」も6pt低下している。わが国では金額の高い食品は国産品を，安い食品は輸入に頼っていることが分かる。

　令和4年度の食料自給力指標は，米・小麦中心の作付けでは，1人1日当たり1,720kcal。一方，いも類中心の作付けでは2,368kcalとなった。日本人の推定エネルギー必要量（体重維持に必要なエネルギー）は2,168kcalであることを考えると，いも類中心の作付けではこのカロリー量を充足できるものの，米・小麦中心の作付けでは不足することになる。ちなみに，品目別自給率では，米99％，野菜75％，畜産物17％，小麦16％，油脂類3％である。

　経年変化を見る。昭和21/1946年度の「カロリーベース食料自給率」は86％。昭和40/1965年には73％まで低下し，その後は単調低下。とくに，昭和40-50年の10年間における低下が著しく，50年には52％まで低下。昭和50-60年は52％前後でほぼ横ばいであるが，平成元/1989年から再び低下が始まり，平成元-12年の間に10pt下げ40％になった。その後，平成27/2015年まで横ばいを続けていたが，令和になり再び低下傾向。

　一方，政府の「食料・農業・農村基本計画における食料自給率等の目標」（令和2/2020年3月閣議決定）では，平成30/2018年度に比べて，令和12/2030年度には，「カロリーベース食料自給率」および「生産額ベース食料自給率」をそれぞれ37％から45％および66％から75％へ，また，「飼料自給率」を25％から34％へ増大させるとしている。このことにより，「カロリーベース食料国産率」および「生産額ベース食料国産率」は，それぞれ46％から53％および69％から79％へ増大させるとしている。

　日本で一般的に使われている「カロリーベース食料自給率」は，主に日本，韓国，台湾，ノルウエー，スイスなどで用いられているもので，国際的な指標ではないとの指摘がある[14,15]。実際，この指標では輸入された飼料を用いて国内で育てられた牛，豚，ニワトリ，鶏卵などは計算に入れられていないという不都合な面がある（2.2項参照）。

2.5　食料自給率におけるフードロス

　食料自給率には，廃棄された食料も食べたものとして算入されるため，実際の自給率よりも低く見積もられる。令和3/2021年度の日本における食品ロス量は522万トンであり，うち事業系

食品ロス量は275万トン，家庭系食品ロス量は247万トンである[16]。

これは国民1人当たり，毎日お茶碗1杯分（114 g）の食料を廃棄していることに相当し，年間48 kgの食料を廃棄することに相当する。金額にすると10兆円にのぼる[17]。世界中の飢餓で苦しむ人に向けた世界の食糧支援は2021年に440万トンであったが，日本の食品ロス量はこれの1.2倍に当たる。政府は，事業系および家庭系食品ロス量を2030年度にはそれぞれ273および216万トンにするとしている。

世界の食品ロスは13億トン（2017年）である[18]。世界の食料生産量は40億トンであり，現在の世界人口を養うのに必要十分であるとされている。しかし，現実には，この3分の1が廃棄されていることになる。一方，世界の飢餓人口は8.21億人であり，9人に1人が飢餓にある。これは，食品が廃棄されずに有効に分配されていれば，誰も飢餓に苦しむことが無いことを示している[19]。

2.6　日本の穀物自給率

農林水産省が公表している世界各国の「カロリーベース食料自給率」および「生産額ベース食料自給率」（令和元 /2019 年）を以下に記載する[20]。

カナダ，233％および118％；オーストラリア，169％および126％；アメリカ，121％および90％；フランス，131％および82％；ドイツ，84％および64％；イギリス，70％及び61％；イタリア，58％および84％；スイス50％および50％。日本はそれぞれ38％および58％である（2.4項参照）。わが国の食料自給率，とくに「カロリーベース食料自給率」の低さが際立っている。

一方，日本の穀物自給を見てみると，米の自給率こそほぼ100％であるが，全体の「穀物自給率」は28％であり，人口が1億人超の国としては最低の水準である。世界173国について見ると，穀物自給率と人口の間には正の相関が見られ，人口1億人以上の国の穀物自給率は概ね80-120％を示す。この相関関係から見ると，わが国の数値は突出して低い。日本と同レベルの穀物自給率の先進国（地域）には，いずれも人口が日本より少ないベルギー（39％），韓国（25％），台湾（20％）などがある。経済発展国G7では，英国（86％）を除くと，すべて100％を超えている。また，BRICs（中国，ブラジル，ロシア，インド）も全て100％を超えている。BRICS国の南アフリカは90％。北朝鮮は80％を超えている。パラグアイとアルゼンチンは300％台，オーストラリア，カナダ，ウルグアイ，ラトビアは200％台。

2.7　穀物の栄養成分

穀物は人間の食事の中で最も重要な植物性食料であり，イネ科の栽培作物の種子から得られる。慣例上，ソバやキヌアなど他科植物由来の種子も穀物に含めている。穀物は多くの国で主食として利用され，アフリカやアジアの農村地帯では，全エネルギー摂取量の70％以上を穀物に依存している。一般に，国や個人の富裕度が上がるほど，穀物や植物性食品の重要性が低下する傾向がある。それでも，英国を例にとると，エネルギー摂取量の30％，タンパク質摂取量の

第1章　プロテインクライシスに対するフードテックの挑戦

25％，利用可能炭水化物摂取量の50％を穀物から得ている。温帯国では小麦が主要な穀物であるが，極東地域では米が，アフリカや中央アメリカではトウモロコシが重要な穀物である[21]。栄養源として，穀物は炭水化物源であると考えがちだが，タンパク質源としても大きな役割を果たしていることを忘れてはならない。穀類（乾燥重量）当たりに含まれるタンパク質重量の割合（％）を見ると，小麦16-11％，玄米11％，トウモロコシ15-10％，ライ麦15％，大麦12％などであり，概ね15-10％である。また，脂質含量は2-3％，炭水化物含量は70-80％である[21]。

成人では1日に250g程度のタンパク質が細胞で分解されては合成されている。細胞でタンパク質合成に使われる各種アミノ酸のうち約70％は細胞内で合成されるアミノ酸（非必須アミノ酸）から賄うことができるが，残りの30％は食事からタンパク質として摂取する必要がある。成人が1日に食事から摂取すべきタンパク質量は70g程度である[21]。食事から摂取すべきタンパク質には，人が生合成できない必須アミノ酸が必要十分量含まれていなくてはならない。

人が食事から摂取する必要があるタンパク質量は，500-600g（乾燥重量）の穀物を食べることによって充足される量である。必須アミノ酸含量から見たアミノ酸バランスを見ると，植物性タンパク質は一般にリジン（Lys），メチオニン（Met），トリプトファン（Trp）などの含有量が，肉や卵，牛乳などの動物性タンパク質に比べて劣る。したがって，植物性タンパク質を主要タンパク質源として摂取する場合でも，これらの不足しがちなアミノ酸を補給することにより，必要なアミノ酸を充足させることは可能である。日本人の食生活では，ごく最近まで，ご飯にメザシや魚の佃煮や豆腐を添えたり，卵かけご飯などにしたりして，米だけでは不足するアミノ酸を補っていたものだ。ただし，タンパク質源の多くを穀物に頼ることは，穀物に多量含まれる炭水化物の過剰摂取に繋がる可能性があるので工夫が必要だ。

2.8　過去20年間に世界の穀物需要は1.5倍に増加

米国農務省（USDA）が2023年4月に発表した2020/21年度の世界の穀物全体（米，トウモロコシ，小麦，大麦など）の需給見通しによると，生産量は27.3億トン，消費量は27.5億トンであり，生産量は消費量を下回る見込みとなった。ちなみに期末在庫率は28.7％。2000/01年度の生産量および消費量はそれぞれ18.5億トンおよび18.7億トンであったが，以後，両指標ともほぼ直線的に増大し，現在に至っている。すなわち，2000/01年度からの20年間に，穀物生産量および消費量とも1.5倍に増加した。この要因は，途上国の人口増加と所得水準の増加に伴う食の質と量の改善によると考えられる[22]。

2.9　今後30年間に穀物需要は1.7倍増加

農林水産省が，長期的な世界の食料需要見通しとして，2010年に対して2050年の食料需要量を予測している[23]。2010年の食料需要量は34.3億トン（うち，穀物21.3億トン，油糧種子3.6億トン，砂糖作物1.6億トン，畜産物7.8億トン）であるが，2050年には1.7倍増加し，58.2億トン（うち，穀物36.4億トン，油糧種子5.9億トン，砂糖作物1.8億トン，畜産物14.0億トン）

に達するとされている。

　ここで，穀物とは小麦，米，とうもろこし，大麦，ソルガム；油糧種子とは大豆，菜種，パーム，ヒマワリ；砂糖作物はサトウキビおよびテンサイ；畜産物は牛肉，豚肉，鶏肉，および乳製品を指す。

　2010年から2050年にかけて，穀物は1.7倍，油糧種子は1.6倍，砂糖作物は1.2倍，畜産物は1.8倍に増加することが分かる。世界の食料需要量の増加を，国民の所得別に見ると，高所得国では1.2倍の増加にとどまるが，中所得国では1.6倍，低所得国では2.7倍の増加が予想されている。今後20-30年の間に，現在の低所得国は経済発展を遂げ，より多くの食料を消費するようになることが予想される。

　穀物需給見通しによると，上述の通り，2050年の世界の穀物需要量は36.4億トン（2010年比，1.7倍）であるが，生産量は34.5億トン（同，1.7倍）になると予測されている。経済発展に伴って農業投資が増加する結果，労働生産性が向上し，単収の増加が期待される。2010年に比べて2050年には現在の低開発国での経済発展が予想され，大幅な単収の増加が見込まれている。人口増加が見込まれる地域では，都市化に伴って農地は工業地や宅地に変貌することにより，農地は減少する。興味深いことに，温暖化（平均気温が2℃ほど上昇）が進むことにより農地が拡大する可能性が指摘されており，2010年から50年にかけて世界の農地面積は0.73億ヘクタール（ha）増加し，16.1億haになると予想されている。そのうち，穀物生産の収穫面積は，6.1億ha（2010年）から6.2億ha（2050年）に微増するとされている[18, 24, 25]。

2. 10　穀物需要におけるバイオエタノール（BE）の台頭

　穀物需要には，大きく飼料用，食用，BE用がある。2004-2006年の飼料用は7.3億トン，食用は12.5億トン，BE用はゼロであったが，2016-18年には，それぞれ9.6億トン（全需要量の37%），14.7億トン（57%），1.6億トン（6%）であった。これは，2029年には，それぞれ11.5億トン（全需要量の38%），17.4億トン（57%），1.7億トン（6%）になると予測されている[18]。2016-29年において，穀物需要の内訳に大きい変化は見られないが，BE用穀物需要量は，2010年の1.8億トンに対して2050年には2.4億トンへ増加すると予想されている。カーボンニュートラル化や脱化石資源化，脱原発化の流れの中で，今後さらに穀物のBE製造への応用は増加する可能性がある。このことは，穀物をめぐって，（食料＋飼料）への需要とBEへの需要の間で綱引きが起こる可能性がある。

2. 11　畜産物の需要見通し

　畜産物の世界の需要量は，2010年には7.8億トンであったが，2050年には14.0億トンへ1.8倍増加すると予測されている[23]。内訳では，肉類が2.4億トンから3.8億トンへ1.6倍，乳製品が5.4億トンから10.2億トンへ1.9倍増加すると予測されている。これを国民の所得レベルについて見ると，高所得国の畜産物需要は2010年に比べて2050年では1.3倍増加，中所得国は1.6倍増加

第 1 章　プロテインクライシスに対するフードテックの挑戦

であるのに対し，低所得国では 3.5 倍の増加と予測されている。

2.12　日本の牛肉消費動向

　国民 1 人当たりの肉の消費は，経済成長による所得水準の上昇に伴い増加する傾向がある。

　1960（昭和 35）年，国民 1 人当たりの年間の牛肉消費量は 1 kg であったが，70 年に 2 倍，80 年に 3 倍，90 年に 5 倍に増加し，2000 年（平成 12 年）には 7.6 kg にまで増加した。その後，BSE（牛海綿状脳症）の流行があり，低下した。消費は現在も回復せず，2019 年（令和元年）では 6.5 kg であった。

　牛肉消費の減少分は，豚肉や鶏肉の消費の増加で埋め合わせられている。1960 年の国民 1 人当たり年間の豚肉と鶏肉の消費量は，ともに 1 kg であったが，2019 年には 12.8 kg および 13.9 kg まで増大。結果，1960 年から 2019 年にかけて，肉（牛，豚，鶏肉）の消費量は 10 倍に増加したが，逆に米の消費量は半減した[26]。

　また，2019 年の国産牛肉の国内需要に占める割合（国内需要率）は重量ベースで 35% であり，国産牛肉が全国内需要の約 3 分の 1 を占めている。同様に国産豚肉は 49%，国産鶏肉は 64% である。これを見ると牛肉，豚肉，鶏肉はそれぞれ 3 分の 1，2 分の 1，3 分の 2 が自給できているように見えるが，家畜飼育には多くの輸入飼料に頼っていることを理解する必要がある。

　牛肉 1 kg 生産するに必要な飼料用穀物（とうもろこし換算）は 11 kg。同様に，豚肉では 6 kg，鶏肉では 4 kg（ちなみに，昆虫食用のコオロギを 1 kg 得るのに必要な飼料は 2 kg）である[27]。

　国産飼料を用いて国内で生産された肉類自給率は，上述の輸入飼料と国産飼料に依存したトータルの肉類自給率に飼料自給率（2019 年は 25%）を乗じることにより算出できる。これによると，国産飼料により生産された牛肉の自給率は 9%，豚肉は 6%，鶏肉は 8% である。畜産物（肉類，乳製品，卵を含む）は安価な輸入飼料を用いて高付加価値生産が行われ，国産品は輸入品より高価で取引される傾向がある。畜産物全体のカロリーベース自給率は 15% であるのに対し，生産額ベース自給率は 56% である。

2.13　プロテインクライシス（PC）

　将来的に予測される穀物および畜産物の需要量増大は，世界人口の増加に起因するのみならず，現在は低所得国に甘んじている国々が経済発展を遂げ，量と質においてより多くの食料を消費する可能性も無視できない。また，穀物や油糧作物において予測される需要量増大は，畜産物の増大を支える飼料の需要量増加と相関する。今後 20-30 年間において，単に穀物中心の食料需要が増大するのではなく，畜産物の需要や畜産物生産を支える飼料作物の需要が大幅に増大することが予想される。今後は，供給される食料の種類，カテゴリー，生産方法に変化が要求されるということだ。

　現状の食料供給システムに依存している限り，将来的に畜産物（肉類，乳製品）の供給が逼迫

することが予想される。言い換えると，畜産物が提供する主たる栄養素はタンパク質であることを考えると，今後，世界的なタンパク質不足，PC に見舞われる可能性が危惧されることを示唆している。

2050 年の世界の総タンパク質摂取量は 2018 年の 1.5 倍の 3.4 億トンに達すると予想される[28]。一方，2050 年の世界のタンパク質供給量は 3.2 億トンと予測され，0.2 億トン不足する。とくに動物性タンパク質（牛，豚，鶏，羊，乳製品，水産品，その他の動物由来）については，0.6 億トン不足すると予測されている。

近い将来，タンパク質食料とくに動物性タンパク質食料が不足することに対して，どう対応するか，という問題とは別に，動物性タンパク質食料（畜産物，水産物）の生産自体に関わる問題点が提起されるようになった。すなわち，動物の命をもらう（屠殺）ことによって立つ肉食への非人道的な感情；肉食に対する非人道性の感情の有無に拘わらず，健康上の観点から肉食を忌避するベジタリアンの増加；従来型の畜産に伴って生じる環境汚染とくに温室効果ガス（GHG）の発生への批判などがある。

3　食料に関わる世界の現状

3.1　食料に関わる諸課題

食料に関わる課題を列記する。

①人口増加；②農業資源；③農産物利用の競合；④異常気象；⑤農業の環境への負荷；⑥貧困，飢餓，南北問題。

①および②に関しては，上述した。地球上の農業に適した土地や天然資源（特に肥料原料のリン，カリなど）の量には限界がある。これらの資源は，現在すでに使い切ってしまっている状態であり，極地や宇宙に関心を持たれる理由にもなっている。③に関しては，近年，GHG による地球温暖化やカーボンニュートラルの問題がクローズアップしてきた結果，農産物由来の燃料やプラスチックが注目されるようになった。従来，専ら食料・飼料として利用されてきた農産物由来のデンプンやセルロースが，エネルギー資源や工業原料としても期待されるようになり，食料・飼料への利用が圧迫され始めている（2.10 項参照）。農地や天然資源のみならず，農産物自体が，食料・飼料への利用と工業製品への利用との間で競合するようになってきた。

3.2　異常気象

地球温暖化や異常気象，それに伴う干ばつ，水害，冷害などにより，農地が減少する可能性がある。また，温帯地方が亜熱帯化することで，従来の農作物の生育が困難になることもある。また，土壌や永久凍土，泥炭地などに含まれている水分や CO_2，揮発性有機化合物などが大気中へ放出される可能性がある。地球温暖化による土壌の水分含量の減少に伴い，森林火災が起きやすくなる。森林火災の主要な発火源は雷と考えられている[29]が，雷の起こりやすさには地球温暖化

第1章　プロテインクライシスに対するフードテックの挑戦

が関係しているかもしれない。森林火災は，地中に閉じ込められていたガスを開放するだけでなく，森林が燃えることにより大量の CO_2 を放出する。大規模な森林火災では，放出される PM 2.5 などの微粒子による健康被害も問題になっている。

　異常気象による温暖化や冷害は地上のみならず海洋の温度にも影響を与え，サンゴやプランクトン，魚類の生育域が変化している。他方，農業にとっては，GHG の発生による温暖化によりもたらされる効果も無視できない。逆説的ではあるが，温暖化により農地面積が増大するという意見（2.9項参照）があるし，温暖化により農作物の収量が増えるという意見もある[30]。

3.3　農業の環境への負荷
　肥料や農薬に由来する窒素やリンによる土壌汚染や河川の汚染や富栄養化が深刻な例もある[31,32]。

　一般に，肥料や農薬による環境汚染は，農場に施されてから 30 年くらい経ってから顕在化すると言われているため，使用された肥料や農薬が環境汚染を通して，人の健康や生態系に影響を与えるのは 20-30 年先のことになる。

　肥料による汚染が顕著な例として茶栽培がある。茶作経営における肥料費は全経費の 24.6％ を占め，他の作物経営（水田作 8.8％，畑作 16.6％，露地野菜作 12.3％，果樹作 8.9％）に比べ，顕著に高い。背景には，茶の旨味成分であるテアニンの含量が多肥料（特に窒素肥料）により上昇するという点がある[33]。結果，茶畑土壌およびこれからの排水には，窒素肥料に由来する亜硝酸や硝酸が高濃度に含まれる。河川では，これらによる影響に加えて，水の pH が酸性に傾くことの影響が指摘されている[34]。

　一方，発展途上国では，貧困のゆえの食料確保のために，森林開墾と農地拡大，農地の酷使，家畜の過放牧，燃料用木材の過剰伐採，換金作物の作付けなどにより，森林破壊と砂漠化が急速に進んでいる。J. ダイアモンド（Diamond）によると，21 世紀初めの段階で，先進国の環境侵害量は，発展途上国（アジア，アフリカ，ラテンアメリカなど）の 32 倍であり，中国が先進国並みの生活レベルに達すると総環境侵害量は現在の 2 倍になり，また，発展途上国の生活レベルが先進国並みになれば 12 倍になると予測している[35,36]。

　課題⑤「農業の環境への負荷」の 2 つ目は，「畜産による環境負荷」である[18]。

　世界の全農地のうち 83％ が畜産のために使われている。また，毎年，人の食用に供せられる食料（約 7 億トン）とほぼ同じ量が飼料として消費されている。一方，牛肉 1 kg を生産するのに約 13 キロリットルの水を要するが，トウモロコシを 1 kg 生産するのに必要な水は 500 L である[18]。畜産が水需要を圧迫していることに加え，家畜糞尿による環境汚染および飼料に添加されている薬物（抗生物質やホルモン剤など）による環境汚染も指摘されている。

　今後も人口増加が継続する（1.1項参照）ことを考えると，現在行われている畜産は，農地，飼料，水資源，環境汚染の各面で限界に直面することになる可能性が高い。

13

3.4 農業に起因する GHG の問題

課題⑤「農業の環境への負荷」の3つ目は GHG の問題である。

2015年採択のパリ協定で，産業革命以降の温度上昇を 1.5℃ に抑えることが目標とされ，脱炭素化の動きが進んでおり，人間の活動に伴って排出される GHG の抑制が強く求められている。

主要な GHG である CO_2 の現在（2022年）における世界の排出量は 336 億トンである。うち，中国が 29.4％，米国 14.1％，インド 6.9％ であり，全体の半分を占める。日本は，ロシアの 4.9％ に次いで，5位，3.1％ である[37]。

一方，世界で排出されるメタンの約 60％ が人間活動に起因するとされ，とくに農業に起因する GHG の排出が問題視されている。牛などの反芻家畜のゲップには消化管内発酵により発生したメタンが含まれる。牛は1日に 500-600 L のメタンを排出するとされる。反芻家畜からのメタン排出量は，世界で年間 20 億トン（CO_2 換算）と算定され，世界中で発生している GHG の 4％（CO_2 換算）になる[38]。

国連「気候変動に関する政府間パネル」は，メタンの温室効果は CO_2 の 28 倍にあたるとしている。一方，2010年の気象庁報告によると，GHG 総排出量に占めるメタンの排出量は 16％（CO_2 換算なら 5％）である。ちなみに，GHG 総排出量に占める CO_2 排出量は 76％，N_2O は 6.2％，フロン類は 2.0％ である[39]。もし畜産分野が対策を講じない場合，2050年には許容される GHG の 80％ が畜産由来になると予測される[40]。

わが国の状況を見ると，2019年度の農林水産業由来の GHG は 4,747 万トン（CO_2 換算）であり，このうち家畜消化管内発酵由来メタンが 16％，家畜排泄物管理由来メタンが 5％，稲作由来メタンは 25％ を占める。また，家畜排泄物管理由来 N_2O が 8％，農用地土壌由来 N_2O が 12％，農業用燃料燃焼由来の CO_2 は 33％ を占める[41]。

飼料成分の改善[42]や牛第1胃でのプロピオン酸生産菌の増殖[43]によりメタン産生が抑制されることが報告されている。

3.5 貧困，飢餓，南北問題

世界の大きな問題に貧困と飢餓がある。地球の北側と南側の国々の間にある種々の格差に関わる問題（南北問題）が深刻である。地球の北側に偏在する先進国と南側に集まる発展途上国の間の経済格差，とくに後者の貧困は，人道，経済，政治，医療，教育，食料などの面でも重要で複雑な問題を含んでいる。発展途上国の「貧困の原因」としては，「人口爆発」，「民族紛争や内戦」，「資源の偏在」，「工業化の遅れと経済力・生産性の低さ」，「第一次産業への高い依存性」などが指摘されている[44]。一方，先進国でも貧富の差が拡大し，貧困に喘いでいる人たちが増えている。

J. サックス（Sachs）は，21世紀初頭の段階の世界の貧困を，①極度貧困（購買力平価で1人1日の収入が1ドル以下），②中程度貧困（同 1-2 ドル），③相対的貧困（1家の収入がその国の平均より低い）の3つに分類した[36,45]。極度貧困は，2001年に世界で 11 億人，その 93％ は東アジア，南アジア，サハラ以南のアフリカ（サブサハラ）に集中，また，中程度貧困は 16 億人，

第1章　プロテインクライシスに対するフードテックの挑戦

うち87％が東および南アジア，サブサハラに集中している。一方，東および南アジアでは，経済発展が進み，極度貧困層が中程度貧困層に移行しており，中程度貧困層の割合が増加傾向。世界人口の最下層の20％すなわち12億人が保有する富は1.4％である。

　1990年代後半には，世界人口55億人の約80％（43億人）が発展途上国に属し，43億人のうち13億人が貧困層であった。当時，発展途上国のGDPは世界の16％であった。その後，東アジアや東南アジアの国々では工業化により高度経済成長を成し遂げた国も現れたが，これは発展途上国間の格差（南南問題）をもたらすことにもなった。世界銀行は2015年10月，「国際貧困ライン」を2011年の購買力平価に基づき，1日1.90ドルと設定した（ちなみに同年10月以前の貧困ラインは1日1.25ドル）[46]。これによると，2015年の世界の貧困率は10％（貧困人口は7.3億人）。1990年の貧困率は36％（19.0億人）であったことから，貧困とされた人の数は，25年間に11億人以上減少したことになる。

　2015年9月，国連の持続可能な開発サミットで，世界の150を超える加盟国参加のもとに「我々の世界を変革する：持続可能な開発サミットのための2030アジェンダ」が採択された。2030年までに達成すべき目標として，17の目標と169のターゲットよりなる「持続可能な開発目標（sustainable development goals, SDGs）」がスタート。17目標の1番目として採択された「貧困をなくそう」では，「2030年までに1日1.25ドル未満で生活する人びとと定義されている極度の貧困層を地球上のあらゆる場所で終わらせる」と明記されている（本採択時点では，極度の貧困層の定義は，1日1.25ドル未満であった）[47, 48]。SDGsの目標2「飢餓をゼロに」，目標3「すべての人に健康と福祉を」，目標6「安全な水とトイレを世界中に」，目標13「気候変動に具体的な対策を」，目標14「海の豊かさを守ろう」，目標15「陸の豊かさを守ろう」が，本稿に関わる。

3.6　経済成長と食料生産性

　先進国の人口動態は少産少死であるのに対し，発展途上国では多産少死であり，1980年以降の人口増加は発展途上国での増加に起因するところが大きい。J. サックスは，発展途上国の経済成長に関連して，1980年以降に経済成長を遂げた東アジアと停滞あるいはむしろ衰退したサブサハラとを比較し，「**食料生産性**」が最も重要な要因であると結論している[45]。

　近年，BRICS（ブラジル，ロシア，インド，中国，南アフリカ）やグローバルサウス（アフリカ，中南米，中東や太平洋の島嶼国家など）など，これまで発展途上国と見なされていた国々の工業化と経済発展が目覚ましい。従来，発展途上国は先進国にとって，鉱工業資源のみならず食料・農産物の供給源でもあったのだが，かれらが第一次産業から脱却するとともに経済発展を成し遂げ，先進国型の食生活や生活様式を受容するようになることは，世界の食料の需給バランスや供給網，食料の安全保障に変化をもたらすことを意味している。

　先進国では，国内での経済格差が無視できない。米国では，上位0.1％の人たちが，下位80％の人たちより多くの資産を持ち，下位25％の世帯（3,100万世帯）当たりの純資産は200ドル（中

央値）である[49]。無料の食事の配給を受けて食いつないでいる人も多い。米国農務省の栄養補充支援制度では，全国民の12％（約4,000万人）が受給しており，毎年10兆円が投入されている[50]。

　5つの国連機関（FAO，IFAD，UNICEF，EFP，WHO）がまとめた報告書[2]によると，2021年に飢餓状態にある人は7.7億人であり，世界全人口（78.4億人，2020年）のほぼ9.8％に相当する。この数字は，2019年から2020年の間に1.0億人増えたことを意味する。ここには，COVID-19パンデミックやウクライナ戦争の影響があるのかも知れない。また，健康な食事を入手する経済状態になかった人は約31億人（2020年）と見積もられ，とくにアジアとアフリカに多い[18]。

　J. クリブ（Cribb）は，人は食品という形で実は石油を食べていると述べている[51]。西洋式の食事をする人は，食物をテーブルに載せるだけで年間に原油換算で66バレル（10,600 L）の石油を消費していると言う。テーブル上の食物は，大量の化石燃料（一次エネルギー）を使って栽培，輸送，加工，冷蔵，保存などがなされたものだ。食品のエネルギー1カロリーを得るのに，約10カロリーの一次エネルギーが必要であるという。現在（2020年），世界の化石燃料生産量は110億トン／年であるが，この生産量は2020-25年頃ピークに達した後，急速に減少し，2100年には現在の生産量の20％以下になると推定されている。今後，一次エネルギーが減少することになれば，そして代替エネルギーが確保できない事態がおこると，食料の生産や供給も低下すると予想される。

3.7　食をめぐる世界と日本の状況

　以上，食をめぐる世界と日本の状況を概観した。世界の食料問題は，貧困問題と密接に関係しており，これらの問題を切り離しては議論できない。食料需給の長期予測（2.9項参照）では，穀物については将来的に需要と供給のバランスが取れるとされるが，現実に世界には飢餓が蔓延している。マクロには食料の需給バランスが取れているように見えても，ミクロに見れば，先進国でも貧富の差があり十分食べられていない人も多い。また，発展途上国は食料不足，飢餓に苦しんでいるにも拘らず，先進国の一部では食料が過剰であり，過食，肥満，生活習慣病，フードロスなどの問題を生んでいる。さらに，逆説的なことに，貧困や飢餓が肥満や生活習慣病を引き起こしているという問題も指摘されている[52]。農業という形態で食料を得ることの問題点も指摘されている。そのような背景のもと，食料危機，とりわけPCをどう切り抜けるか，を以下で考察したい。

第 1 章　プロテインクライシスに対するフードテックの挑戦

II　プロテインクライシス（PC）に対するフードテック（FT）の現状

4　フードテック（FT）

4.1　FT の定義

　近年，世界中で FT が異様な高まりを見せている。FT は，「食（Food）に先進的テクノロジーを掛け合わせる（xTech）ことにより達成される技術，商品，サービスの総体」を意味する用語であり，2000 年頃から使用されている。先進的テクノロジーとは，一般に人工知能（AI），情報通信技術（ICT），IoT（モノのインターネット），ロボティクス，ビッグデータなどを指す[53]とされる。さらに，Food に特化した技術として，遺伝子操作，ゲノム編集技術，量子技術，細胞培養技術，酵素反応解析，生体成分精製技術，生体成分合成技術なども含むと考えてよい。

　PubMed で検索する（2023 年 9 月 2 日現在）と，FoodTech は 688 万件，フードテックは 1,110 万件，food technology は 38.2 億件，food science は 49.5 億件ヒットする。

　FT は，食が持つ種々の問題点を解決するのみならず，食の可能性を発展・拡大させることが期待される。従来の農学，食品科学，栄養学，生化学などの学術研究に加え，食用植物や家畜の育種や改良，食品加工，食品開発，輸送，保蔵，調理，外食産業，配送サービスなどのビジネス分野を含む「食に関わる総合的な概念および営為」を包含している。さらに，ここで言う食（food）は，飼料（feed）や種子（seed），燃料（fuel）やエネルギー問題，人口問題，地球環境，気象条件などとも密接な関係をもっており，これらを含めた文脈の中で議論する必要があるだろう。現在，食にまつわる持続可能な産業育成を目的に，新規な先進的技術を取り込んでイノベーションの創出につなげようとする機運がもりあがっている[7,53,54]。

　FT を食料生産の面から見ると，従来，自然環境や外的環境（日照や気候，農場や土壌，さらに害虫や病原菌など）に影響を受けていた食料生産を人工的に制御された環境（工場，実験室，試験管）での生産に切り替えると言うことである。FT の長所として，衛生的環境で均質な食品を計画的かつ安定的に生産することが可能であることがあげられる。一方，短所としては，食料生産のための施設の建設費と運営費，光熱費，水道代，さらにハイテクノロジーを駆使するための研究開発費など，従来の農業に比べると経費がかかることがあげられる。

4.2　FT の背景

　FT が注目される背景には，以下の 3 点があげられる[7]。①世界人口の爆発的な増大に伴う「食料不足」；②地球温暖化や（河川，海洋，土壌などの）環境汚染など，顕在化してきた「食品産業による環境負荷」；③「食に関わるイノベーションの発展」，すなわち，遺伝子組換え，ゲノム編集，細胞培養などの食における新素材の開発；ロボット技術，3D フードプリンティング，IT，AI などの先端技術を活用した食品加工や調理機器の開発や個人に最適化した食品やテイラーメイドの食品の提供などをあげることができる。ここでは，ロボット技術や IT，AI を農業

17

現場へ応用することによるスマート農業や精密農業の進歩，植物工場，海洋魚の陸上養殖，食料原体を生産する微生物や藻類の開発などもあげることができる。FT は，食料の生産，貯蔵，輸送，流通，製造，加工，調理，消費などに対して，様々なインパクトを与えると考えられる。フードデリバリー，モバイルオーダー，配膳ロボットなどが実用化される，食によって介在されてきた人の行動様式にも影響を与えると思われる。

　2050 年における 2010 年比の世界の食料需要見通しは，1.7 倍の 58 億トンと予想され，なかでも畜産物の需要は 1.8 倍になると予想される。これを受けて米国では 2020 年 2 月，農業イノベーションアジェンダが，EU では 2020 年 5 月，Farm to Fork Strategy（農場からフォークへ戦略）が発表された。また，国連食糧農業機関（FAO）では 2013 年，昆虫の食料としての利用に関する報告書が公表された[3]。

4.3　FT市場は700兆円

　農林水産政策研究所によると，主要 34 か国・地域の飲食業市場は 2015 年の 890 兆円から 2030 年に 1.5 倍（1,369 兆円）に増大するとされており，とくに東アジアの市場は 420 兆円から 800 兆円に増大するとされている。この要因のひとつは，2015 年の世界人口 73.8 億人が 30 年には 85.5 億人に増大すること，しかもその 60％がアジアに集中していることにある。要因の二つ目は，2015 年に 74.8 兆円であった世界の名目 GDP が 30 年には 1.5 倍（111.1 兆円）に増大すると予測されていることである。なかでも，アジアとくに中国とインドでは人口増加率に比べて GDP 増加率が飛躍的大きいため，経済発展により，高品質で高価な食品を好む人々が増えているという事情がある[55]。2025 年の世界の FT 市場規模は 700 兆円と推定されている[56,57]

4.4　日本のFTへの取り組みは遅れている

　世界の FT への投資額は，2012 年（31 億ドル），13 年（23 億ドル）頃から急激に増加し，2015 年に 109 億ドル，20 年に 278 億ドル，21 年に 517 億ドルに達した[58]。世界各国の 21 年の投資額は，米国 210 億ドルを筆頭に，中国 73 億ドル，インド 40 億ドル，ドイツ 30 億ドル，英国 13 億ドル，ブラジル 13 億ドル，イスラエル 12 億ドル，フランス 11 億ドル，トルコ 10 億ドル，シンガポール 10 億ドル，オランダ 9 億ドル，スペイン 7 億ドル，コロンビア 7 億ドル，フィンランド 7 億ドル，アラブ首長国連邦 6 億ドルなどである。日本は 4.56 億ドルで，米国の約 2％。世界の国々に比べて，日本の投資は際立って低い。日本の FT への関心や取組みは弱い。

4.5　日本の取組み（フードテック官民協議会とフードテック推進ビジョン）

　2020 年 3 月に閣議決定された「食料・農業・農村基本計画」において，FT の展開を産学官連携で推進し，新たな市場を創出することが謳われた。また，2020 年 3 月に閣議決定された「健康・医療戦略」では，健康に良い食を科学的に解明し，ヘルスケアサービスに連結したビッグデータを整備するとされている。

第1章　プロテインクライシスに対するフードテックの挑戦

　このような社会的背景に基づき，最先端技術を活用した食料安全保障の強化や循環型フードシステムの構築の観点で意見交換するため，2020年4月，「農林水産省フードテック研究会」が発足[7]。ベンチャー，大手企業，研究機関，投資機関など100社以上の企業・団体，300名以上が参加。

　ここで，FTへの民間活力の利用，研究開発と投資，社会実装拡大の必要性が指摘され，FTに関わる官民プラットフォームとして「フードテック官民協議会」が設立（2020年10月）され，専門的課題を議論する「作業部会」と参加者による自主的な活動としての「コミュニティ部会」が立ち上がった。作業部会には，民間企業から提案があった以下の8課題が検討されている（2021年4月現在）：①2050年の食卓の姿，②スマート育種産業化，③ヘルス・フードテック，④新興技術ガバナンス，⑤Space Food，⑥細胞農業，⑦昆虫ビジネス研究開発，⑧Plant Based Food普及推進。ここで，①では，長期的な視点で食に対するニーズの変化およびFTに関連する技術開発の方向性の検討；②では，ゲノム編集技術などを用いるビジネス形成，③では，食とくに介護食などのQOLを実現するための技術開発，④では，官と民の間で新規技術利用におけるルール策定，⑤では，有人宇宙滞在技術の一環としての宇宙食に関わる研究開発，⑥では，細胞農業（培養肉）の産業化，⑦では，動物飼料および食料としての昆虫の利用，⑧では，環境問題や気候変動などを考慮して植物由来の食料の活用などが盛り込まれている。

　政府，行政における，これ以降の動きは以下の通り。

　2021年5月に農水省が発表した「みどりの食料システム戦略」では，持続可能な食料システムの構築のため，代替肉，昆虫食の開発について産官学の連携を推進すること，AIやロボットによる食品製造技術の自動化などを推進することとしている。

　2022年5月に農水省が発表した「農林水産研究イノベーション戦略2022」によると，「持続可能で健康な食」，「カーボンニュートラル・資源循環」，「スマート農林水産業の取組み」において研究開発を強化するとしている。

　2022年6月に閣議決定された「新しい資本主義のグランドデザイン及び実行計画・フォローアップ」では，FTビジネス化の実証支援，食品企業の労働生産性向上に向けてAI・ロボットの普及・定着に向けた対応などを行うとしている。

　2023年2月21日，フードテック官民協議会は「フードテック推進ビジョン」および「ロードマップ」を発表している（フードテック官民協議会，フードテック推進ビジョン（2023年2月））。本ビジョンでは，FTとは，生産から加工，流通，消費などへとつながる食分野の新しい技術及びその技術を活用したビジネスモデルのことと定義。バイオテクノロジーやデジタル技術などの科学技術の発展に伴い，人口増加に対応した食料供給や環境保護などの社会的課題の解決に，また，健康志向や食への多様化の期待に対応するビジネスであるとしている。また，本ビジョンでは，持続可能な食料システムの構築および豊かで健康的な食生活の構築により，個人と社会全体の健康で幸福な状態を実現することができ，このためにFTは重要な技術であると位置付けている。

代替肉の技術と市場

4.6 日本発 FT の目指す姿

　フードテック官民協議会は「フードテック推進ビジョン」（4.5 項参照）では，日本発 FT ビジネスの目指す姿として，以下の 3 点を挙げている。

①**世界の食料需要の増大に対応した持続可能な食料供給の実現**：世界の食料需要は，2050 年には 2010 年比で 1.7 倍になる，とくにタンパク質資源の需要増大が深刻である（プロテインクライシス，PC）。また，地球の限界を示すプラネタリー・バウンダリーの 9 項目のうち 4 項目（気候変動，生物多様性，土地利用変化，窒素・リン）において，限界を超えている。食が依存してきた土地，水，生物資源も限界に近い。世界の生産資材や穀物などの価格が高騰し，わが国の食料安全保障上のリスクが高まっている。輸入生産資材，輸入作物への依存度を低減し，食料の安定供給体制の確立を目指す必要がある。

　このような状況を背景に，様々なタンパク質資源の活用や生産性の高い品種の開発などの技術開発が進められている。具体的には，植物由来原材料を利用した食品（プラントベースフード，plant-based food），昆虫を活用した食品，ゲノム編集異機種技術により得られた農林水産物，細胞性食品（動物細胞を体外で人為的に培養することで生産した食品，cell-based food），微生物を活用した食品（水素細菌や麹菌から精製したタンパク質を用いて作られた食品），ICT などを用いる畜産・養殖業の環境負荷低減，食品残渣の再利用，昆虫・藻類の活用による飼料・肥料の生産，AI・ロボット利用による加工・流通の合理化・適正化，長期保存・輸送に適した包装資材の開発などを目指すとしている。

②**食品産業の生産性の向上**。国内における人口減少と高齢化に伴う人材確保のため，AI，ロボットなどの先端技術を適用する。

③**個人の多様なニーズを満たす豊かで健康な食生活の実現**。低栄養による成長不良と過栄養による生活習慣病の拡大や，一部の栄養素が不適切なバランスで摂取されることによる健康障害がある。価値観の多様化により，食文化が多様化している。嚥下障害や食物アレルギーの人が食を楽しめる環境整備，ベジタリアンやヴィーガンなどの人々がバランスよく栄養を摂取できるような食品開発が求められる。これらの問題に対し，ゲノム編集育種技術などを用いて，機能性成分の多い作物や必要な栄養素をバランスよく摂取できる「完全栄養食」の開発などが提案されている。

　まとめると，世界の食料需要は，2050 年には 2010 年比で，1.7 倍になることが予想される。そのうち，畜産物は 1.8 倍に，穀物は 1.7 倍になる。世界人口の増加に伴い，タンパク質の需要と畜産物の供給の間のバランスの崩壊，すなわち，PC が起こる可能性がある。人は栄養源としてのタンパク質を畜産物や穀類，豆類などから得てきたが，解決されるべき主要命題は，「将来不足するタンパク質を，環境負荷の大きい畜産に過度に依存することなく，いかに生産するか？」ということである。平たく言えば，「肉に含まれる主要な栄養素であるタンパク質をいかにして得るか？」という問題である。「畜産に頼っては十分な肉が得られない以上，いかにして肉に似た食品（代替肉）を生産するか？」という問題でもある。代替

第1章 プロテインクライシスに対するフードテックの挑戦

肉を作るという問題は，外見上（風味，味，歯ごたえなど）にとどまらず，栄養面（アミノ酸バランス）においても再現されている必要がある。さらに，代替肉を作るのなら，「従来用いられてきたタンパク質に代わって，新規なタンパク質（代替タンパク質）は入手できるのか？」，という問題でもある。

4.7 FT の分類とインパクト

FT が分類されている[53]。

1. 品種改良：（食用植物，食用動物，魚介類の）ゲノム編集，遺伝子組換え，DNA マーカー育種

2. 生産：a. 野菜・果物，b. 肉類，c. 魚介類

2a. 野菜・果物の生産：（次世代型）植物工場，スマート農業

2b. 肉類の生産：植物肉，昆虫食，培養肉，藻類食品

2c. 魚介類の生産：陸上養殖システム，給餌ロボット，モニタリングロボット

3. 流通：バーチャルマーケット，AI 需給マッチングシステム，（次世代型）コールドチェーン物流システム，（次世代型）トレーサビリティシステム

4. 加工・調理：調理ロボット，3D プリンター，加工ロボット，オートクッカー

5. 販売・提供：配膳ロボット，接客ロボット

本稿がカバーするのは項目 1，2a，2b，2c である。とくに 2b，2c が PC に関連する。

4.8 肉を食べることの意味

食品には，栄養としての機能（一次機能），嗜好品として感覚に訴える機能（二次機能），健康向上に寄与する生理的機能（三次機能）がある[59]。肉の主成分はタンパク質であるが，脂質も相当量含まれる。炭水化物はほとんど含まれない。肉を食べることの意味はタンパク質と脂質の摂取である。肉が入手しにくくなることを指して呼ばれる PC という用語は，肉のタンパク質源としての側面に着目しすぎているように見える。一方，タンパク質に対する食欲（「タンパク質欲」）は動物に普遍的な欲望であることが指摘されている[60]。タンパク質に対する満足度が食欲を制御する要因であると述べている。タンパク質は嗜好品としての側面があるということだ。

人が 1 日に摂取すべき栄養成分（炭水化物，タンパク質，脂肪，ビタミン，ミネラルなど）や食物繊維，水分などの量は，その人の年齢や置かれた条件により変動するが，それらが過不足なく食事から摂取できるなら，食品や食材の形状は問題にならない。タンパク質を例に取れば，成人は 1 日に約 70 g 摂取する必要があるが，この場合，タンパク質を含む食品は，牛肉のステーキでも，鶏肉ナゲットでも，牛乳でも，焼き魚でも，大豆の煮ものでも良い。食品タンパク質は消化管でアミノ酸にまで分解されて，小腸から血液に入り，種々のタンパク質の生合成に利用されることを考えると，タンパク質としてではなくアミノ酸として摂取すること（アミノ酸輸液）でも基本的には問題ないように見える。

現在のタンパク質欲を端的に表現すれば，人口増により肉が不足；畜産に対する風当たりが強い，畜産肉が入手困難になる；それにも拘わらず，人は牛肉ステーキやマグロのトロやウナギのかば焼きを忘れられない，ということだ。PC の時代にも，これまで慣れ親しんだ食品に拘るのであれば，大豆タンパク質や微生物タンパク質などの代替タンパク質を用いて製造した畜産肉もどき（代替肉）および家畜細胞の培養で得た培養肉（これも本来の家畜肉からすれば代替肉）で対応する方向に進まざるを得ない。それ以外にも，藻類や昆虫などからも，新しい食用タンパク質の探索が行われている[18, 27, 53, 54, 61]。

本物の肉の代りに，植物や菌類，昆虫などから取り出したタンパク質を使って本物に似せた模造肉は，本物の肉に対する「代替肉」と呼ぶべきものであるが，家畜虐待の観点から肉を忌避するベジタリアンにとっても受け入れられるものと思われる。

5　代替肉を開発・製造するための作戦

5.1　代替肉の位置付け

「代替肉」とは，従来食されてきた動物の肉（家畜の肉や狩猟で得た鳥獣の肉，魚肉など）の代りとして，人工的に作られた肉を指す。代替肉は 疑似肉，フェイク・ミート，アナログミート，ダミーミート，代用肉，人造肉，模造肉などとも呼ばれる。鶏卵，牛乳，魚卵などに似せて作られた食品も代替肉の範疇に入れられている。現在のところ，代替肉に関して，国などによる明確な定義はないが，本物の肉の食感，風味，外観などを人工的に似せて製造された加工食品を広く総称したものと言うことができる。したがって，代替肉には，その原料や製造方法により，かなりの幅がある。

代替肉において最も優先されるべきことは，食感，風味，外観などにおいて，どれほど本物の肉に似ていたとしても，あくまで高度な加工食品であり，安全性が担保されかつ本物の肉に相当する機能とくに栄養機能が含まれていなければならない。

代替肉は原料にしたタンパク質により大きく「植物由来タンパク質」と「動物由来タンパク質」に分類される[27, 53]。さらに，「微生物由来タンパク質あるいは発酵由来タンパク質」（マイコプロテインなど）を加えている[62]。

原料タンパク質が動物，植物，微生物由来を問わず，天然由来のタンパク質である場合，この代替肉は「人工肉」と呼ばれる。したがって，人工肉はその原料タンパク質の由来により，植物タンパク質ミート，動物タンパク質ミート，あるいはより具体的に大豆ミート，乳清（ホエイ）ミートなどと呼ばれる。

代替肉には，人工肉とは別に「培養肉」がある。培養肉は，動物細胞を人工的環境下で培養して製造した細胞塊を使って肉の形に成形したものである。培養肉のタンパク質は正真正銘の家畜や家禽の筋肉タンパク質である。家畜の肉が動物体内で製造されていたのに対し，培養肉は同じものを培養装置で製造する。

第1章　プロテインクライシスに対するフードテックの挑戦

「植物タンパク質ミート」は植物由来タンパク質を原料にしたものであり，一般にプラントベースミート（plant-based meat, PBM）[53]，ベジタブルミート（vegetable meat）と呼ばれる。なお，プラントベースドミート[27]としているものもあり，日本語表記に揺れがある。「フードテック推進ビジョン」（4.5項）では，植物由来の原材料を用いて畜産物や水産物に似せて作られた食品をプラントベースフード（PBF）と呼んでいる。現在市場に出ている代替肉の多くはPBMであることから，代替肉と言えばPBMを指すことが多い。一方，「動物タンパク質ミート」と言うとき，現在では乳清（ホエイ）を原料に成形した人工肉を指すことが多いが，家畜，家禽や魚類から作成した培養肉や昆虫食も含まれる。なお，プラントベース食品（PBF）関連情報が消費者庁から公開されているし，PBFの表示に関して日本農林規格（JAS）が制定されている（22年2月24日）。

　人類が現在利用している栽培植物や家畜は，長い期間をかけて野生種に品種改良を加えた結果，作出されてきたものである。人工的に工夫された飼料や肥料，農薬が施されてもいる。このような状況で得られた家畜肉や魚肉は一種の「代替肉」ではないか，という指摘[27]がある。その意味では，本稿で扱う代替肉の開発は，従来の肉の生産と改質の延長線上にあると考えるべきだろう。

5.2　植物肉（プラントベースミート，PBM）の栄養価

　植物性食品と動物性食品の栄養成分を比較する[27]。

　植物性食品100 g（水分含む）当たりの炭水化物（C）含量は米で78 g，小麦で72 gであるが，大豆では29 g。一方，タンパク質（P）は米6 g，小麦11 g，大豆37 gである。脂質（L）は米1 g，小麦3 g，大豆26 gである。主食である米や小麦でC含量が多いのに比べ，大豆ではPとLの含量が高い。大豆は米や小麦を主食とする地域で，P源（豆腐，テンペなど）やL源（大豆油）として利用されてきた歴史がある。

　動物性食品100 g（水分含む）当たり，C含量は牛肉で0.6 g，豚肉で0.1 g，鶏肉で0 g。Pは牛肉21 g，豚肉14 g，鶏肉17 g。Lは牛肉11 g，豚肉35 g，鶏肉14 g。P含量は牛肉が抜きんでているが，L含量は豚肉が抜きんでている。動物性食品にはCがほとんど含まれず，ほぼPとLから成っている。これに比べると，大豆はC，L，Pがほぼ均等に含まれている（4.7項）。また，大豆における高いP含量が，大豆をPBMとして利用可能とする理由でもある。

　以下，代替肉を開発・製造するための作戦として，開発の技術や時代背景から以下の**6項目**を考えてみたい。

5.3　作戦1：従来行われてきた植物性タンパク質や魚肉の利用

　従来，植物（大豆，小麦など）タンパク質を素材にして，タンパク質性の加工食品（豆腐，湯葉，麸，テンペなど）が利用されてきた。ガンモドキのように，雁の肉を意識させられる名称もある。植物タンパク質ではないが，魚肉のすり身をもとに，魚とは全く異なる食品として蒲鉾，

カニ蒲鉾，竹輪，魚肉ソーセージなどがある。これらは，魚肉の保存や冬場のタンパク質源として興味深い。PBM は，ベジタリアン向けタンパク質としても利用されてきたし，精進料理としても発展してきた。ここでは畜産肉の模造品を造るという意図は感じられない。既に確立している加工食品であり，本稿で問題にする FT がカバーするものでは無い。

5.4　作戦 2：畜産肉以外のタンパク質を原料とした代替肉

　植物タンパク質やそれ以外のタンパク質を用いて，家畜肉や鶏肉，魚肉の模造肉を作ろうとするものである。現在，植物タンパク質を用いた PBM が主である。動物肉に似せるため，ヘム色素を用いて赤み肉を再現したり，脂身を入れたり，牛肉らしい（また，豚肉らしい等）匂いを付けたりすることが行われる。ここでは，エクストルーダー，3D プリンターなどの装置が使われることもある。2023 年の段階で，植物タンパク質をもとに代替肉を製造する企業は，わが国で約 20 社に上ると思われる（また，これとは別に，動物細胞培養技術を用いて培養肉（下記）を開発している企業が 2 社あるとされる）。

　原料タンパク質は，植物タンパク質のほかに，細菌，藻類，昆虫のタンパク質でもよい。ただし今日，ほとんどの模造肉は大豆タンパク質を原料としており，一部，ミドリ豆や玄米を使ったものもある。

5.5　作戦 3：微生物や藻類由来タンパク質を原料とする代替肉

　菌類（細菌，糸状菌，酵母など）[63,64]や藻類（クロレラ，ユーグレナなど）[65,66]のタンパク質を直接利用する，あるいは模造肉の原料として利用することが行われている。

　細菌や酵母には，石油をもとに生育し，菌体内にタンパク質を蓄積するもの（石油細菌，石油酵母）がある。石油以外にも種々の化学物質により生育しタンパク質を産生する微生物が知られている。他方，微生物を培養して特定のタンパク質や機能性成分を生産することを，とくに「**精密発酵**（precision fermentation）」と呼んでいる[67]。ここでは，微生物を遺伝子組換えやゲノム編集技術により改変し，目的のタンパク質や酵素，ビタミン類，フレーバー，色素，脂肪酸などを生産させること，言い換えると，微生物を工場として，培養装置の中で食品の成分を製造することを指している。

　すでに，牛乳タンパク質や卵タンパク質が精密発酵で作られている。動物に依存することなく動物性タンパク質の代替物が製造できる。水や土壌，飼料などによる環境負荷が小さい；動物飼育に伴う伝染病の問題からも解放される；動物愛護の面からも受け入れられやすいなどの利点がある[68,69]。

5.6　微生物タンパク質

　1960 年，Rank-Hovis Mcdougall により英国マーロウ村の土壌から，炭化水素を基質として独特の食感を持つタンパク質（マイコプロテイン，mycoprotein；以下，MP）を生産する繊維状

第1章　プロテインクライシスに対するフードテックの挑戦

のカビが見出された[21]。現在, 本タンパク質は Quorn（クォーン）と称して市販されている。クォーンは, 1980 年代に特許取得され, 40 年間以上にわたり英国マーロウフーズ（Marlow Foods）社で製造されてきた。同社は, MP をマッシュルーム由来と記載しており, わが国でもこれに呼応してキノコ由来タンパク質と表記されることがある。しかし, 同社が FDA に申請した書類には「*Fusarium venenatum* PTA-2684 株由来」つまり糸状菌由来と記載されているとされている[70]。

　MP は, 1980 年代に製品販売を開始して以来, 英国, 欧州を中心に世界 16 か国で展開。2002 年には米国へ, 近年フィリピン, シンガポールへも進出している。同社資料によると, MP はタンパク質含量が高く, かつ 9 種類の必須アミノ酸を含んでいる。脂質やアミノ酸の混入は低く, 毒性代謝物質や核酸類は含まない。微生物細胞壁やキチンを含む。食物繊維の特性をもち, 高繊維性代替タンパク質と称している。牛肉に比べ, 土地や水の使用量が 90％少なくて済み, GHG 排出量は 98％少ないとしている[71]。

　MP には, 大豆が青臭さを持つことにより嗜好性低下をもたらすような要因はないとされる。MP（乾燥重量）の栄養成分は, タンパク質 60.3％, 脂質 6.0％, 炭水化物（食物繊維を含まない）3.7％, 食物繊維 12.3％である。ちなみに麹菌体（乾燥重量）では, タンパク質 39％, 脂質 11％, 炭水化物 44％；シイタケでは, それぞれ 30％, 3％, 62％である。他の食用キノコ類についても, それぞれの成分組成は, シイタケと大差はない。以上のことから, MP は, キノコに比べタンパク質含量に優れ, 脂質や炭水化物が少ない[72]。萩原らは, 麹菌が生産する MP を用いて麹肉の作製を報告している[73]。また, 牛肉を MP で置き換えることにより得られる環境上の利益が地球規模で広範に分析されている[74]。

5.7　微生物タンパク質の利用の歴史

　微生物菌体には, 動物や植物由来の食品に比べ, タンパク質含量が高いという特徴がある。タンパク質生産用微生物として, クロレラ, トルラ酵母, 細菌（*Micrococcus glutamicus*）が注目されてきた。培養後の成分を比較したデータによると, 粗タンパク質収量（5.8 項参照）はクロレラ 55％, 酵母 54％, 細菌 80％である[75]。また, 炭水化物は, それぞれ 29％, 36％, 13％であり, 細菌ではクロレラや酵母に比べて, 炭水化物が顕著に少なく, タンパク質は多い。一方, クロレラタンパク質は Met 含量が低いが, これを補充すればカゼインに匹敵することが示された。また, 細菌タンパク質は, Cys 含量がやや低いが, Met を十分に含み, 必須アミノ酸パターンは全卵のそれに近い[75]。種々の食品中の粗タンパク質含量を比較すると, トウモロコシは 8％, 大豆 37％, 魚粉 65％, 酵母（*n*-パラフィンで培養）61％, 細菌（メタノールで培養）83％である[76]。酵母のタンパク質含量は魚粉なみであるが, 細菌の含量はこれらよりさらに高い。

　食料タンパク質を微生物の培養菌体から生産する試みは, 第一次世界大戦中ドイツで始まった。これは, トルラ酵母（*Torula utilis*, 現在名称は *Candida utilis*）を木材の酸分解糖液を用いて培養するものであった。この技術は食料への応用には至らなかったが, 亜硫酸パルプ廃液を

用いた酵母の培養につながり，家畜飼料の生産に用いられた[76]。

クロレラは藻類に分類されるが，従来，食用タンパク質生産における微生物利用の一環として扱われてきた。クロレラ培養により食料用のタンパク質を生産する試みも第一次世界大戦頃，ドイツで始まった[75,77]。第二次世界大戦後，Milner らは，クロレラが有望な食料資源であることを再指摘し[78,79]，研究が開始された。日本でも 1957 年，必須アミノ酸委員会を中心にクロレラの食料化が検討された。クロレラの問題点は強靭な細胞壁であり，これがクロレラタンパク質の利用を妨げてきた。

5.8 粗タンパク質（crude protein）

粗タンパク質は，試料を熱濃硫酸で酸化分解し，アンモニア，アミノ基を全てアンモニウムイオンに変換し，それをケルダール法あるいは燃焼法により定量した窒素量に窒素換算係数（タンパク質の窒素含量の逆数）をかけて求める。タンパク質を構成する元素のうち，窒素は約 16 ％であるという経験則に基づき，定量された窒素量を 16 ％（＝ 0.16）で除する，すなわち 6.25 を乗ずることにより，タンパク質量に換算する方法である。粗タンパク質には，タンパク質の他，アミノ酸，アミン，アンモニアなどの窒素も定量されるため，純粋なタンパク質量より約 20 ％大きい値になる。

5.9 石油タンパク質および SCP（single cell protein）

1957 年から石油分画物を微生物で処理する試みが始まり，いくつかの微生物が石油中で生存増殖することが知られるようになった[27,76,80]。1963 年，A. Champagnat ら（British Petroleum（BP）社）が石油や石油由来炭化水素をもとに酵母を生育させることに成功し，食料や飼料を獲得する方法として注目された[81]。1960-70 年代には，n-パラフィンなどの石油精製残渣を炭素源として生育した微生物が生産するタンパク質（石油タンパク質と呼ばれた）を食用にするための研究開発が開始された[75,77,80]。

BP 社が n-パラフィンを基質として酵母（*Candida lipolytica*）を大量培養する技術を開発したこと（1963 年）により，1 つの培養タンクで年間 10 万トン規模の菌体を生産できるようになった。当時，n-パラフィンは無尽蔵と考えられており，農地に依存しない農業の登場と受け取られた。このような背景のもと，単細胞や簡単な構造の多細胞性菌体（細菌，酵母，糸状菌，藻類，プロトゾアなど）由来のタンパク質を指す用語としてシングルセルプロテイン（single cell protein, SCP）が使われるようになった[82]。BP 社の SCP 開発に触発されるように，n-パラフィン以外の炭素源（エタノール，メタノール，天然ガスなど）を利用する微生物（ほとんどは *Candida* 酵母）培養系が開発された。石油資化性微生物としては，とくに酵母（*Candida* 属，*Torula* 属など）と細菌（*Pseudomonas* 属など）の利用が多い。また，メタン資化性酵母を用いてメタンからの動物飼料用タンパク質の製造も行われた。

SCP 生産は，微生物培養工学にも大きなインパクトを与えた。ペニシリンなどの抗生物質の

第1章　プロテインクライシスに対するフードテックの挑戦

発酵生産において，有用な放線菌を好気的条件下に雑菌汚染を阻止しながら培養する好気的純粋培養技術が確立されていた。一方，SCP生産では年間10万トンという大規模レベルで菌体生産を行う必要があり，培養タンクの大型化と連続培養のシステムが求められた。こうして，SCP生産用の好気的純粋連続大量培養技術が確立した[76]。

日本では1961年頃からSCP開発が開始。先行企業（2社）は1967年頃に安全性試験を終え，工業化の方針を出していた。厚生省からは発ガン性物質やマイコトキシンの混入可能性の指摘があったが，これらの点はクリアされ，72年12月厚生省（食品衛生調査会）は，炭化水素酵母は22項目に上る規制を遵守して製造すれば，動物飼料として安全であるという結論を出した。農林省も認可したことで，SCPは政府の統一見解として認可された。当時，年間20万トンの生産が見込まれていたが，消費者からの強い反対運動により，工業化は頓挫した[83]。ベンツピレンの混入可能性が反対運動の大きな理由であったと言うが，その濃度は許容値以下であったと言われている。また，マスコミによって使われた「石油酵母」という用語が受け入れられなかったとも言われる[76]。結局，日本ではSCPは断念に追い込まれた（1973年）。

1975年時点で，英国，イタリア，ルーマニア，旧ソ連などで年産数万ないし数十万トンレベルの工場が稼働していた。欧米でも安全性が確認されていたにも拘わらず，2000年時点でSCPを生産している国は無い[76]。かつて旧ソ連・東欧圏でSCP生産が行われていたが，これらの国々では冷戦下，米国などからの大豆調達に制約があったためとされている。実際，ソ連崩壊後，これらの国々でもSCP生産は消滅した。SCPに頼らなくても食料タンパク質が確保できるようになったとからだと理解される。また，SCP推進者が主張した「人口が激増するので食料危機になる」という事態は起こらなかった。1970年から2000年の世界の穀物生産率は，人口増加率（1.6倍）を上回る増加率を示し，とくに，大豆生産が順調に増加したため，もはやSCPに頼る必要は無かった[76]。また，SCP製造は安価であるとされたが，集菌のための遠心分離やタンパク質の分離精製など，コストのかかる工程を含んでいた。さらに，1974年には石油ショックが起き，原油価格の高騰が追い打ちをかけ，SCPは決して安価な食料資源ではなくなり，SCPへの期待は消滅した。しかし，近年のPCへの対策とFTの発展により，半世紀を経て再び，石油タンパク質が注目されるようになってきた。

5.10　SCPの栄養学的特徴

石油タンパク質は，食飼料用タンパク質に求められる条件（安価で，資化されやすく，菌体収率が高く，菌体との分離が容易であること）を満足するとされている。満田ら（1969）は，n-パラフィンで培養したCandida酵母からタンパク質を抽出している[77]。粗タンパク質収量は，乾燥重量ベースで54%，うち75%は5% NaOHで抽出された。全卵タンパク質に比べて，Lysは十分含まれていたが，含硫アミノ酸が少なかった。

石油炭化水素で生育させた微生物（乾燥重量当たり）の粗タンパク質量は，酵母では40-60%，細菌では60-80%。酵母タンパク質，細菌タンパク質とも，Lys含量が低い。しかし，メ

27

タン資化菌に比べて Met 含量は高い。動物実験による安全性検査で毒性は検出されなかった[80]。
酵母は，細菌より細胞サイズが大きく，集菌が容易である。

　石油タンパク質と類似のものに，天然ガスとくにメタンを資化する微生物から生産した「天然
ガスタンパク質」[80]，さらに，エタン，プロパン，ブタン，ペンタンなどのガス状炭化水素を資
化する微生物からの「ガス状炭化水素タンパク質」，またメタノールを資化するメタノール資化
性菌（*Pseudomonas* ほか）からの「メタノールタンパク質」の報告がある。炭素源として CO_2
や CO，窒素源としてアンモニウム塩や N_2 を利用する水素細菌（5.11 項参照）や *Azotobacter* 属，
Pseudomonas 属などにより生産される「無機ガスタンパク質」の報告もある[80]。

5.11　水素細菌または水素酸化細菌の利用

　水素細菌（hydrogen-oxidizing bacteria）とは，遊離の水素を酸化し，そのとき生成するエネ
ルギーを用いて，CO_2 を炭酸同化し，有機物を生産する細菌のことを指す。水素生産菌と区別す
るため水素酸化細菌とも呼ばれる。土壌中，温泉，海洋などに広く分布している。*Alcogenes* 属，
Pseudomonas 属，*Bacillus* 属，*Hydrogenobacter* 属などに分類される。栄養分と H_2，O_2，CO_2
があれば，タンク内で効率よく増殖することから，食品などの原料として期待されている[84,85]。
水素細菌は，有機物を合成し生産する過程で吸収する CO_2 量が排出 CO_2 量を上回る（カーボン
ネガティブ）ため，大気中の CO_2 削減に有利に作用する。また，有機化合物生産に伴い CO_2 を
利用することから，CO_2 の資源化と削減の観点で注目されている[86~88]。

　水素細菌（*Hydrogenomonas eutropha*）の菌体には 75% の水分が含まれる。乾燥重量のうち，
タンパク質は 75%，脂質 2%，灰分 7% であり，タンパク質含量が顕著に高い。タンパク質中の
アミノ酸組成としては Trp や Met に富む[85]。

　ソーラーフーズ社（フィンランド）は，再生可能エネルギーを使って水素細菌を培養し，人工
肉用の原料となるタンパク質を商業化に向けて生産しようとしている[84]。また，富士フイルムは，
2022 年，Ala を生産することを目的に，CO_2 資源化研究所と共同研究契約を結んだと発表[89]。魚
養殖用の配合飼料には輸入魚粉が加えられているが，近年，魚粉価格が高騰していることから，
魚粉の代替として水素細菌が注目されている。水素細菌菌体の粗タンパク質含量は約 70%，脂
質含量はほぼゼロ（1% 以下）である。アミノ酸組成は一般的な養魚飼料に比べて好ましいもの
であった[90]。水素細菌による SCP 生産性は，菌種によって異なるが，培地 1 L 当たり 1 h の培養
で 1-3 g である[91]。水素細菌による CO_2 資源化の例としては，SCP の他，ポリ-3-ヒドロキシブ
タン酸やグリコーゲンの製造がある[91]。

6　藻類タンパク質

6.1　藻類タンパク質の利用

　藻類は，酸素発生型光合成を行う生物から，コケ，シダ，種子植物を除いたすべてを含む生物

第1章　プロテインクライシスに対するフードテックの挑戦

群を指し，原核生物から真核生物まで多様な生物を含む。分類学的には，植物門の階級であり11門からなっている。食品や工業材料として利用されているものも多い[92]。従来利用されてきた藻類はワカメ，コンブのような大型藻類が主であったが，ミドリムシ（ユーグレナ）やクロレラ，スピルリナなどの微細藻類の食品やバイオ燃料への利用も広がっている。

微細藻類は，タンパク質，炭水化物，脂質，ビタミン，ミネラルなどの栄養素を含む。タンパク質は乾燥重量当たり40-70%[53]。大豆の約40%[93]より優れている。食品への応用には，タンパク質源とする場合と健康食品（機能性補助食品）とする場合とがある。タンパク質の製造に利用されているのは，とくにスピルリナとクロレラである[53,94]。

スピルリナは，天然のマルチビタミンのような扱いでサプリメントとして利用されるほか，スピルリナが生産する色素フィコシアニンは食品用青色色素として利用されている。フィコシアニンは，現在認可されている唯一の食品用天然色素であり，売上げは34億円（2015年）であり，2020年には200億円を見込んでいる[94]。

一方，スピルリナは，もともとアフリカ，チャド湖周辺で伝統的に食用にされてきた歴史があり[94]，世界で年間1万トンが流通しているとされ，市場規模は約700億（2016年）と見積もられる。2026年の市場は2000億円と推定されている。生産量は中国が1位である。1 haの面積に依存して1年間に生産できるタンパク質量を比較すると，牛は52 kg，トウモロコシ455 kg，大豆625 kg，スピルリナ16,600 kgである[94]。スピルリナは，他のタンパク質と異なり，土壌に依存することなく，太陽エネルギーと大気と水によって生産可能であるという点に大きな特徴がある。問題点はコスト。大豆なみの値段になるためには，1,000 ha規模の大量培養システムが必要になるとされる[94]。

ヘマトコッカスは抗酸化性化合物アスタキサンチンの製造に，ドナリエラはβ-カロテンの製造に利用されている。ユーグレナの40%を占める主要成分はβ-グルカンからなる貯蔵多糖パラミロンであり[53]，大腸がん抑制，免疫調節などのヘルスケアへの応用，バイオプラスチック製造への応用が期待されている。

6.2　藻類の培養法

藻類の培養法は液体培養法（懸濁培養法）と固体培養法に大別される。液体培養には，開放系の池を利用するオープンポンド法（OP法）とソフトプラスチック（LDPE）を利用したフォトバイオリアクター法（PBR法）がある。固体培養法には，ポリマーを用いて藻類細胞をマトリックス内に固定化するゲルマトリックス法と担持体表面に藻類細胞を付着させる担持体培養法がある[95]。OP法では外部からの細菌や物質による汚染が制御できないが，他の方法では，これらの汚染は制御できる[53]。

微細藻類利用における問題点は，「大規模かつ高密度な細胞培養」と「細胞の効率的な分離・回収」である。細胞密度はOP法で0.35-0.5 g/L，PBR法で2-6 g/Lであり，細胞密度が低いため細胞の回収・分離に大きなコストがかかる。OP法では細胞回収コストが全コストの20-30%

29

を占める[95]。液体培養法（OP 法や PBR 法）の単位面積当たり，1 日の細胞生産性は 10-20 g/m^2 であるのに対し，固体培養法では 50-80 g/m^2 である[95]。

7　精密発酵（precision fermentation, PF）

7.1　精密発酵の概要

　精密発酵（precision fermentation）を PubMed で検索すると，1976 年から 1999 年までは論文中にほとんど現れない（年間 0 ないし 3 件程度）が，2000 年に 11 件ヒットし，その後徐々に増加。2010 年に 28 件，20 年 100 件，22 年 155 件である。23 年（8 月 5 日現在）は 114 件ヒットしている。ここ数年の間に急速に注目される用語になっている。

　精密発酵（PF）とは，「微生物」を培養することで特定の物質を作らせること，とくに，エンジニアリング技術を使って微生物を改変し，遺伝子や代謝経路を最適化しておこなう物質生産をいう[96,97]。

　PF に類似の用語として「スマートセル・インダストリー」がある。スマートセルとは，微生物や植物の物質生産機能に制御・改変を加え，高機能性物質を省エネルギー・低コストに生産することができる（微生物や植物の）細胞のことである。スマートセルでは，植物を使う物質生産をも含めている点で PF とは異なる。また，PF がほぼ食品生産に限定されているのに対し，スマートセルは，食品，医薬品のみならず，ポリマーや燃料，化成品の生産も含むとされている[96~98]。

　PF もスマートセル・インダストリーも，目的に合わせて，生命系をデザインし，新機能を創出，付与，発現させる操作が必要である。これらは，遺伝子組換え，ゲノム編集，代謝工学，分子生物学，酵素化学などの技術（バイオテクノロジー）を動員して達成されるものであり，「合成生物学」と同じ概念と言ってよい。

7.2　精密発酵（PF）の生産工程

　①生産しようとする目的分子（多くの場合はタンパク質）の特定；②目的の分子をコードしている DNA の設計；③目的分子を発現する細胞の選定と DNA 導入；④環境負荷とコストが低い培地の選定；⑤選択した細胞の大量培養と目的分子の大量生産；⑥目的分子の大規模精製；⑦商品形態に合わせた目的分子の成形および製品化[97]。

　牛乳を作りたい場合は，乳清タンパク質である β-ラクトグロブリン（BLG）の DNA を宿主微生物（酵母，大腸菌など）に導入して，この遺伝子改変微生物を培養して BLG を生産する。タンパク質を生産する場合，宿主細胞内に蓄積させる場合と細胞外へ分泌させる場合がある。一方，目的分子がタンパク質ではなく，例えばココアバター向けの油脂である場合，この油脂を生合成する代謝系を，微生物菌体内に構築したり操作したりする必要がある。

　PF で生産され商品化されているものとして，ミルク（BLG），卵白（オボアルブミン），コラー

第 1 章　プロテインクライシスに対するフードテックの挑戦

ゲン，チーズ，油脂などが酵母を宿主として生産されている[97]。

8　作戦 4：培養肉

8.1　動物細胞培養の歴史

　1907 年に R. G. Harrison が，カエルの神経組織の一片を培養液中で培養し，神経線維の伸長を観察して以来，動物の組織切片や体細胞の培養により，細胞を増殖させる技術が蓄積されてきた。動物細胞培養技術は，分子生物学的技術（遺伝子操作，遺伝子組換え，ゲノム編集など）や酵素利用技術と並んで，バイオテクノロジーの基幹技術である。動物細胞培養は，すでに各種酵素，サイトカイン，モノクローナル抗体など医療用タンパク質の生産に広く利用されている[99]。再生医療や創薬開発の目的で，ES 細胞や iPS 細胞からバイオプリント技術（3D プリンター技術）を用いて三次元バイオ組織を *in vitro* で構築することが行われている[100,101]。

　臓器や組織を模倣した三次元構造体のことをオルガノイド（organoid）言う。2009 年，佐藤俊朗博士による消化管オルガノイドの作成が最初の報告とされる[102]。組織幹細胞や多能性幹細胞をシャーレ上で基底膜マトリックスやコラーゲンの足場（スキャフォールド）を用いて培養したものであり，幹細胞の持つ自己複製能と分化能を利用して自己組織化させたものである。組織模倣物程度にまで大きくなる。オルガノイドは，従来の培養細胞やスフェロイドに比べ，本物の臓器に近い解剖学的・機能的性質をもつことから「ミニ臓器」とも呼ばれる[103]。スフェロイドは，腫瘍細胞，幹細胞などの幅広い種類の細胞が，通常，足場を必要とせず，単に接着しただけで三次元構造を採っている[104]。

　近年，医療分野で発達した細胞培養，遺伝子操作，再生医療などの技術を食品分野へ応用することが行われている。牛筋肉細胞の培養により牛筋肉を作成することが可能である。

8.2　動物細胞培養技術を用いる培養肉の製造

　動物細胞培養や幹細胞培養などの細胞工学技術を用いて，動物細胞を人工的な培養装置の中で生育させて得た肉の塊を「培養肉（cultured meat）」と呼んでいる。当初（2018 年頃）は，クリーンミート（clean meat）と呼ばれることが多かったが，最近は cultured meat で定着している[105,106]。この方法では，上記の作戦 2 や 3 で得られる模造肉ではなく，正真正銘の動物の肉が製造できる。すなわち，牛の筋肉細胞を培養した場合には牛の筋肉組織の塊が得られるし，豚筋肉細胞を培養した場合には豚筋肉組織の塊が得られる。人工的に牛肉や豚肉，鶏肉，魚肉などを生産する技術を含め，細胞を用いて農産物や水産物を生産する技術を「細胞農業」と呼ぶ[106]。

　培養装置で製造した培養牛肉や豚肉は，牛や豚を屠殺して得た肉の代替という意味で「代替肉」であるが，生化学的に見て牛肉あるいは豚肉そのものであり，模造肉ではない。ただし，牛や豚の筋肉細胞を出発として細胞培養を行う場合，肉の持つ赤みを与えるミオグロビン（筋肉ヘモグロビン，組織ヘモグロビン）が作られないので，赤色を与える色素で着色することやヘム含有化

31

合物を添加することがある。この点に関しては，最近，培養肉に血管様構造を通すことができたという報告がある[107]。

　細胞培養の過程で，培養足場を工夫して，目的に応じてステーキ状やミンチ状に成形することが行われる。また，細胞培養に必要な培養液（培地）の成分や足場の素材などについて，高度の工夫が行われているようである。さらに，エクストルーダーや 3D プリンター[108]などの装置の利用により，またタンパク質架橋酵素[109, 110]により，高度の加工が施されることもある。牛肉には筋肉繊維細胞に交じって脂肪や血管が複雑に織り込まれているが，これを 3D プリンターにより再現したという報告もなされている[111, 112]。

8.3　培養肉をめぐるニュース

　今日，培養肉に関わる学術論文およびニュースは急増している。これまで出版された学術論文を PubMed で検索すると 315 件ヒットする（2023 年 8 月 26 日現在）。初めて論文に現れるのは2011 年であり，以降 1–2 件 / 年で推移するが，15 年に 4 件の後，急に増加しはじめ，19 年 21 件，20 年 45 件，21 年 65 件 22 年 111 件，23 年は現時点で 82 件である。以下，関連分野の技術ニュースサイトから目立った情報を拾う。

　動物細胞の培養には，通常，抗生物質や重金属，増殖因子などが添加されている。これら添加物の安全性の確保が重要であろう。最近，ペプチグロース社は，同社が開発した成長因子代替ペプチドについて，培養肉業界から多数の引き合いがあり，うち 2 社では，実際の製品で評価試験を実施中であると報告している[113]。同社は，成長因子代替ペプチドと称して，HGF 代替ペプチド（幹細胞，間葉系細胞の増殖に使用），TGFβ1 阻害ペプチド（幹細胞の分化やオルガノイド培養に使用），BDNF 代替ペプチド（神経細胞の増殖に使用）および BMP4, 7 阻害ペプチド，BMP7 選択的阻害ペプチド，BMP4 選択的阻害ペプチド（いずれも神経，骨芽，心筋，腸管，すい臓，胚細胞への分化，BMP シグナル伝達経路の解明などに使用）を市販している。これらは，従来，知られている生体から分離されたそれぞれの成長因子，サイトカインとは異なり，完全化学合成のペプチドであり，分子量が小さい上に，高い安定性を有し，かつモル当たりの活性は天然型の成長因子と同等であることが示された。

　米国タフツ大学の研究グループが，培養肉の風味を左右する脂肪組織の作製法を開発した[114]。

　イスラエルの Steakholder Foods とシンガポールの Umami Meats は，3D 技術を使って培養ウナギを量産する技術を開発した[115]。

　イスラエルの Steakholder Foods は，培養した牛の筋肉細胞と脂肪組織とから 3D プリント技術を用いて，霜降り肉を開発したことを報告した[116]。

　シンガポール国立大学のグループは，培養肉生産のために従来用いられてきた培養液の改良を報告している[117]。一般に，動物細胞の培養は 25％程度のウシ胎児血清（FCS）を含む培養液中で行われる。FCS を使わない無血清培地や動物由来成分を含まないアニマルフリー培地，タンパク質を含まない無タンパク質培地（プロテインフリー培地）なども開発されているが，FCS

第1章　プロテインクライシスに対するフードテックの挑戦

入り培地に比べると，細胞の成長速度や培養効率に難がある[99]。動物細胞培養には，FCS の他に成長ホルモンや種々のタンパク質成分，低分子化合物が加えられたりすることが多い。これらは高価であり，また，培養肉中に含まれるとき，人に対しどのような影響があるかは不明な点もある。今後の検討が必要だろう。動物血清を用いない培養も行われているようである。最近，日本ハムは培養液に用いる動物血清を既存の食品成分で代替したと報告した[118]。

8.4　畜産の問題点

1970 年代，ラッペ（F. M. Lappé）は，飢餓と貧困と食糧問題を研究する中で，畜産がタンパク質を得る目的では効率が悪いことを指摘した[119, 120]。

畜産物を 1 kg 生産するのに必要な穀類量は，牛肉では 1 kg，豚肉 7 kg，鶏肉 4 kg，鶏卵 3 kg である[119]。植物からタンパク質への変換効率（1 kg の穀類を家畜に与えたとき，生産できる家畜肉の kg 重量）は鶏肉 40％，豚肉 10％，牛肉 5％である。言い換えれば，穀物や牧草を飼料として家畜に与えて肉を生産するよりも，家畜向けの穀物および牧草用地に人が食べるための穀物を直接作付けする方が，圧倒的に人口扶養力が高い[119]。この場合，1 ha 当たりの人口扶養力は 6 人から 10 人に増加する（また，人は動物性タンパク質ではなく植物性タンパク質を食するので，実質的にはベジタリアン度が上がる）。一方，農産物 1 kg を生産するのに必要な水の量（仮想水）は，牛肉 20.6 トン，豚肉 5.9 トン，鶏肉 4.5 トン，鶏卵 3.2 トン，大豆 2.5 トン，米 3.6 トン，オオムギ 2.6 トン，小麦 2.0 トン，トウモロコシ 1.9 トンである。世界の水の使用量内訳は，農業用が 70％を占める[121]。

以上の議論を総括すると，家畜から得られる肉を培養肉に置き換えると，エネルギー使用量は 7％以上，水使用量は 80％以上，土地使用量は 99％，CO_2 排出量は 80％以上削減できるとされる[119]。

8.5　培養肉に対する社会の反応

2023 年 3 月 28 日，イタリア政府は培養肉などの細胞性食品（生物の細胞をその生物の体外で人為的に培養して得られた食品）の製造・販売を禁止する法案が閣議で承認されたことを公表[122]。同国の食文化や伝統の保護のため，脊椎動物由来の細胞および組織培養物から分離・生産された食品や飼料の製造・販売を禁止するとしている。また，同 3 月 23 日には，コオロギなどの昆虫由来の粉末を使用した食品にはラベルに表示することを義務づける法案が可決されている。イタリア政府の動きに対して，細胞性食品の開発を支援するグループや動物愛護を主張するグループからは反発があるが，イタリア人の 8 割以上は実験室で作られた食品に反対しているとの調査結果もあるとされる。PBM と異なり，培養肉の販売には多くの国で政府の認可が必要である。現時点（2023 年 8 月）で，認可が下りている国はシンガポールと米国のみ。シンガポールは，2020 年，チキンナゲットへの使用を許可。米国 FDA は，2022 年 11 月，細胞から培養した鶏肉を食用とすることを認可した[123]。EU では，欧州食品安全機関（EFSA）は培養肉の生産

33

を含む「細胞農業」に希望的な視線をもっているが，現在のところ，EU 加盟国で培養肉を認可する動きは無い[124]。

　現時点（2023 年 8 月）で，わが国には細胞性食品に関する法令は存在しない。培養肉について，現状では明確な定義が無く，原材料や製造工程に関する安全基準が未整備であり，安全性が確認できないものは，食品衛生法の規定により販売は難しいのが現状である。

　2023 年 2 月 22 日，岸田首相は，衆院予算委員会での質問に答え，肉や魚の細胞を培養して育てる「細胞農業」の産業育成に乗り出す考えを表明。安全確保の取組み，表示ルールの整備など新たな市場を創出するための環境整備を進め，日本発 FT のビジネス育成を行うとした[125]。わが国で細胞性食品が普及するためには，安全性に関する基準の明確化と食品表示基準の整備が最も重要な課題であろう[126,127]。消費者に対して，「培養肉を食べてみたいか」と尋ねたところ，「食べてみたい」は 27％。培養肉が食糧危機を解決する技術になることを告げた上で尋ねると，「食べてみたい」は 50％に上昇した。消費者に受け入れられるためには，安全性に加え，社会的な価値を含めた丁寧な情報提供が欠かせないと思われる[128]。

　細胞農業の原点は，世界の人口増加に伴う食糧危機とくに PC に対する食料増産の目的にあるが，同時に，この目的達成は，現行の農業がもつ地球環境への不都合な効果（GHG の排出と温暖化，異常気象，河川汚染など）からの脱却を目指すことでもある。とりわけ，畜産業は，人にタンパク質を提供するための重要な農業形態であるが，同時に，この形態は，大量の穀類や水などの資源を投入して成り立っている。米国では，1 年間に 90 億頭の家畜（魚類は含まない）を犠牲にしている[106]。畜産由来の GHG は全体の 15％であり，物流・輸送で排出される量より多い[129]。畜産を細胞農業に置き換えると GHG 排出は 75％減；水は 90％減になる。牛の場合，食品になる肉 1 kg えるのに，穀物（とうもろこし換算）11 kg，水 20 キロリットルが必要である。このように多大なエネルギーや資源を投入し，なおかつ GHG 排出を甘受したとしても，牛（450 kg）のうち肉として利用されるのは 200 kg であり，残り（骨，皮，内臓）は廃棄される[129]。換言すると，廃棄される部分をもコストをかけて飼育していることになる。このような無駄に加えて，動物愛護の観点から，畜産に厳しい目を向けてきた人たちがいる。古くから，チャーチル（W. L. S. Churchill, 英国首相）をはじめ，食用になる部分だけを人工的に培養する時代の到来を予言し，待望した人たちがいた。馬車を引く馬や農耕用の牛を使役することから脱却しようとして自動車や耕運機が発明された。食をめぐって動物を使役し屠殺することからの脱却に対する解答は細胞性食品（培養肉）や代替肉であろう。これは農業や畜産業からの脱却であり，農業，畜産業に従事する人々からの反発は必至であろう。現在食卓に上がる牛肉にせよ鶏肉にせよ，何代にもわたって品種改良を加えられた牛や鶏により生産されている。細胞性食品（培養肉）といえども，培養に用いるタネ細胞は，優れた特性の肉を生産する家畜から採取される必要がある。これらの優れた能力を持つように品種改良されてきた家畜から細胞を採取することは，細胞生物学者にとっては容易な作業であるが，牛や鶏に埋め込まれている知的財産が軽々に扱われて良いはずは無い。さらに言えば，細胞農業と称して，牛や豚の個体に触れることなく，

第1章 プロテインクライシスに対するフードテックの挑戦

細胞ばかりを扱う細胞研究者にとって，タネ細胞を提供してくれる優れた牛や豚の品種改良はどのように行われるのだろう。

8.6 培養肉と食文化および食の伝統

イタリアにおいて培養肉は食の伝統に合致しないとして，反対の動きに見られる通り，食には食文化という範疇を越えて，文化そのものと言ってよい本質的な側面があるように見える。この側面と折り合えない食品や食材は受容されることが難しいと言うことだ。

ベジタリアン（菜食主義者）は動物性食品の一部または全部を避けて，植物性食品（野菜，キノコ，果物，イモ，マメなど）を食する人びとのことである。ベジタリアンは，食べるもの，食べないものに対する制限に応じて数タイプに分類される。なかでも，ヴィーガンは，完全菜食主義者と呼ばれ，動物由来の食品を一切摂取しない人びとを指している。なかには，絹や羊毛，皮革など動物を虐待搾取して得た製品を受け入れない立場の人もいる[119]。ベジタリアンが選択される動機としては，①肉食中心の食事に基づく健康上の理由，②殺生を禁じる宗教上の理由，③動物愛護および倫理上の理由，④畜産による大気汚染，水質汚染などの環境問題からの理由などがあげられている。現在，欧米では何らかの形でベジタリアン（ヴィーガン含む）である人は約10％である。インドでは30-40％であるとされる[119]。動物から得た従来の肉，魚，卵などに代り，精密発酵により製造された培養肉を食するようになれば，ベジタリアンが選択される動機の②，③，④が一応解消されるのだが，培養肉，細胞性食品は，彼らに受け入れられるだろうか。

9 作戦5：遺伝子改変技術を用いる食用動物，魚，植物の改変

遺伝子組換えやゲノム編集技術を用いて，対象の魚や植物の遺伝子を細工し，大きく育つ魚，病気に強い果樹，ワクチンを生産する果実など，元の動植物が持っていなかった有用な性質をもった動植物を作出するものである。早く大きく育つ魚の作出など，タンパク質生産の面からも有望である。一方，植物の生育については，植物工場が利用され，土壌や太陽光などを用いる自然環境での農業から，人工的な環境での農業への移行が進んでいる[130]。詳細は成書を参考されたい。

10 作戦6：昆虫食

十分に利用されて来たとは言えないタンパク質資源として，昆虫への視線がある。一部の国，地域（アジア，アフリカなど）では，タンパク質源として昆虫，例えばカメムシ，セミ，ゲンゴロウ，バッタ，イナゴ，カワゲラ，シロアリ，ハチ，アリ，蝶や蛾の幼虫などが食べられてきた[27]。わが国でも，とくに山間地域でイナゴ，ハチ，カイコなどが食べられてきたのであり，冬場の貴重なタンパク質源となってきたものと考えられる。昆虫食は，むしろ欧米以外ではかなり

一般的であったといって良い[131~134]。PC との関連で昆虫食が注目されるようになったのは，2013 年に FAO が，オランダ，ワーヘニンゲン大学の A. van Huis らの報告書[3]として，将来の食料と飼料の確保のために昆虫食の有用性を報告したことによる。FAO は，その後も繰り返し，タンパク質資源の不足と昆虫食の有用性を訴えている[135]。欧州委員会が提案した Farm to Fork 戦略（2020 年）でも，2050 年に 90 億人を養わなければならないことの切り札として昆虫食の重要性が謳われている。一方，昆虫に関する市場動向や各種規制の整備は十分ではなく，昆虫食の国内での普及や原料昆虫の輸出などに課題があるとされる[136]。アレルギーに関する懸念を述べている報告が多い点に注意すべきだろう。

　昆虫食が今後，他の地域でも受け入れられ，食生活に定着するには，好適な昆虫の選定，昆虫の養殖など課題がある。コオロギでは，体色変化，高生産性，低アレルゲン化などの点で品種改良が必要だと述べられている[137]。ただし，昆虫食の普及において要求される技術は，上記の作戦 1-4 において求められる技術とはかなり異なる。むしろ，問題は文化的，民俗学的な点にあるように見える。

　昆虫食は，一般に昆虫を乾燥させたり，油で揚げたり，炒ったりして食べる。また，粉末状にして食べることも多い。最近，加工の度合いをあげて，煎餅状に加工したものや柔らかい肉状に加工したものが現れている[138,139]。昆虫粉末をニワトリ，養殖魚などの飼料として利用することも考えるべき課題であろう。

　昆虫以外のムシが食べられている例がある[27]。サソリ，ムカデ，クモ，カタツムリ，ナメクジ，ダニなどがある。ミミズやゴカイ，ヒルなどをも食用への可能性が議論されることがある。これらは，人の食経験として定着しているとはみなせないし，食料と言えるほど安定かつ大量に，適切な価格で製造できるとも思えない。欧州では，伝統的にダニ（チーズダニ，シロン）で熟成されたチーズ（ミルベンケーゼ（独），ミモレット（仏），アーティーズー（仏））がある[140]。チーズにシロカビやアオカビをつけて熟成させるのと同じく，チーズ熟成手段として用いられている。ここで，ダニは栄養源あるいはタンパク質として利用されている訳ではない。

11　代替肉の市場

11.1　代替肉の世界市場は 2050 年に 5.4 倍に増加

　世界の人工肉市場は 2017 年に 800 億円，20 年度には 1,200 億円であり，23 年は約 1,500 億円と推定されている[141]。従来，人工肉は菜食主義者を対象に販売されてきたが，畜肉に比較して高タンパク質低コレステロールで健康に良い点と環境負荷が低い点から，一般の消費者にも販売が拡大している。

　PBM の世界市場は，2020 年に 110 億ドル（130 円／ドルとして 1.4 兆円）とされ，30 年には 886 億ドル（11.5 兆円）まで拡大と予測されている[142]。また，PBM の世界市場は 2021 年に 5,000 億円，50 年に 4.5 兆円との予測もある[126]。同様に，21 年と 50 年の植物由来乳製品の市場はそれ

第1章　プロテインクライシスに対するフードテックの挑戦

それ 2.3 兆円および 8.3 兆円；植物由来卵は 60 億円および 1.2 兆円；植物由来魚介類はゼロおよび 1.1 兆円と予測されている。したがって，植物由来代替食品（PBF）全体の世界市場は，2021 年の 2.8 兆円から 2050 年には 15.1 兆円（5.4 倍）に増大する。

　GFI の統計によると，2022 年の米国における PBF の売上げは 80 億ドル（1.04 兆円）であり，21 年から 7％増加。これに反して，全食品，飲料品および動物由来食品は 3％減少。PBF の全売上げ（80 億ドル）のうち，PBM の売上げは 14 億ドル（5,200 億円），植物由来乳は 28 億ドル（3,640 億円）であった[143]。

　一方，PBM の日本市場は，2021 年に 200 億円であるが 50 年には 500 億円に増加すると予測されている[126]。同様に植物由来乳製品は 800 億円から 1,000 億円；植物由来卵は 2 億円から 150 億円；植物由来魚介類はゼロから 140 億円に増加すると予測。植物由来代替食品全体の日本市場は 2021 年から 50 年にかけて，1,002 億円から 1,790 億円（1.8 倍）へ増加することになり，世界市場の伸びに比べて有意に低い。

　代替肉（植物代替肉，微生物発酵肉，培養肉）を扱う企業数および投資件数は，国際的に年々増加している。2010 年には 190 社，15 年には 313 社であったが，21 年には 608 社に増えている。この内訳は，植物代替肉が 489 社，微生物発酵が 38 社，培養肉が 66 社である。地域別では欧州 329 社，北米 275 社，アジア・大洋州 93 社，中南米 47 社，アフリカ 3 社。2010 年の投資額は 2.3 億ドル，15 年には 3.2 億ドルであったが，21 年には 31.0 億ドルまで伸びている[28, 144]。ただし，企業数，投資額ともに，2019 年から 21 年にかけて伸びは頭打ちに近づいているように見える。

　現実に，動物性肉を模倣した代替肉市場の成長が鈍化しているとの報告がある[145]。理由として，人びとは必ずしも「肉を頑張って模擬した代替肉」を欲しているのではなく，本来の植物性素材に焦点を当てた PBF が望まれている，としている。日本では，大豆を煮豆や炒り豆，きな粉など食材の特性を生かして調理した食品，味噌や醤油などのような発酵食品，豆腐や湯葉，油揚げ，高野豆腐，豆乳などのような加工食品として食べられてきた。ハンバーグに入れられることもあるが，人びとは必ずしも，大豆タンパク質を用いて牛肉に似せて作られた模造肉を欲しているのではない，と言うことだろう。

　代替肉を製造する個別の企業の活動などについては，成書を参考にされたい[146, 147, 148]。

11.2　培養肉の市場

　世界の全食肉市場における培養肉の売上げは，2025 年はほぼゼロであるが，40 年には 35％を占めるとされる（ほかに，従来の肉が 35％，PBM が 30％）[149, 150]。

　細胞培養食品は培養肉と培養魚肉に分けられる。2021 年の世界市場は共にゼロであるが，50 年の推定は培養肉が 7,000 億円，培養魚肉 2,000 億円と予測されている。一方，日本市場は，21 年のゼロから，50 年にはそれぞれ 90 億円および 20 億円になるとされている[126]

11.3 昆虫食および昆虫飼料の市場

　昆虫の代替食関連の世界市場は2021年に100億円であるが，50年には3,000億円と予測；日本市場は2021年に4億円であるが，50年には40億円と予測されている[126]。昆虫の畜産や養殖魚の飼料としての世界市場は2021年に1,000億円であるが，50年には3,000億円と予測；日本市場は2021年に30億円であるが，50年には40億円になると予測されている[126]。

　一方，昆虫の代替食品関連の世界市場では2019年に70億円であったが，25年には1,000億円との予測もある[151]。また，日本市場についても2021年に10.8億円であったが，22年には14.8億円と予測されるとの報告がある[152]。いずれにしても，日本の市場は決して大きくはない。

　2023年1月19日，ホットペッパーグルメ外食総研が行った調査では，日本人の90%が昆虫食を避けると回答したと報告されている[153]。この調査では，「3Dプリンターで作った食品」を避けると回答した割合は70.3%であることにも注目する必要があろう。

12　食品中の主要タンパク質

12.1　食品タンパク質の概要

　食品中のタンパク質は，摂取された後，エネルギー源として，あるいは他の生体分子やタンパク質の合成原料として利用される。必須アミノ酸を充分な量含んでいることに加え，栄養機能，嗜好品機能，生理的機能をも保持している必要がある。PBMは植物性タンパク質を用いて動物性タンパク質のような物性，形状，味覚，栄養特性などを模倣するものであるが，PBMにも，食品タンパク質としての特性が求められる。

　本項では，食品に含まれる植物性および動物性タンパク質の特徴をまとめておきたい。代表的な植物性タンパク質には小麦，米，大豆などの穀類に含まれるものがあり，動物性タンパク質には，牛乳カゼイン，卵白タンパク質，畜肉や魚肉のタンパク質などがある。

　タンパク質は20種類のアミノ酸がペプチド結合で直鎖状につながったポリペプチドであり，通常分子量は数万あるいはそれ以上になる。食品タンパク質は，胃でペプシンによる加水分解を受けたのち，小腸に移行してキモトリプシンとトリプシンによりさらに加水分解を受け，最終的にアミノ酸にまで分解される。次いで，アミノ酸は小腸壁から吸収され，血液に移行する。血液中のアミノ酸は，指定された組織に入り，更に代謝をうけて生体内の生理活性物質に変換されたり，生体内の種々のタンパク質合成の原料として利用されたりする。

12.2　必須アミノ酸

　タンパク質は人体を構成する成分（重量）としては水（60%）に次いで多く，約20%を占める。タンパク質を構成する20種のアミノ酸のうち，ひとつでも欠けるとタンパク質を合成できない[154]。

　アミノ酸のうち，動物の窒素平衡を維持するのに不可欠なアミノ酸（すなわち動物の「正常な

第1章　プロテインクライシスに対するフードテックの挑戦

成長や健康的な生命維持」に必要な速度では，動物体内で合成されないアミノ酸）を「必須アミノ酸」と呼ぶ。動物種，発育段階により変動する。成人では8種類（Ile, Leu, Lys, Met, Phe, Thr, Trp, Val）であるが，乳幼児ではこれにHisを加えた9種類。一方，体内で合成できるアミノ酸を「非必須アミノ酸」と呼び，成人では12種類（Tyr, Cys, Asp, Asn, Ser, Glu, Gln, Pro, Gly, Ala, Arg, His）（ただし，乳幼児ではHisを除く11種類）。

　成熟ラットの必須アミノ酸は人の必須アミノ酸8種類にHisを加えた9種類。成長期ラットではこれにArgを加えた10種類。トリでは更にGlyを加えた11種類。なお，植物と微生物は必要とする全アミノ酸を自力で合成することができる[155]。

　必須アミノ酸は食事から摂取する。個々の必須アミノ酸について，1日に摂取すべき必要量が決められている。ある必須アミノ酸（アミノ酸X）の最低必要量を食事から摂取できないとすると，たとえ他の必須アミノ酸の摂取が十分足りていても，その人の栄養状態はアミノ酸Xで制限される。ある食品中に，必須アミノ酸が最低限必要とされる量に対して，どれくらい含まれているかを示す指標として「アミノ酸スコア」がある[156]。

　動物性タンパク質には，アミノ酸スコアの高いものが多く，畜肉，魚肉，卵，乳などはアミノ酸スコア100点である。植物性タンパク質では大豆のように100点のものもあるが，玄米68点，白米65点，小麦粉（薄力粉）44点，小麦粉（強力粉）36点などのように，総じて不十分なものが多い[27]。小麦などの穀類の胚乳に含まれるタンパク質はGlnが多く，LysやMet，Trpが少ない。

12.3　小麦タンパク質

　小麦タンパク質の85％はグルテンが占め，残りはアルブミンやグロブリンである。グルテンは小麦タンパク質がドウ（生地）を形成する性質を担う。グルテンは溶解度により，グリアジン（10-100 kDa）およびグルテニン（100-1,000 kDa）に分けられる。いずれも多数のタンパク質分子の混合物である。両者のアミノ酸組成は似ており，GluとProに富む。Cysおよびシスチン（Cys-Cys）含量も高く，このことがドウ形成に有効に作用している。グルテニンはドウの弾性に，グリアジンはドウの粘着性と可塑性に寄与する。小麦粉におけるグルテン含量は小麦粉の用途を決めている。デュラム小麦の小麦粉は最も強いドウ形成能を持ち，パスタ製造に用いられる。通常の小麦粉はタンパク質含量に応じて4種に分類され，強力粉（タンパク質11.5-12.5％）はパン，準強力粉（10.0-11.5％）は菓子パンや麺，中力粉（8.0-9.5％）は麺，薄力粉（6.5-8.0％）は菓子や天ぷら粉の製造に利用される[93]。

12.4　大豆タンパク質

　大豆は，栄養学的に良質なタンパク質を含むことから，「畑の肉」と呼ばれ，色々な食品に利用されてきた。アミノ酸スコアは100点であり，必須アミノ酸を理想的な割合で含む[156]。乾燥大豆重量当たり30-40％のタンパク質が含まれる。脂質含量は約20％，食物繊維は16％。

大豆タンパク質の90%は水溶性タンパク質であり，さらにその90%はグリシニンを主成分とするグロブリンである[93]。グリシニンは複数のタンパク質分子から成る混合物である。グロブリンタンパク質は，水で容易に抽出され，この水抽出物を pH 4.5 付近で処理すると等電点沈殿する。ここで沈殿しないタンパク質をホエイタンパク質と呼ぶ。グロブリンタンパク質を超遠心分析すると，複数成分（沈降係数に応じて，2S，7S，11S，15S タンパク質）に分離する。大豆グロブリンの主成分は 7S と 11S 画分である。7S は 60-210 kDa，11S は 300-350 kDa 程度であるが，ともに，30-40 kDa 程度のサブユニットよりなる。7S の主成分である β-コングリシニン（180-210 kDa）と 11S の主成分であるグリシニンを合わせると，全グロブリンの70%を占める[93, 157]。

β-コングリシンとグリシニンのアミノ酸含量のうち，最も多いのは（Glu＋Gln）および（Asp＋Asn）で，全体の45%。これらの酸性アミノ酸のうち，約50%はアミド体（Gln および Asn）で存在する[157]。

大豆タンパク質の主要成分は，従来，β-コングリシニン（約40%）とグリシニン（約60%）とされ，前者は血中中性脂肪の低下に，後者は血中コレステロールの低下に寄与していると考えられてきたが，最近の分析（2007 年）によると，大豆の主要タンパク質は β-コングリシニン（約20%），グリシニン（40%），脂質と会合したタンパク質（LP）（40%）であるとしている[27]。従来の分画で得られた β-コングリシニンおよびグリシニンの画分には大量の LP が混在しており，これまで報告されてきた血中の中性脂肪やコレステロール低下効果は，これらの LP に起因していた可能性がある[158]。

12.5 大豆タンパク質の食品特性

食品の機能[59]とは別に，食品素材が食品として有効に作用するために有している物理的性質のことを「食品特性」と呼ぶ[93, 157]。大豆タンパク質の代表的な食品特性には「ゲル化性」と「乳化性」がある。

ゲル化性：大豆タンパク質は，Ca^{2+} や Mg^{2+} によりゲルを作り沈殿する性質がある。大豆タンパク質の熱水抽出物（豆乳）に，これらのイオンを加えるとカードを作り，豆腐が形成される。このゲル化は，タンパク質の水和とタンパク質分子間の二次的会合に依る。このゲルを畜肉や魚肉製品に加えることで練り製品に独特の粘弾性が生じる。豆乳の酸処理でも沈殿物が生じる。酸沈殿の方が，イオンによる沈殿よりタンパク質収量は高い。大豆タンパク質は加熱によっても凝集し，湯葉の製造に用いられる。大豆タンパク質は特定のプロテアーゼによっても凝集し，クリーミーなチーズ様の塊を生じる[159]。大豆タンパク質はアルコールによって変性する。このときの変性度合は，加熱変性のときより大きく，アルコール変性を受けた大豆タンパク質は，プロテアーゼ消化を受けやすい。味噌や醤油の醸造では，共存アルコールによるプロテアーゼ加水分解の促進が行われている。ここで生じた低分子ペプチドやアミノ酸が食品に独特の味や風味を与えている。

第1章　プロテインクライシスに対するフードテックの挑戦

乳化性：大豆タンパク質は油滴を取り囲みエマルションを形成し保持することにより，乳化作用を示す。この特性は，植物油マヨネーズ，スープ，ホイップクリームの製造に利用されている。この特性は，脂肪やフレーバーの吸着にも利用されている。

大豆タンパク質が持つその他の食品特性を以下に掲げる[157]。

それぞれ**食品特性**：主な作用機構 / 応用例を記す。

溶解性：タンパク質の高水和性 / スープ，豆乳，ソース

凝集性：タンパク質分子同士の不規則な会合 / 豆腐

保水性：水の保持 / 肉類，ソーセージ，パン，ケーキ

粘性：濃厚化，水和 / スープ，肉汁

結着性：粘着性 / 肉類，ソーセージ，麺，練り製品

弾性：タンパク質分子の二次的会合，ジスルフィド結合の形成 / 肉類，製パン，練り製品

脂肪吸着性：疎水性の残基による結合 / 肉類，ソーセージ，油揚げ，ドーナッツ

起泡性：泡の形成と保持 / デザート，泡立ち菓子

進展性：過熱による空気膨張と空気補足 / 油揚げ

組織化（塊や層の形成）：熱や圧力によるタンパク質分子間の二次的会合 / 人造肉

組織化（繊維形成）：アルカリによるタンパク質分子の変性と分子間の二次的会合 / 人造肉

フレーバー結合性：吸着，補足，放香 / 人造肉，製パン

色彩の調整：リポキシゲナーゼによる漂白 / パン

12.6　米タンパク質

精白米には米胚乳タンパク質が含まれる。精白米の主要栄養成分は炭水化物であり約78％を占め，次いでタンパク質が6％を占める[160]。このほか，脂質1％，水分15％が含まれる。

精白米のタンパク質のほとんどは，プロテインボディ（PB）と呼ばれる構造体に貯蔵タンパク質として蓄えられており，種子発芽時に窒素成分供給源として利用される。米タンパク質は溶解度の違いに基づき分類される。主要成分は，希酸・希アルカリ可溶性のグルテリンである。これは電気泳動的にプログルテリン（57 kDa），酸性サブユニット（38 kDa），塩基性サブユニット（23 kDa）に分離される。グルテリンに次いで多いのは，アルコール可溶性のプロラミンであり，これも電気泳動的に3成分（16, 13, 10 kDa）に分離される。プロテインボディにはI型（PB-I）とⅡ型（PB-Ⅱ）があり，プロラミンは前者に，グルテリンとグロブリンは後者に蓄積される。プロラミンは疎水性が高く，水不溶性であるうえ，栄養価が低い。また，PB-I自体が圧力釜で炊いても分解せずに残り，人の消化管でも分解され難い。このようなことから，PB-Iの少ない（あるいは，無い）米の作出が望まれる[161]。

12.7　卵タンパク質

鶏卵はそれ自体で食されることもあれば，卵黄と卵白とを分けて，別々に食されることもある。

全卵 1 個（60 g）当たり，卵黄 18 g，卵白 42 g が含まれる。卵黄に含まれるタンパク質は 3.0 g であり，卵白では 4.4 g である[162]。卵黄と卵白は，エネルギーがそれぞれ 70 kcal および 20 kcal；脂質 34 g およびゼロ；炭水化物 0.02 g および 0.17 g；水分 9 g および 37 g である。全卵可食部 100 g 当たりのタンパク質含量は 12 g であるが，卵黄および卵白それぞれ 100 g 当たりのタンパク質は 17 g および 11 g である。

　卵黄と卵白の成分上の大きな違いは，脂質含量であり，全脂質含量は卵黄に含まれる。この脂質の 30％ はリン脂質である。卵はすべての食品の中で最もリン脂質含量が高く（重量当たりの含量は大豆の約 3 倍），なかでもコリン系リン脂質の含量が高い。また，卵黄と卵白で，飽和脂肪酸，不飽和脂肪酸，コレステロールの含量に大きい違いがあり，脂質全量が卵黄に含まれる。卵 1 個当たりの卵黄には，飽和脂肪酸 1.7 g；不飽和脂肪酸 3.2 g；コレステロール 252 mg が含まれる。

　卵白は，ハム，ソーセージなどの畜産加工品，かまぼこなどの水産練り製品，洋菓子類などに，卵黄はマヨネーズやカスタードクリームなどに使われる。卵の食品素材としての優れた点は，加熱凝固性，保水性，気泡性，乳化性にある。卵白タンパク質は，オボアルブミン（45 kDa），オボトランスフェリン（77 kDa），オボムコイド（28 kDa），オボムチン（180-720 kDa），リゾチーム（14 kDa）などからなり，それらの構成比は，54％，13％，11％，3.5％，3.4％ である[163]。

　卵は食物アレルギーの原因となる食品でもある。現在，わが国では「食品表示基準の一部を改正する内閣府令（令和 5/2023 年 3 月 9 日付け内閣府令第 15 号）」により，食物アレルギーを引き起こす食品原材料として表示が義務付けられているもの（特定原材料と呼ぶ）8 品目，表示が推奨されているもの（特定原材料に準ずるもの）20 品目が指定されている。特定原材料は以下の 8 品目：えび，かに，くるみ，小麦，そば，卵，乳，落花生（ピーナッツ）。特定原材料に準ずるものは以下の 20 品目：アーモンド，あわび，いか，いくら，オレンジ，カシューナッツ，キウイフルーツ，牛肉，ごま，さけ，さば，ゼラチン，大豆，鶏肉，バナナ，豚肉，まつたけ，もも，やまいも，りんご。

　食物アレルギーを持つ人の割合は 10 歳までで約 90％ を占める。その原因の原材料では，卵が 33％ で第 1 位。以下，牛乳，ナッツ類，小麦が続く。卵のアレルゲン物質は卵白タンパク質であるが，オボムコイド以外は熱に弱く，加熱調理によりほぼアレルゲン性を失う。一方，オボムコイドは熱にも消化酵素にも強く，これらの処理ではアレルゲン性を失うことはない。このような背景から，最近，キユーピーと広島大学はゲノム編集技術を用いた共同研究によりオボムコイドを含まない卵を開発したと報告している[164]。

12. 8　乳タンパク質

　牛乳にはタンパク質が 3％ 含まれる[93]。その主要成分はカゼインと呼ばれるリンタンパク質である。乳に酸を加えて，pH 4.6 にすると等電点沈殿する。この沈殿物を等電点カゼイン（酸カゼイン）と呼ぶ。カゼインは電気泳動により 3 種類のタンパク質成分（α，β，γ）に分けられ，

第1章　プロテインクライシスに対するフードテックの挑戦

最も大量に含まれるα-カゼインはCa^{2+}で沈殿するα_s-カゼインとCa^{2+}で沈殿しないκ-カゼインからなる[155]。カゼインタンパク質自体は高次構造を取らないが，乳中ではカルシウムカゼイネート-リン酸複合体の形でミセル形成してコロイド状に分散する。

　生後10-30日の仔牛の第4胃から分離される凝乳酵素レンネットを乳に加えると，乳タンパク質が凝集する[155]。レンネットは，キモシン（またはレンニン）とペプシンの2種類のプロテアーゼの混合物であり，キモシン88-94%，ペプシン6-12%が含まれる。仔牛の成長と共に，キモシンの比率が低下し，6か月の仔牛ではキモシンの比率は30%程度になる。キモシンがκ-カゼインのPhe105-Met106のペプチド結合を切断し，パラカゼインが生じるとカゼインの凝集がおきる。牛乳のキモシン処理で生じる凝固物をカードと呼び，上清を乳清（ホエイ）と呼ぶ。乳清にはα-ラクトグロブリン，β-ラクトグロブリン，ラクトアルブミン，ラクトフェリンなどのタンパク質が含まれる。牛乳の全タンパク質にはカゼインが80%，乳清タンパク質が20%含まれる。一方，ヒト乳の乳清タンパク質含量は60%であり，哺乳類の中では飛び抜けて高い。

12.9　畜肉タンパク質

　畜肉および魚肉の食用部位は筋肉である[93]。哺乳動物の筋肉タンパク質は，構成部位と溶解性に基づき，筋漿タンパク質（サルコプラスミックタンパク質，SPP），筋原線維タンパク質（ミオフィブリルタンパク質，MFP），肉基質タンパク質（ストロマタンパク質，STP）に大別される。MFPは動物種に関係なく，全タンパク質の約50%を占める。残りのSPPとSTPの比率は，29：21ないし15：35である。

　SPPは各種酵素，ミオグロビン，ヘモグロビンなどを含み，とくにミオグロビンは肉製品の色調や調理による変色に関係する。STPは，結締組織を構成しており，コラーゲンやエラスチンから成っている。

　MFPは，筋肉繊維を形成しており，筋肉の弛緩・収縮を行う。ここで主要な構成要素はミオシンとアクチンであり，ミオシンはMFPの55%，アクチンは20%を構成する。生体内では，ミオシンとアクチンが会合したアクトミオシンと遊離状態のミオシンおよびアクチンの形で存在する。

　筋肉繊維においてCa^{2+}濃度が上昇すると，ミオシンのATPアーゼ活性が上昇し，ATP濃度が低下する。これに伴い，筋肉繊維は収縮する。逆に，筋肉組織からCa^{2+}が除去されると，ATPアーゼ活性が低下し，ATP濃度が上昇し，結果，筋肉繊維は弛緩する。動物が屠殺されると，O_2供給が停止し，筋肉組織は嫌気的条件に置かれる。グリコーゲンの嫌気的解糖により乳酸が生じ，組織は酸性（pH 5.5）になる。グリコーゲン消失に伴い，ATPの合成や蓄積が停止し，筋肉は収縮状態に固定される。これを死後硬直と呼ぶが，起こる時間は動物種により異なり，最大硬直の時間は，魚で死後1-4時間，トリ6-12時間，牛12-24時間，豚3日である。

　屠殺直後の肉は軟らかいが旨味に乏しい。死後硬直中の肉は硬く，加熱すると肉汁の損失が大きい。一方，硬直が解除されたあとの肉は，軟らかく，肉特有の旨味を示し，肉汁の損失も少な

43

いなど，良好な特性を持っている。肉の保水力は pH 5.5 が最小であり，より酸性側やアルカリ性側で保水力は上昇することから，死後硬直中にはグリコーゲンの嫌気分解が起こり，組織のpH が酸性（pH 5.5）に偏る。このことが保水力を低下させることになっている。死後硬直した肉は，冷蔵庫中で数日置く内に，筋肉プロテアーゼ（カテプシン）の加水分解作用を受け，軟化する。このときペプチドやアミノ酸が生成され，これが旨味向上に寄与する。さらに，この過程で組織中の pH は上昇し，これに応じて，保水力も増大し，肉汁を多く含むように変化する。死後硬直が解除される過程を熟成（aging）と呼び，肉を加工する上で重要な過程である[165]。

12. 10　魚肉タンパク質

　魚肉の主要タンパク質は家畜肉のものとほぼ同じである[93]。家畜肉に比べて基質タンパク質が少なく，アクチンとミオシンが主成分である。魚肉タンパク質の特徴に，ゲル形成能がある。これを利用して水産練り製品が製造される。ゲル形成能は，魚肉タンパク質の 60-75% を占める塩溶性タンパク質ミオシンに起因する。このゲル形成能は，NaCl 0.5-1 M, pH 6.5-7.2, 75-85℃ で行うのが最適とされている。

おわりに

　本稿Ⅰ部 では世界と日本の食料事情について概観した。食料危機とくにタンパク質危機（PC）について一定の理解を得ることができた。少なくとも，人類の歴史において，地球人口は食料の量の増加とパラレルに増加してきたように見える。農業革命や科学技術，保健医療の発展などにより，地球人口が増加したとされる。一方，人類の英知と活動を通して食料増産がもたらされてきた結果，それに見合う分の人口の増加が推進されてきた。地球人口は地球で生産される食料の量により規定される。過去には，地球のもつ食料供給能力を超えて人口が増加したことにより，食料危機が起こり，危機を回避するための科学技術の発達やイノベーションが現れてきた。このことは更に人口増加を促すが，その結果，再度食料危機が惹起されることにもなりかねない。食料危機の問題においては貧困や飢餓が大きな問題であるが，食品ロスや飽食，生活習慣病などの問題と並んで，政治・経済的要因と分配・格差の問題も無視できない。

　GHG や地球温暖化に絡んで，従来の農業とくに畜産業，なかでも牛への風当たりが強いと感じる。奈良公園や安芸の宮島にすまう鹿があり，また最近は住宅街や人里に迷い出てきて害獣の扱いにされる鹿もいる。鹿は牛と同じ反芻動物であり，牛同様にメタンを含むゲップをするものと思われる。わが国では野生鹿は 1978 年から 2014 年の間に 2.5 倍に増加し，2015 年では 305 万頭とされ，2023 年には 450 万頭になると予想されている（環境省）[166]。一方，2021 年の日本の牛飼育頭数は 396 万頭であり，世界では 15.3 億頭である[167]。野生鹿が排出するメタンは，人間の活動に伴って排出されるものではないが，その量は日本で飼育されている牛が排出するメタン量に匹敵するだろう。野生鹿がこれほど増えたのは，山林の荒廃など人為的な原因による。野生

第1章　プロテインクライシスに対するフードテックの挑戦

鹿は駆除の対象になっているが，鹿の頭数を適正に保つことにより，飼育されている牛も共存可能なように思える。

　地球上には農業用の土地も資源も頭打ちになってきた。食料を実験室や工場に，さらに深海や極地や宇宙に求める時代になったと言うことだ。このことは，さらに人口増加を促すことにもなるかもしれない。50年前，食料のフロンティアを石油に見出そうとする動きがあった。科学的・合理的と思えた石油タンパク質であったが，これに抵抗感を持つ雰囲気により人びとに受容されなかった。その後，社会情勢の変化，石油価格の高騰や東西冷戦の終結により，石油タンパク質への要求も消失した。今日，大豆で作った肉もどきを食べるくらいなら豆腐やテンペを食べる，培養肉や昆虫は自分の文化に合わないから食べたくない，という意見がある。素直に耳を傾ける必要があるだろう。食の問題には，科学的合理性だけでは解決できない文化的好悪，嗜好性という面もあるということだ。

　II部 ではフードテック（FT）を概観した。個別の詳細に関しては，ご執筆頂いた先生方の総説や論考を読んで頂きたい。動物細胞培養技術や遺伝子改変技術，タンパク質科学が医療分野のみならず食料分野でも大活躍できることが示された。従来蓄積されてきたものとは異なる新規な時代が近づいてくる気配がありワクワクする。今，食料の科学・技術に新しいイノベーションが起こりつつあることを実感する。その時代を共有できることに感謝したい。食料危機とPCに立ち向かうFTに興味を持つ研究者，技術者，学生諸君のご活躍に期待したい。

文　　　献

1) J. O. Gakpo, FAO predicts global shortage of protein-rich foods. Alliance for Science（July 7, 2020）；https://allianceforscience.org/blog/2020/07/fao-predicts-global-shortage-of-proteib-rich-foods
2) FAO, IFAD, UNICEF, WFP, and WHO, In Brief to The State of Food Security and Nutrition in the World 2022（2022）；https://doi.org/10.4060/cc0640en
3) A. van Huis, J. Van Itterbeeck, *et al.*, Edible insects：Future prospects for food and feed security, FAO, 2013
4) https://tokyo.unfpa.org/sites/default/files/pub-pdf/swop2023-english-230329web_0.pdf
5) S. ディクソン＝デクレーブ，他，万人のための地球. 丸善出版，ローマクラブ日本，2022
6) 徳江実，世界の人口；arkot.com
7) 早瀬健彦，フードテックをめぐる動向-官民連携による新市場の創出. シーエムシー出版編集部（編），フードテックの最新動向，2021, pp. 3-11
8) 新村出（編），広辞苑第六版，岩波書店，2008
9) コトバンク，食糧；https://kotobank.jp/word/ 食糧-80296
10) 野口忠（編），栄養・生化学辞典，朝倉書店，2009

11) 農林水産省，日本の食料自給率；https://www.maff.go.jp/j/zyukyu/zikyu_ritu/012.html.

12) 中辻浩喜，牛の飼料成分で使う TDN は人間におけるカロリーとは違うものなのですか？（2020 年 6 月 15 日）；https://rp.rakuno.ac.jp/archives/qalist/3058.html

13) 農林水産省，令和年度食料自給率・食糧自給力指標について．（2023 年 8 月 7 日）；https://www.maf.go.jp/j/press/kanbo/anpo/230807.html

14) 農業と IT の未来メディア・スマートアグリ，日本の「食料自給率」はなぜ低いのか？食料自給率の問題点と真実．（2022 年 8 月 8 日）；https://smartagri-jp.com/agriculture/129

15) 農林水産省，知るから始める「食料自給率のはなし」．（2023 年 2 月）；https://www.maff.go.jp/j/aff/2302/spe1_02.html

16) 農林水産省，最新の食品ロス量は 523 万トン，事業系では 279 万トンに．（2023 年 6 月 9 日）；https://www.maff.go.jp/j/press/shokuhinn/recycle/230609.html

17) 春夏秋冬，食品ロスの現状と対策．（2023 年 6 月 29 日）；https://shunkashutou.com/olumn/foodloss

18) シーエムシー出版編集部，欧米を中心とした植物由来食品市場の急成長の背景．シーエムシー出版編集部（編），植物由来食品・代替食品の最前線，2020, pp. 49-69

19) フードテック官民協議会，第 3 回（提案・報告会），（2021 年 10 月 19 日）

20) 農林水産省，世界の食料自給率；https://www.maff.go.jp/j/zyukyu/zikyu_ritu/013.html

21) J. S. Garrow, W. P. T. James, A. Ralph, ヒューマン・ニュートリション，第 10 版，医歯薬出版，2004

22) JA.com 農業協同組合新聞，世界の穀物生産量，消費量を下回る見込み-米農務省予測（2023 年 7 月 6 日）；https://www.jacom.or.jp/nousei/news/2021/04/210427-50989.php

23) 農林水産省大臣官房政策課食料安全保障室，2050 年における世界の食料需給見通し（2019 年 9 月）

24) P. Potapov, S. Trubanova, *et al.*, Global maps of cropland extent and change show accelerated cropland expansion in the twenty-first century. *Nat Food* **3**, 19-28 (2022)

25) 農林水産省農林水産政策研究所，2032 年における世界の食料需給見通し．（2023 年 3 月）

26) 農林水産省，お肉の自給率；https://www.maff.go.jp/j/zyukyu/zikyu_ritu/ohanasi01/01-04.html

27) 齋藤勝裕，よくわかる最新代替肉の基本と仕組み，秀和システム，2022

28) 間島大介，只腰千真，代替肉業界の分析と日本が取り組むべき方向性．NRI パブリックマネージメントレビュー，Vol. 220（2021 年 11 月），pp. 1-10

29) 早坂洋史，アラスカの森林火災と雷の最近の傾向 .Bulletin of Japan Association for Fire *Science and Engineering* **53**（1）17-22（2003）

30) 武田邦彦，食糧がなくなる！　本当に危ない環境問題．朝日新聞出版，2008

31) 国立環境研究所，国連食糧農業機関，農業起源の汚染物質が世界の水質悪化の重要要因と指摘．環境展望台（2018 年 6 月 20 日）；https://tenbou.nies.go.jp/news/detail.php?!=24410

32) 農林水産省生産局環境保全型農業対策室，環境保全を重視した農法への転換を促進するための施策のあり方（1）．資料 1（平成 20/2008 年 1 月）

33) 農林水産省，茶生産における施肥の現状と課題．（平成 21 年 5 月））

34) 独立行政法人　農業・生物系特定産業技術研究機構，野菜茶業研究所，安全・安心で環境

第 1 章　プロテインクライシスに対するフードテックの挑戦

保全型の茶生産技術．平成 16 年度革新的農業技術習得研修（高度先進技術研修）（2004 年 7 月 28 日）

35）J. ダイアモンド，文明崩壊，草思社，2005

36）中道宏，南北問題・貧困問題．（2008 年 3 月 30 日）；seneca21st.eco.coocan.jp/working/nakamichi/2_2_06.html

37）アスエネメディア，CO_2 の排出原因とは，人間活動と地球温暖化の関係．環境情報を基礎から解説するサイト，（2022 年 6 月 15 日）；https://earthene.com/media/378

38）農研機構，乳用牛の胃から，メタン産生抑制効果が期待される新規の最近種を発見．農研機構プレスリリース（2021 年 11 月 30 日））。（竹野内崇宏，犯人はげっぷ？，朝日新聞グローブ，第 264 号（2022 年 10 月 2 日）

39）Tomoruba 編集部，牛の"げっぷ"が畜産で最大の課題．（2022 年 8 月 4 日）；https://tomoruba.eiicon.net/articles/3656

40）竹野内崇宏，犯人はげっぷ？，朝日新聞グローブ，第 264 号（2022 年 10 月 2 日）

41）農林水産技術会議，畜産からの温室効果ガスを削減する技術．委託プロジェクト研究成果集- 令和 4 年度版（2022）；https://www.affrc.maff.go.jp/docs/project/seika/2022/r4_seikashu_01.html

42）農林水産技術会議，畜産からの温室効果ガスを削減する技術．委託プロジェクト研究成果集- 令和 4 年度版（2022）；https://www.affrc.maff.go.jp/docs/project/seika/2022/r4_seikashu_01.html.

43）農研機構，乳用牛の胃から，メタン産生抑制効果が期待される新規の最近種を発見．農研機構プレスリリース（2021 年 11 月 30 日）

44）南北問題．公民；https://aiueo.ws/sougou/koumin/q6.html

45）J. サックス，貧困の終焉，早川書房，2006

46）世界銀行，世界の貧困に関するデータ．（2018 年 10 月 5 日）；https://www.worldbank.org/feature/2014/01/08/open-data-poverty

47）グリーンノート，世界の 10 人に 1 人，貧困を抱えて居る現状とは？（2023 年 5 月 26 日）；https://green-note.life/968.

48）瀬戸口千佳，貧困の定義とは？；https://column.savechildren.or.jp/hinkon_no_teigi.

49）スコット・ギャロウェイ，GAFA ネクストステイジ，東洋経済新社，2021

50）一般社団法人　日本食農連携機構，手厚い米国の貧困者向け食料支援（2021 年 3 月 26 日）；https://jfaco.jp/column/2187.

51）J. クリブ，90 億人の食料問題，シーエムシー出版，2011

52）WFP 日本レポート，肥満と飢餓の「深い関係」．（2018 年 11 月 13 日）；https://ja.wfp.org/stories/feimantojienosheniguanxi

53）三輪泰史，図解よくわかるフードテック入門，日刊工業新聞社，2022

54）石川伸一，変革を遂げる「食」の今とこれから．都甲潔（監修），おいしさの科学とフードテック最前線，シーエムシー出版，2022, pp. 256-261

55）フードテックとは？　世界的に深刻化する食糧問題を解決する最先端テクノロジー．（2023 年 8 月 22 日）；https://wisdom.nec.com/ja/article/2019112901/index.html

56）ギークリーメディア編集部，フードテック（FoodTech）とは？　注目される背景や注力

している企業を解説します．（2023 年 5 月 22 日）；https://www.geekly.co.jp/column/cat-technology/foodtech

57) デジタルシフトタイムズ，フードテック（FoodTech）とは？　重要視される背景や事例を紹介．（2022 年 2 月 6 日）；https://digital-shift.jp/flash_news/s_210308_5

58) 藤田まみ，フードテックとは？　意味やメリット，企業の事例を徹底解説！（2023 年 1 月 5 日）；https://www.asahi.com/sdgs/article/14807307

59) 井上國世，機能性糖質・糖類に関する序論．井上國世（監修）機能性糖質・糖類の技術と市場，シーエムシー出版，2023

60) D. ローベンハイマー，S. J. シンプソン，食欲人，サンマーク社，2023

61) 三石誠司，世界の食肉需要動向と代替肉の可能性．シーエムシー出版（編）フードテックの最新動向（2021），pp. 101-110)

62) 日本能率協会総合研究所（MDB），代替肉の市場規模は？　市場動向の調べ方を徹底解説！（2022 年 5 月 20 日）；https://mdb-biz.jmar.co.jp/column/43.

63) 久原哲（監修），スマートインダストリー－微生物細胞を用いた物質生産の展望－，シーエムシー出版，2018

64) 蓮沼誠久（監修），微生物を活用した有用物質の製造技術．シーエムシー出版，2023

65) 佐々木俊弥，藻類スピルリナの食用用途開発．Pp. 35-45；シーエムシー出版（編）植物由来食品・代替食品の最前線，2020

66) シーエムシー出版（編），藻類応用の技術と市場，2020

67) 日本細胞農業協会，精密発酵；https://cellagri.org/pathway-into-cell/issues/ 精密醗酵

68) 渡邉里英，精密発酵と発酵食品の違いとは？　食糧問題か既決の糸口になる？（2021 年 3 月 13 日）；https://www.olive-hitomawashi.com/column/2021/03/post-14086.html

69) 水迫尚子，食糧・環境問題解決のカギは「発酵」にあり？　最新の発酵技術を駆使した代替肉やアイスも。（2021 年 4 月 11 日）；https://ampmedia.jp/2021/04/11/fermentation

70) F. Manjoo, A mushrooming Quorn controversy. Wired, Apr. 16, 2002；https://www.wired.com/2002/04/a-mushroomin-quorn-controversy.

71) 佐藤あゆみ，Quorn の親会社 Marlow Foods，マイコプロテインを他者へ販売するため原料部門を設立．Foovo,（2023 年 4 月 27 日）；https://foodtech-japan.com/2023/04/27/quorn

72) 萩原大祐，菌類バイオマスによる代替プロテイン．蓮沼誠久（監修），微生物を活用した有用物質の製造技術，シーエムシー出版，（2023），pp. 283-290

73) 萩原大祐，マイコプロテインの食品利用の現在地と展望．食品と開発 **58**（7），4-6（2023）

74) H. L. Tuomisto, Mycoprotein produced in cell culture has environmental benefits over beef. *Nature*（2022-05-05），DOI：10.1038/d41586-022-01125-z

75) 満田久輝，微生物によるタンパク質の生産．栄養と食糧，**20**（2），92-97（1967）

76) 柳本正勝，微生物タンパクの生産技術．藤田哲，小林登史夫，亀和田光男（監修），新世紀の食品加工技術，シーエムシー出版，（2002）pp. 28-35

77) 満田久輝，杉浦正毅，他，タンパク食糧に関する研究（第 4 報），炭化水素資化性酵母菌体からのタンパク質抽出とその栄養価について．栄養と食糧 23（1），62-65（1969）．

78) H. A. Spoehr, H. W. Milner, *Plant Physiol.* **24**, 120（1949）

第 1 章　プロテインクライシスに対するフードテックの挑戦

79) H. W. Milner, *J. Am. Oil Chemists'Soc.* **24**, 363 (1951)

80) 岩本博道，資源問題への微生物の利用について．有機合成化学 **32** (4), 317-327 (1974)

81) A. Champagnat, C. Vernet, *et al.*, Biosynthesis of protein-vitamin concentrates from petroleum. *Nature* **197** (1963) 13-14

82) 斉藤健，Single Cell Protein に対する国連の見解．化学と生物 **9** (3), 200-203 (1971)

83) 山田浩一，シングルセルプロテインと食糧問題．日本食品工業学会誌 **21** (4), 188-195 (1974)

84) ウィキペディア，水素細菌；https://ja.wikipedia.org/wiki/ 水素細菌

85) 高橋健，水素細菌．化学と生物 **5** (11), 661-666 (1967)

86) 五十嵐泰夫，水素細菌の機能とその利用．日本農芸化学会誌 **61** (10), 1322-1325 (1987)

87) 大島義徳，水素細菌による CO_2 からのポリ乳酸製造と建設業への応用展望．湯川英明（監修），脱石油に向けた CO_2 資源化技術，シーエムシー出版 (2020)，pp. 368-375

88) 秀瀬涼太，蓮沼誠久，水素酸化細菌による CO_2 吸収．蓮沼誠久（監修），微生物を活用した有用物質の製造技術．シーエムシー出版 (2023)，pp. 170-179

89) 富士フイルム，ニュース，(2022 年 12 月 26 日)；https://www.fujifilm.com/jp/ja/news/list/8976

90) 奥宏海，水素細菌による魚粉代替タンパク質の製造技術の開発．(2021 年 3 月 17 日) シーフードショー大阪

91) 西原宏史，好気性水素酸化細菌（水素細菌）とその利用．環境バイオテクノロジー学会誌 **22** (1), 61-66 (2022)

92) 石川統，他（編），生物学辞典，東京化学同人，(2010)

93) 五十嵐修，食品化学，弘学出版，(1980)

94) 佐々木俊弥，藻類スピルリナの食品用途開発．シーエムシー出版編集部（編），フードテックの最新動向，シーエムシー出版，(2021)，pp. 118-127

95) シーエムシー出版編集部，藻類の培養・分離・抽出・精製．シーエムシー出版（編）藻類応用の技術と市場，シーエムシー出版 (2020)，pp. 117-135

96) 岡田健成，細胞農業における精密発酵の概要．食品と開発 **58** (4), 4-6 (2023)

97) NEDO スマートセルプロジェクト，スマートセルプロジェクトとは．(2023 年 6 月 16 日)；https://www.jba.or.jp/nedo_smartcell/project

98) 寺門夕里，代替タンパク質における「発酵」の可能性．ウエルネスフード・ワールド第 101 回，(2022 年 5 月 20 日)；https://global-nutrition.co.jp/blog/2022-05-20

99) 井上國世（監修），動物細胞の培養システム-技術と市場，シーエムシー出版，2021

100) 株式会社 iPS ポータル，3D プリンターを利用した再生医療の展開．(2021 年 2 月 19 日)；https://ipsportal.com/information/147

101) 松本貴彦，高木大輔，他，3 次元組織作成に向けた細胞用インクジェット技術の開発．Ricoh Technical Report **44**, 27-40 (2022)

102) 木村ちえみ，オルガノイドとは．日経バイオ online, (2023 年 4 月 21 日)；https://bio.nikkeibp.co.jp/atcl/report/16/011900001/23/04/20/00544

103) Nature Portfolio, オルガノイドの興隆．Nature ダイジェスト 12 (10)；DOI：10.1038/ndigest.2015.151024

代替肉の技術と市場

104) Corning, オルガノイド vs. スフェロイド：その違いは？：https://www.corning.com/jp/products/life-sciences/resources/stories/at-the-bench/organoid-vs-spheroid-what-is-the-difference.html

105) ハッピーキヌア,「クリーンミート」とは？　培養肉と代替肉の違いを徹底解説.；https://happy-quinoa.com/cleanmeat

106) P. シャピロ, クリーンミート, 日経BP, 2020；ウィキペディア, 培養肉；https://ja.wikipedia.org/wiki/ 培養肉

107) 菊池結貴子, 東大・竹内教授ら, 培養肉に「血管を通す」ことに成功. 日経バイオテク（2023年9月11日）；https://bio.nikkeibp.co.jp/atcl/news/p1/23/09/06/11055/?n_cid=nbpbto_mled_pm

108) 境慎司（監修）, バイオプリンティングの技術と市場. シーエムシー出版, 2022

109) 手島裕文, 加藤まなみ, 他, 皮膚表皮を司るタンパク質架橋酵素・トランスグルタミナーゼ. 井上國世（監修）食品・バイオにおける最新の酵素利用. シーエムシー出版（2019）pp. 208-221

110) 野口智弘, タンパク質架橋酵素（プロテインジスルフィドイソメラーゼ）の機能解析および小麦粉生地, 製パン性に対する応用. 井上國世（監修）食品・バイオにおける最新の酵素利用. シーエムシー出版（2019）pp. 127-133

111) 松崎典弥, D.-h. Kang, 他, 3Dバイオプリントによる培養肉作成技術の開発. シーエムシー出版編集部（編）, 植物由来食品・代替食品の最前線,（2020）, pp. 27-34

112) NHK WEB 特集, ついに食べた！　未来の肉「培養肉」の今.（2022年4月20日）；https://www3.nhk.or.jp/news/html/20220420/k10013590031000.html

113) 野村和博, ペプチドリーム決算, 成長因子ペプチドに「培養肉業界から問い合わせが極めて多い」. 日経バイオテク（2023年8月10日）；https://bio.nikkeibp.co.jp/atcl/news/p1/23/08/09/10986

114) Fabcross for エンジニア, 培養肉生産の課題である脂肪組織を大規模生産するための技術を開発.（2023年5月13日）；https://engineer.fabcross.jp/archeive/230513_cultured-meat.html

115) Fabcross for エンジニア, 3Dプリンティングで培養ウナギ量産へ.（2023年2月3日）；https://engineer.fabcross.jp/archeive/230203_3d-bioprint.html

116) Fabcross for エンジニア, 培養した筋肉と脂肪組織を3Dプリントした霜降り肉の生産.（2022年9月29日）；https://engineer.fabcross.jp/archeive/220929_omakase-beef-morsels.html

117) Fabcross for エンジニア, 培養肉の生産を効率化する-磁力で細胞成長を促進する技術を開発.（2022年11月23日）；https://engineer.fabcross.jp/archeive/221123_nus.html

118) 小崎丈太郎, 日本ハムが培養肉の実用化に一歩前進, 培養液の動物血清を既存食品成分で代替.（2022年10月7日）；https://bio.nikkeibp.co.jp/atcl/news/p1/22/10/06/10004

119) ウィキペディア, 菜食主義.；https://ja.wikipedia.org/wiki/ 菜食主義

120) フランシス・ムア・ラッペ, 小さな惑星の緑の食卓, 講談社, 1982

121) ウィキペディア, 仮想水.；https://ja.wikipedia.org/wiki/ 仮想水

122) 上村照子, 伊政府, いわゆる「培養肉」などの細胞性食品の製造などを禁止する法案を検討.

第 1 章　プロテインクライシスに対するフードテックの挑戦

海外情報（2023 年 4 月 21 日），独立行政法人農畜産行振興機構；https://www.alic.go.jp/chosa-c/joho01_003506.html

123) FDA, FDA completes first pre-market consultation for human food made using animal cell culture technology.（November 16, 2022）；https://www.fda.gov/food/cfsan-constituent-updates

124) BBC ニュース，イタリア政府，培養肉を禁止する法案を支持，食文化の保護が理由．（2023 年 3 月 30 日）；https://www.bbc.com/japanese/65120824

125) 日本経済新聞，岸田首相，培養肉の産業育成に意欲，「環境整備進める」，（2023 年 2 月 22 日）；https://www.nikkei.com/article/DGXZQOUA220QN0S3A220C2000000

126) 西村あさひ法律事務所，令和 3 年度　細胞培養食品等・フードテック市場規模に関する調査委託事業．（2022 年 3 月 18 日）；maff.go.jp/j/shokusan/sosyutu/attach/index-1.pdf

127) 財団法人　日本規格協会，令和 2 年度　JAS の制定・国際化調査委託事業　報告書，（令和 3 年 3 月）；maff.go.jp/j/jas_system/attach/pdf/index-10.pdf

128) 佐藤庸介，開発進む「培養肉」，普及するには何が課題に．NHK 解説委員室（2022 年 10 月 26 日）；https://www.nhk.or.jp/kaisetsu-blog/100/475275.html

129) A. リトル，サステナブル・フード革命，インターシフト，2021

130) 安保正一，福田弘和，和田光生（監修），植物工場の生産性向上，コスト削減技術とビジネス構築．シーエムシー出版，2015

131) D. ウォルトナー＝テーヴズ，昆虫食と文明，築地書館，2019

132) 三橋淳，昆虫食古今東西，オーム社，2012

133) 野中健一，虫食む人々の暮らし，NHK ブックス，2007

134) 内山昭一，昆虫を食べてわかったこと，サイゾー，2015

135) J. O. Gakpo, FAO predicts global shortage of protein-rich foods, FAO, 2020

136) 矢野経済研究所，令和 4 年度昆虫の輸出に係る規制調査委託事業　報告書．（2023 年 3 月 10 日），矢野経済研究所

137) 渡邉崇人，循環型タンパク質としての食用コオロギの飼育と食品への応用．シーエムシー出版（編），フードテックの最新動向，（2021）pp. 128-136

138) 小崎丈太郎，良品計画がコオロギせんべいを発売，徳島大学の成果を活用．日経バイオテク，（2020 年 5 月 15 日）

139) 菊池結貴子，昆虫食の新ジャンル「こおろぎミート」を食べてみた．日経バイオテク，（2022 年 12 月 9 日）

140) 島野智之，幻のシロン・チーズを探せ，八坂書房，2022

141) 日本能率協会総合研究所，人工肉市場 2023 年に 1500 億円規模に．（2019 年 4 月 24 日）；http://search01.jmar.co.jp/mdbds

142) 木本技術史事務所，代替肉の市場規模と将来性について（2022 年 11 月 21 日）；https://www.kimoto-proeng.com/report/3030

143) Good Food Institute, U. S. retail market insights for the plant-base industry,（2023）；https://gfi.org/marketresearch

144) 中山晃一，山口晶子，代替肉市場について．ファイナンス（2022 年 5 月），pp. 46-47

145) 田中良介，世界で代替肉市場が減速-それが意味することとは？　リテールガイド（2022

年12月26日）；https://retailguide.tokubai.co.jp/trend/34928

146) A. アンドレニアン，マッキンゼーが読み解く食と農の未来，日本経済新聞出版，2020

147) 松永和紀，ゲノム編集食品が変える食の未来．ウェッジ，2020

148) 堤未果，ルポ食が壊れる，文春新書，2022

149) 日清食品ホールディングス，日本初！「食べられる培養肉」の作製に成功．肉本来の味や食感を持つ「培養ステーキ肉」の実用化に向けて前進．（2022年3月31日）；https://www.nisshin.com/jp/news/10516

150) 岡田健成，島亜衣，竹内昌治，細胞性食品としての培養ステーキ肉実現に向けて．オレオサイエンス **23**（6），321-327（2023）

151) 日本能率協会総合研究所，世界の昆虫食市場2025年に1,000奥円規模に．（2020年12月21日）；https://prtimes.jp/main/html/rd/p/000000035568.html

152) 化学工業日報，昆虫食市場，22年は37%増予測（2023年2月7日）；https://chemicaldaily.com/archives/275358

153) J-CASTニュース，昆虫食市場急拡大も，根強い拒否反応　なぜ受け入れられない？　識者に聞いた理由と打開策．https://www.j-cast.com/2023/02/19456094.html?p=all

154) 厚生労働省e-ヘルスネット，アミノ酸．健康用語辞典，（2019年6月12日）

155) 今堀和友，山川民夫（監修），生化学辞典第4版，東京化学同人，2007

156) 厚生労働省e-ヘルスネット，良質なたんぱく質．健康用語辞典，（2019年6月12日）

157) 山内文雄，大豆タンパク質の構造と食品物性．醸造協会誌 **89**（9），665-671（1994）

158) 裏出令子，大豆タンパク質研究の新しい課題．公益財団法人不二たん白質研究振興財団（2009）；https://www.fujifoundation.or.jp/review/review2009_01.html

159) K. Inouye, K. Nagai, T. Takita, Coagulation of soy protein isolates induced by subtilisin Carlsberg. *J. Agric. Food Chem.* **50**, 1237-1242 (2002)

160) 久保田真敏，米タンパク質の新規生理学的機能性に関する研究，日本栄養・食糧学会誌 **69**（6），283-288（2016）

161) 田中國介，小川雅広，お米のタンパク質．化学と生物 **24**（11），756-758（1986）

162) 文部科学省，科学技術・学術審議会，資源調査委員会，日本食品標準成分表2020年版（八訂），蔦友印刷，（2020）

163) 半田明弘，卵白タンパク質の凝集による機能変換．生物工学 **93**（5），277-281（2015）

164) R. Ezaki, T. Sakuma, *et al.*, Transcription activator-like effector nuclease-mediated deletion safely eliminates the major egg allergen ovomucoid in chickens. *Food Chem. Toxicol.* **175** (2023) 113703；https://doi.org/10.1016/j.fct.2023.113703

165) 服部昭仁，食肉の熟成．化学と生物 **24**（12），789（1986）

166) K. Y., 鹿の生息域と個体数について．（2017年11月21日）；https://price-energy.com/column/1447

167) グローバルノート，世界の牛飼育数国別ランキング．（2023年1月24日）；https://www.globalnote.jp/post-15229.html

第2章　ゲノム編集魚の作出技術とその規制

岡本裕之[*]

はじめに

　個体を構成するために必要な膨大な遺伝情報を含むゲノム DNA に対して，任意の配列を狙って改変することは長い間困難であった。その状況を一変させたのが，2020 年にノーベル賞を受賞したクリスパーキャス（CRISPR-Cas）[1]を代表とするゲノム編集技術である[2]。この 10 年でクリスパーキャスは，あらゆる生物種のライフサイエンス分野で，基礎から応用まで幅広く研究開発に活用されている。特に魚類および両生類では受精卵を使うことによって，哺乳類や鳥類，爬虫類と比べて簡便かつ効率的にゲノム編集を行える。中でも我が国は魚類において，2021 年 10 月世界に先駆けて編集魚の食品利用を開始し，動物の中でもさきがけとなって注目を浴びている。本稿では，現在のゲノム編集魚の作出技術の概要[3]とその規制[4]について概説する。

1　魚類のゲノム編集技術

1.1　クリスパーキャスの登場

　任意にゲノム中の DNA 配列を改変（編集）する技術は，多くの生物研究者の夢であった。その先駆けとして，1990 年代にジンクフィンガーヌクレアーゼ（ZFN）を使った技術が開発された[5]。この技術は，DNA の塩基の違いを認識する ZFN 中のアミノ酸を，標的とする DNA の配列に合わせて組み変えることによって，特定の DNA の塩基配列に結合し，狙って切断するように設計できるところが画期的であった。しかし設計通りに効率よく，正確に塩基配列を認識し，DNA を切断できるかは，多くの時間とコストをかけて実際に試作するまでわからなかったため，研究者が誰でも手を出せる技術ではなかった。2010 年には，より扱いやすい編集技術として transcription activator-like effector nuclease（TALEN）法が開発された[6]。この方法は，研究者自身で編集ツールを作成することができ，そのためのキットなども開発され，簡便かつ低コストの技術として注目を浴びた。さらにその 2 年後の 2012 年には，従来と比べ格段に簡便かつ効率的に DNA を編集できる CRISPR/Cas（クリスパーキャス）が発表された[1]。この手法では，研究者は自由に標的配列に適したツールを設計し，それを安価に外注して入手できるため，またたくまに世界各地に広がり，医療や育種など様々な分野で活用が開始された。魚類は昆虫や両生類と並んで早くからゲノム編集研究が開始され，特に受精卵や生殖腺組織に対して，顕微注入法

---

　[*]　Hiroyuki Okamoto　（国研)水産研究・教育機構　本部　研究戦略部　研究調整課長

やエレクトロポレーション法などによってCRISPR/Casの導入手法が検討された。現在魚類では，受精卵への顕微注入法（図1A）が標準的に使用されている[7,8]。

1.2 受精卵を用いたゲノム編集

一般に魚類のゲノム編集は受精卵を対象に行われる。多くの魚類では，雌が卵を水中に排出すると同時に，雄が精液を放出し受精が行われる。受精は，水中で運動を開始した精子が卵の表面（卵膜）に到達し，卵膜に穴を空けて卵内に侵入し，精子核が卵核と融合して受精核となることで成立する。融合した受精核はすぐにDNA合成と分裂を開始し，細胞分裂によって細胞数を増やしながら，将来の体組織となる胚を形成する。これを胚発生という。一般に魚類のゲノム編集は，この受精と初期の胚発生の期間において行われる。ゲノム編集によって生じた変異を体細胞全体に効率よく伝播させるには，できるだけ発生初期の細胞（胚盤）の受精核のゲノム（2n）を編集することが最も効率的である。受精卵の最初の細胞核の父親由来のゲノム（n）と母親由来のゲノム（n）に全く同じ変異を入れることができれば，その後，2細胞，4細胞，8細胞と細

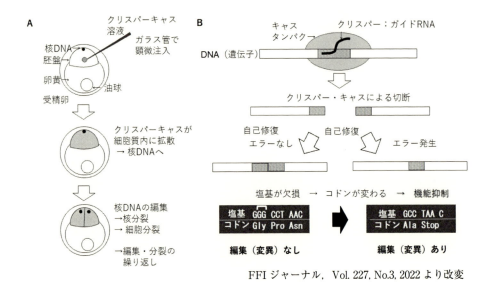

FFIジャーナル，Vol. 227, No.3, 2022より改変

図1　魚卵を使ったゲノム編集

A：受精卵への編集ツールの顕微注入
キャピラリーと呼ばれる細いガラス管を使って，ゲノム編集ツールであるクリスパーとキャス溶液が受精卵に移入される。魚類の場合，クリスパー（RNA）とキャス（タンパク）を使用することにより，移入する核酸を最小限に抑えることができる。
B：部位特異的ヌクレアーゼSDN-1タイプのゲノム編集
クリスパー及びキャスによってゲノムDNAの二本鎖が切断された後，元から細胞自体に備わっている働きでDNAの再結合が行われる。その再結合の際に，挿入・欠失などの修復エラーが起きた場合に，ゲノム編集が行われたことになる。変異が入らずに元通りに再結合された場合は，ゲノム編集は行われなかったことになる。

第2章　ゲノム編集魚の作出技術とその規制

胞分裂が進みながら胚が形成される過程で，その構成するすべての細胞に同じ変異が伝播させることができるからである。そのため多くの場合，ゲノム編集ツール（クリスパーキャスでは，DNA配列を認識するRNAとDNA切断酵素のRNA又はタンパク）（図1B）は，1細胞期の胚盤の受精核に変異を導入することを狙う。ところが実際には，ゲノム編集ツールを導入した編集当代で，体の全細胞に一種類の変異だけを持つ個体を得ることは極めて困難である。その理由は，胚発生（細胞分裂）が止まることなく進んでいく中で，ゲノム編集は，各細胞で独立に，また細胞核内の2対のゲノムにおいて独立に誘起されるためである。この様々なタイプの変異が編集当代で生じる仕組みと，一種類の変異だけを持つ個体（変異ホモ個体）の作出方法については，後ほど説明する。

1.3　ゲノム編集ツールの導入時期の検討

　受精卵へのゲノム編集ツール（クリスパーキャス）の導入は，キャピラリーと呼ぶ極めて細いガラス管（注射針の役割）の中にゲノム編集ツール溶液を注入しておき，そのキャピラリーの先を卵膜に突き通して，編集ツール溶液を細胞内に注入することによって行われる。この作業は顕微注入（マイクロインジェクション）と呼ばれる。魚類の卵の表面は卵膜で覆われており，受精前の未受精卵の卵膜は柔らかいが，精子核が卵内に侵入し，卵膜の硬化が始まる。そのため，受精後は時間がたつにつれ卵膜は固くなり，次第にキャピラリーは突き刺しにくくなる。卵膜が固くなると，顕微注入の作業効率が落ちるとともに，キャピラリーの先が折れやすくなる。そのためなるべく受精後の早い時期に顕微注入を行うのが操作上望ましいが，編集効率に対する時間的影響は検討しておく必要がある。また魚類の卵の特徴として，卵全体の容積を占める卵黄の割合は非常に大きく，最初の細胞となる胚盤の容積は魚種によって異なるが，一般的に卵黄に比べ遥かに小さい。ゲノム編集は細胞核の中で行われるので，編集ツールは細胞（質）の中に導入する（される）必要がある。ゲノム編集ツールが卵黄にのみ注入された場合は，原理的にも経験上でもゲノムは編集されない。そのため当初は，受精後最初の細胞となる胚盤が形成された後，胚盤を狙って顕微注入する必要があると一般的に考えられている（図2D-G）。胚盤の容積は卵黄に比べて小さいため，卵をくるくるシャーレの中で回して，顕微注入しやすい位置に向きを変えるのは大変煩雑である。例外としてゼブラフィッシュなどは，受精後形成される胚盤が卵黄に近い大きさであることと，卵膜が透明で薄いため卵膜硬化後もキャピラリーを突き通しやすいことから，非常に容易に胚盤を狙って顕微注入することができる。一方，ブリやマグロ，ヒラメなど多くの海産魚種では，硬化した卵膜は極めて固く，細胞分裂が進んで2から4細胞期になる頃には，キャピラリーで卵膜を貫くことは極めて困難となる。しかも受精直後の一番卵膜が柔らかい時期はまだ胚盤が形成されておらず，細胞を狙って顕微注入するには，胚盤が形成されるまで数十分待つ必要がある。未受精卵内は，将来凝集して細胞のもととなる細胞質が卵内に分散している状態で，受精直後の卵では細胞を狙って顕微注入することはできない。例えばブリは水温20度の時，受精から胚盤が形成されるまでおよそ20分かかる（図2D）。胚盤が形成される受精後40分

55

代替肉の技術と市場

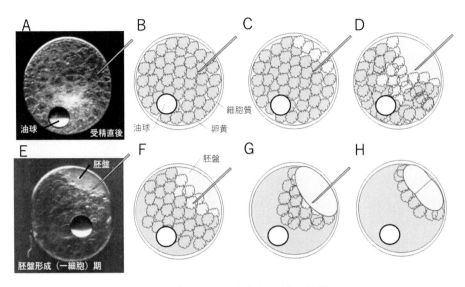

図2　ブリ受精卵の顕微注入時期の検討
A：受精直後（写真），B：受精直後，C：細胞質の凝集の開始（受精後0-10分），D：胚盤形成前期（受精後10-20分），E：胚盤形成後期（写真），F：胚盤形成後期（受精後20-40分），G：1細胞期（受精後40-60分），H：2細胞期（受精後60分）。

後には細胞分裂により2細胞になるとともに（図2H），卵膜の硬化もすすみ顕微注入を行うこと自体が非常に困難になってくる。そこで我々は，魚類でゲノム編集を効率的に進めるための顕微注入時間の条件検討を行った。当初，ゲノム編集ツールはすべてRNAで導入することを想定していたため，まず受精後いつからRNAが発現するか，キャスタンパクのRNAの代わりに緑色蛍光タンパクのRNAを，受精直後の胚盤形成前のブリの受精卵に顕微注入して調べたところ，初期発生中の卵内でRNAがタンパクに翻訳されること，細胞質が凝集して最初の細胞（胚盤）が形成される過程でRNA（とその発現タンパク）が細胞内に取り込まれることが明らかになった。次に実際に受精直後の胚盤形成前の卵に編集ツール（ガイドおよびキャスRNA）を顕微注入して（図2A-C），胚体内でゲノム編集が行われることを観察した。この胚盤形成前の受精直後の卵への顕微注入は，特定の個所を狙わずにランダムに実施した（図2A-C）。胚盤の形成過程で細胞質とともに編集ツールが胚盤に取り込まれる事実は，顕微注入時間の確保と作業の効率性を考えるうえで最大の情報となった。

1.4　クリスパーキャスによるゲノム編集

ゲノム編集ツールであるクリスパー（CRISPR：特定のDNA配列を認識するガイドRNA）とキャスタンパク（Cas：ガイドRNAと結合したDNAを切断する酵素）は，標的DNA配列を一定の規則に従って切断する。この切断されたDNAがそのままであれば細胞は死んでしまうが，通常は細胞自身が持つDNA修復機能によってDNAは再結合される（図1B）。この再結合

第 2 章　ゲノム編集魚の作出技術とその規制

の際，正確に修復されれば，切断前と区別できずゲノム編集は行われなかったことと同じになる。一方，再結合による修復の際，配列が少し短くなったり長くなったりエラーが生じた場合は，ゲノム編集（DNA 配列の改変）が起きたこととして認識される。一般的に，この修復エラーによる変異の発生は，何塩基になるかは決まっておらず，変異の向きも偶然によるものと考えられている。しかしながら経験上，切断されやすい DNA 配列が存在することや入りやすいエラーのパターンが存在する事例が観察されることから，個々の配列あるいはその近傍の DNA の立体構造によって，切断効率の大小や修復パターンの違いに影響が表れると考えられる。変異によってタンパクとして発現する遺伝情報の読枠が異なった場合は，ホモ変異個体では構造的に重要な部分を失うことによって，本来の遺伝子の機能を失う可能性がある（図1B）。現在は，こうした機能欠損型の変異を持つ個体のみが産業利用されている。

1.5　交配による変異の固定と均一化

1.2 で述べたように，ゲノム編集は胚発生過程で，分裂している細胞それぞれで独立に，また核内の2本の相同染色体上それぞれで独立に行われる（図3）。理想的には，受精直後の一細胞（胚盤）の核内の相同染色体上で全く同じ変異（同じ場所，同じ塩基数の欠損あるいは挿入）が入れることができれば，細胞分裂が進んで胚体が形成された時，すべての体細胞は同じ変異を持

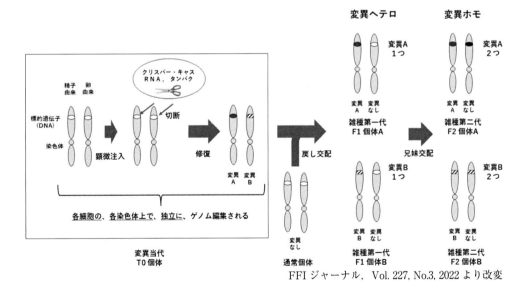

FFI ジャーナル，Vol. 227, No.3, 2022 より改変

図3　部位特異的ヌクレアーゼ SDN-1 タイプのゲノム編集
クリスパー及びキャスによってゲノム DNA の二本鎖が切断された後，元から細胞自体に備わっている働きで DNA の再結合が行われる。その再結合の際に，挿入・欠失などの修復エラーが起きた場合に，ゲノム編集が行われたことになる。変異が入らずに元通りに再結合された場合は，ゲノム編集は行われなかったことになる。

つことになる。遺伝子の機能を解析してその影響を調べるには，体の全細胞で同じ変異を持つ個体を作出することが有用である。ところが編集当代では，様々なタイプの変異細胞（変異が入っていない細胞も含めて）が混在しており，その変異の場所や変異した塩基の数もバラバラである。その理由は，クリスパーキャスでDNAが切断された後，エラーが生じることなく完全に修復される場合や，ゲノムDNAの配列や立体構造上切断されづらい場合があるからである。実際に，ゲノム編集当代魚のヒレ組織の一部を採取しそのDNAを調べてみると，様々な塩基長の変異が確認される。（図4）。この様々な変異のモザイク状態を解消するために，通常は野生型個体との戻し交配（親あるいは親の同朋集団との交配）が行われる。戻し交配によって次世代（雑種第一代）では，すべての細胞は変異型と野生型を一つずつ持つ変異ヘテロ個体となる（図4）。またさらに，同一のヘテロ変異を持つ個体同士で交配をすれば，同一の変異を2セット持つ変異ホモ個体を得ることができる（図5）。

1.6 国内および海外のゲノム編集魚

2023年11月現在までの公開情報によれば，2021年10月に世界で初めてリージョナルフィッシュ社によって，国の手続きを経たゲノム編集魚「可食部増量マダイ」[9, 10]が上市され，同年11月には「高成長トラフグ」が続いた[11]。2023年1月には，先述のマダイ，トラフグにおいて，変異型が異なる別系統がそれぞれ一つずつ届出された。さらに同年10月には，第三の魚種として新たに「高成長ヒラメ」の届出がなされた（上市日未定）（表1）。国内のゲノム編集魚の開発

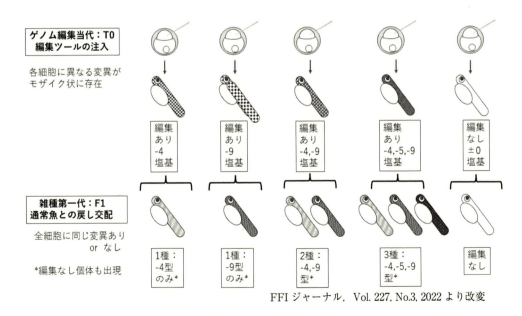

図4 ゲノム編集魚の各世代の変異の入り方の違いと欠損変異による遺伝子の機能喪失
　　ゲノム編集当代（T_0）とその次世代（雑種第一世代：F_1）の変異の入り方

第 2 章　ゲノム編集魚の作出技術とその規制

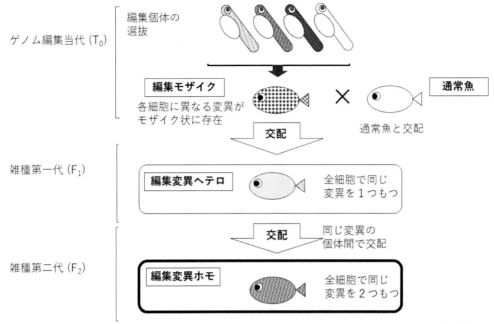

FFI ジャーナル，Vol. 227, No.3, 2022 より改変

図5　ゲノム編集魚作出の基本イメージ

状況については，おとなしいマグロ（水産研究・教育機構）[12]や飼いやすいマサバ（九州大学[13]，東京海洋大学[14]）などの農水産物を含めて山川の総説（2021）[15]に詳しく紹介されている。これまでに届出がされたマダイおよびトラフグについては遺伝的多様性の保全の観点から，拡散防止措置が執られた陸上水槽での養殖のみということである。もし将来ゲノム編集魚を海上生け簀で生産する状況を想定する場合には，どのように実効性のある拡散防止措置を執ることができるかという観点が重要なポイントとなる。

　海外に目を向けると，我が国以外でゲノム編集魚が市販されるという情報はまだない。しかしながら，ゲノム編集魚の研究開発は我が国と同等以上に進んでいる。ノルウェーは，世界最大の養殖サケの生産国であるが，将来のサケ養殖に必要と考えられるゲノム編集魚の研究に精力的に取り組んでいる。ノルウェーの世界戦略魚である大西洋サケの養殖生産量は，ノルウェーの沿岸河川に遡上する天然サケの個体数に比べて格段に大きくなっている。そうした状況の中，かつて生簀が壊れて養殖サケが大量に自然界に逃亡するという大事故が発生した。そして生簀から逃亡した養殖魚は遡上河川中の天然集団個体と自然交配し，天然集団の遺伝的多様性に大きなインパクトを与えたとされる。この事故の経験から，ノルウェーの研究者の間では，養殖魚が生簀から逃亡した場合，養殖魚のもつ偏った遺伝情報が天然サケの遺伝的多様性に重大な影響を与えかねない環境問題として強く意識されるようになった。そしてこうした養殖魚の持つ潜在的な環境リ

59

代替肉の技術と市場

表1　これまでに届け出されたゲノム編集魚（2023年11月16日現在）

生物の名称/品目名		情報提供者/届出者	情報提供日/届出年月日	使用開始年月	販売開始予定年月	情報提供書	確認結果の概要	他の届出状況	
								食品安全	飼料安全
可食部増量マダイ	E189-E90系統	リージョナルフィッシュ株式会社	令和3年9月17日	令和3年9月	令和3年10月	○	○	○	○
	E361-E90系統従来品種-B224系統		令和4年12月5日	令和4年12月	令和5年1月	○	○	○	○
高成長トラフグ	4D-4D系統	リージョナルフィッシュ株式会社	令和3年10月29日	令和3年10月	令和3年11月	○	○	○	○
	従来品種-4D系統		令和4年12月5日	令和4年12月	令和5年1月	○	○	○	○
高成長ヒラメ	8D系統	リージョナルフィッシュ株式会社	令和5年10月24日	上市未定	上市未定	未定	未定	○	未定

農林水産省及び厚生労働省のHP資料より改変

産業利用を目的としたゲノム編集魚は，これまでに3魚種，6系統の届出（ヒラメは一部のみ）が報告されている。

スクを低減させるために，ゲノム編集技術を用いて，卵や精子を作らない不妊集団を作出する技術とそうした不妊集団を大量生産するための技術開発が行われた[16]。さらにゲノム編集技術を使って，産卵期の成熟による肉質低下の防除や，サケ養殖の最大の問題となっているサケシラミ（sea lice）の寄生数を低減，高脂血症の改善に効果がある不飽和脂肪酸 EPA を多く含むサケの開発など多くのゲノム編集研究が報告されている[17,18]。またアメリカでは，我が国の可食部増量マダイ同様に，ナマズ（*Ictalurus punctatus*）の肉厚魚の作出が報告されている。中国およびシンガポールにおいては，食用としているコイ科の肉間骨の減少や消失を目標にゲノム編集研究が進められている。ブラジルでは，重要な大型淡水食用魚である *Tambaqui*（*Colossoma macropomum*）のゲノム編集研究が進められている（政府研究機関関係者情報）。一方，EU（フランス，スペインなど）やオーストラリアなどでは，現在もゲノム編集魚の産業利用の取扱方針の審議が継続中[19]であるためか，ゲノム編集魚を食品として利用するという報道や情報はほとんど目にしないが，確実にゲノム編集魚の研究は進んでいると思われる。

2　ゲノム編集魚の取り扱い規制

2.1　利用目的に応じたゲノム編集魚の届出

　ゲノム編集生物の取り扱いを考える上で，最も重要なポイントは，細胞外で加工された核酸（DNA または RNA）が届出しようとする個体や集団に残存しているか否かという点である。ゲノム編集生物では，編集ツールとして主に核酸（RNA）とタンパクが細胞内に導入（移入）されるが，届出する個体あるいは集団には，移入された核酸またはその複製物が残存していないこ

第 2 章　ゲノム編集魚の作出技術とその規制

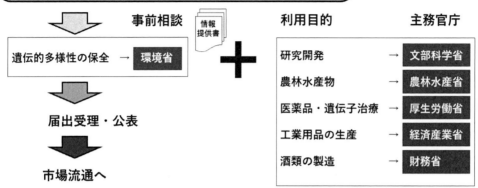

図 6　利用目的に応じた事前相談の主務官庁における役割分担
例えば，「食品」および「飼料」としての利用が目的の場合は，
厚生労働省および農林水産省（環境省）が主務官庁となる。

とが確認されなければ，遺伝子組換え生物等として，「遺伝子組換え生物等の使用等の規制による生物の多様性の確保に関する法律（平成 15 年法律第 19 号）」（カルタヘナ法）の規制対象となり[20]，使用にあたっては審査を受ける必要がある（平成 31 年環境省通知，https://www.env.go.jp/press/106439.html）。一方，細胞外で加工された核酸を有しないゲノム編集生物は，主務官庁に届出を出す際，情報提供書や事前相談資料の内容に問題がなければ審査なしで届出が受理され，市場流通が可能となる。但し，事務局並びに専門委員により諮問が必要と判断される場合は，安全性審査を受けることになる。食品として開発されたゲノム編集生物については，農林水産省と厚生労働省がそれぞれ別々に事前相談を受け，それぞれで届出に該当するか判断することになる（図 6）。また，生産するにあたって遺伝的多様性に影響を与えるリスクが懸念される場合は，環境省にも情報提供が行われる。

2.2　事前相談における確認項目

事前相談の際に必要とされる確認項目は利用目的に応じて異なっており，資料の呼び方も主務官庁によって異なる。例えば農林水産省では「情報提供書」と呼ばれ，厚生労働省では「事前相談資料」と呼ばれる。また農林水産省内では，食料としての利用を目的としているのか，それとも水畜産動物の飼料あるいは飼料添加物としての利用を目的としているのかによっても，確認項目の内容と担当する委員会が異なる。例えば，食品としての利用が目的であれば，「食品として

の安全性（厚生労働省）」と「食料生産上の安全性（生物多様性の確保）（農林水産省）」について，それぞれ担当する主務官庁で別々に確認される（図7）。利用目的ごとに安全性が，天然物と同等のリスクであると判断されて初めて，市場に流通できることになる。厚生労働省における「事前相談資料」の項目は，1）開発した食品の品目・品種名及び概要（利用方法及び利用目的），2）利用したゲノム編集技術の方法及び改変の内容，3）外来遺伝子及びその一部の残存の確認に関する情報，4）確認されたDNAの変化がヒトの健康に悪影響を及ぼす新たなアレルゲンの産生及び既知の毒性物質の増加を生じないことの確認，5）特定の成分を増加・低減させるため代謝系に影響を及ぼす改変の有無，6）上市予定年月，である。農林水産省における「情報提供書」の項目は，1）ゲノム編集技術の利用により得られた生物の名称および概要，2）当該生物の用途，3）使用施設の概要，4）導細胞外において核酸を加工する技術の利用により得られた核酸又はその複製物を有していないことが確認された生物であること，5）改変した生物の分類学上の種，6）改変に使用したゲノム編集の方法，7）改変した遺伝子および当該遺伝子の機能，8）当該改変により付与された形質の変化，9）8以外に生じた形質の変化の有無（ある場合はその内容），10）当該生物を使用した場合に生物影響が生ずる可能性に関する考察，である。なお，標的以外の部位が改変された可能性に関する情報や意図しない形質変化等の情報は，項目9に含まれる。両者の事前相談の内容を比較すると，共通する項目としては，「品目・品種名・編集目的の概要」「編集方法・改変の内容」「外来核酸が含有しないことの確認」などがあげられる。異なる項目としては，「食品としての安全性」においては「アレルゲン・毒性成分に関わる確認」「代謝成分の変化の情報」があげられ，「生物多様性への影響」においては「使用施設の概要」「生物多様性への

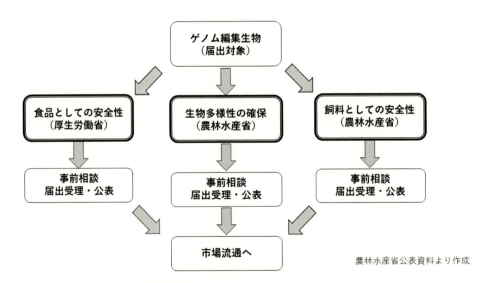

図7 利用目的別に独立した事前相談と市場流通のイメージ
ゲノム編集魚の場合，「食品」「生産（生物多様性の観点）」「飼料」など複数の利用目的で事前相談される場合が多い。

第2章　ゲノム編集魚の作出技術とその規制

影響の可能性に関する考察」があげられる（図8）。確認方法の手順は，主務官庁それぞれのやり方で行われるが，基本的な手順はおおむね共通である。まず開発者・輸入者が，利用目的に応じて必要な情報を資料として，主務官庁の担当事務局に提出する。事務局で書類の不備等がないことを確認したのち，学識経験者等で構成される委員会に意見照会が行われる。委員から指摘された疑問やコメントに対して，開発者に追加資料の提出や回答が求められる。すべての項目について確認が終了すると，届出が受理され，ホームページ等で即日公表され，市場への流通が可能となる（図9）。届出により市場に流通できるのは，届出集団とその後代のみであり，届出集団より上位の世代については，市場への流通は認められない（図10）。届出集団を決める際に注意すべき点は，どの開発段階の集団（個体）を使って，事前相談に必要なデータを収集するかをあらかじめ決めておくことである。この選択によってデータ取得に必要な時間やコストが大きく変わるからである。例えば，細胞外で加工された核酸が存在しないことや標的外の編集が起きていないことを調べるには，何らかのDNAデータを取得する必要があるが，その個体が多くなればなるほどコスト面の負担が大きくなる。なるべく効率的に届出集団の評価を行おうとすると，届出集団の作出に用いた少数の親個体に対してデータを取得することが最も望ましいといえる。

細胞外で作出された核酸またはその副生物が残存していないことを確認した後も，拡散防止措置の執られていない環境（第一種使用）で使用する場合は，使用等をする前にその生物の特徴および生物多様性に影響に係る考察等について，研究目的の場合は文部科学省に，食料や飼料生産

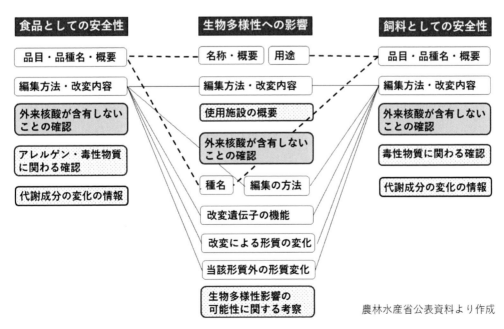

図8　利用目的別に設定されている確認項目の比較
「共通項目」と「利用目的特有の項目」が設定されている。

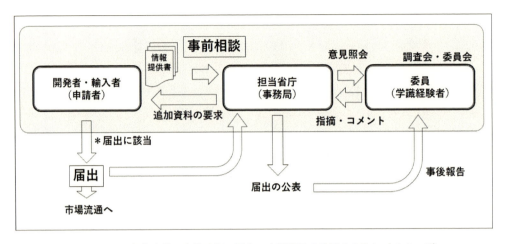

図9 ゲノム編集生物の事前確認，届出，市場流通の手続きの流れ（イメージ）
確認手続きの流れを簡略化したイメージで示している。

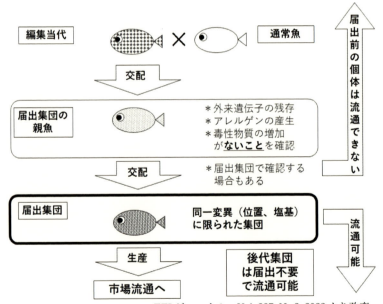

FFIジャーナル，Vol. 227, No.3, 2022 より改変

図10 ゲノム編集魚の届出集団と流通の線引き（イメージ例）
一般的には，届出集団が多数で構成されているときは，限られた個体数の親魚を使って，確認事項の点検を行うことが，コスト的に望ましいと考えられる。届出集団の後代については，届出集団同士あるいは届出集団と通常集団の間における通常交配で得られた後代については，新たに届出をする必要はないとされている。

第 2 章　ゲノム編集魚の作出技術とその規制

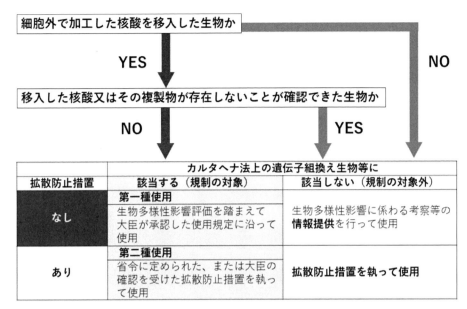

図 11　ゲノム編集生物の飼育上の取扱
移入した核酸またはその複製物が存在しないことが確認されたゲノム編集生物においても，拡散防止措置を取った施設内での飼育（第二種使用），あるいは，生物多様性に関わる影響評価の考察等情報提供を行ったうえでの飼育（第一種使用）が必要であると定められている。

目的の場合は農林水産省と環境省に情報提供を行う必要がある（図 11）。

2.3　ゲノム編集魚の食品衛生上の取扱の整理

　ゲノム編集魚とゲノム編集作物は作出過程では，一時的にせよ遺伝子組換え体を介するかしないかで大きく異なるが，最終産物である届出集団に対する食品衛生上の取扱いは同じである。令和元年 10 月に施行された「ゲノム編集技術応用食品及び添加物の食品衛生上の取扱要領」[21]に従い，薬事・食品衛生審議会食品衛生分科会新開発食品調査部会遺伝子組換え食品等調査会（以下，遺伝子組換え食品等調査会）において，品目ごとに確認が行われることが規定されている。本要領は厚生労働省のホームページ[22]に公表されており，必要な届出項目については，2.2 で述べた通りであるが，併せて近藤（2020）[23]や中島（2021）[24]の解説なども参考にされたい。

　「ゲノム編集技術を利用して得られた魚類の食品衛生上の取扱い」について，社会とコミュニケーションをとりながら整理するために，遺伝子組換え食品等調査会は，令和 3 年 2 月 10 日から 6 月 25 日まで 5 回にわたって，ライブ配信を含むオンライン会議が行われた。これまで先行していたゲノム編集作物との相違点を意識して，魚類におけるゲノム編集技術の理解を深めるため，消費者代表，行政担当者，大学有識者らを集めて，情報共有や意見交換が行われた。その議

事録や資料等は，現在厚生労働省のホームページで公開されている[25]。主な議論の内容としては，まず学識経験者を招いて，養殖魚の系統（品種）と農作物の「品種」の違いについて情報の整理が行われた。養殖魚の系統は，農作物と異なり育種の歴史が浅いため，遺伝的には天然魚あるいはほぼ天然魚に近い集団といえる。したがって農作物における品種のような遺伝的均一性は通常の養殖魚にはほとんどなく，遺伝的なばらつきが大きいことが確認された。そのため，ゲノム編集魚に外来遺伝子等の残存がないことを確認する際には，クローン化された農作物とは異なる考え方が必要であるということが共通認識された。一方，農林水産省では，(1) ゲノム編集した魚類の集団の特定方法，(2) 食品衛生上のリスクがある魚類（フグ等）の取扱い，(3) その他の食品衛生上の留意点について議論が行われた。「留意すべき事項」としては，「消費者の理解促進を念頭に置いた丁寧なリスクコミュニケーション」が必要とされ，「消費者の選択のため，トレーサビリティや表示の協力を事業者に求めること」が必要とされた[26]。さらに，魚類では自家受精（自家生殖）することは基本的には想定されないため，農作物のように一つの細胞におきた一つの変異に由来した変異集団を届け出対象とすることは困難なため，複数の受精卵由来であっても，全く同じ変異（例えば，同じゲノム上の位置で同じ数だけの塩基の欠失の場合など）であれば，「同一変異」として扱うことが確認された[26]。

2.4 ゲノム編集生物の後代交配種の取扱い

令和2年9月15日から同年11月27日にかけて，「ゲノム編集技術応用食品として問題がないことが確認され，届出が公表された品種に対し，従来品種等を伝統的な育種手法によって掛け合わせたもの（後代交配種）」の取扱いについて，遺伝子組換え食品等調査会において4回に分けて議論された[25]。その中で「後代交配種」は，「従来の育種技術の範囲と判断されたゲノム編集技術応用食品を，さらに従来の育種と同様な方法で育種したものであるので，食品の安全性は，現在流通している従来の食品と同様であると考えられる」と整理された。それにより，ゲノム編集技術応用食品の取扱要領の項目6については，令和2年12月23日に「ゲノム編集技術応用食品として届出を行った旨の公表がなされた品種に，従来品種等を伝統的な育種の手法により掛け合わせた品種については，事前相談及び届出は求めないこととする。」と改正された[21]。

2.5 ゲノム編集技術応用食品の表示

食品衛生法第3条によると，食品等事業者にその取り扱う販売食品の安全性確保に一義的な責任を有している旨が明記されており，開発者や輸入者等の利用者は，事前相談と届出を適切に行う必要がある。一方，ゲノム編集技術応用食品の表示に関しては，食品表示基準の考え方が，令和元年9月に消費者庁のウェブサイトに公表されている。また消費者庁の解説 (2020)[27]にも概要が示されている。その考え方の骨子は，食品衛生法上の組換えDNA技術に該当しないゲノム編集技術応用食品については，ゲノム編集技術によって得られた変異と従来の育種技術によって得られた変異あるいは自然突然変異を判別し検知するための実効的な検査法が確立していないこ

と，また国内の食品流通において分別流通等の管理方法が確立していないことなどから，表示の真正性を担保することが困難なため実効的な監視体制を確保できないとしている。そのため，現時点で食品関連事業者に表示の義務付けは妥当ではないとしているが，消費者の選択の観点から，「事業者自らが適正な情報提供に基づいた表示は可能であり，また厚労省に届出されたゲノム編集技術応用食品等については，積極的に情報提供するよう努めるべき」旨としている。

3　まとめ

　魚類の場合は，農作物とは異なり，DNA で構成された編集ツールを使用しなくても，ゲノム上の切断場所を特定するクリスパーRNA とゲノム DNA を切断する酵素キャスタンパクあるいはそれをコードする RNA が入った溶液を，細いガラス管を通して受精卵に顕微注入するだけで容易に変異を導入することができることが明らかになっている。従って，通常魚類の場合は，農作物のように一時的に細胞外で加工された DNA ツールを含んだ組換え生物となる開発上のステップが必要とされない。組換え生物になるステップを避けられることは，開発上の操作の煩雑さ，開発時間の短縮に加え，届出の際に外来核酸の非残存を確認する上でコスト的に大きなメリットがある。

　初めてゲノム編集魚の届出が受理されて 2 年が過ぎ，ゲノム編集魚の食品あるいは飼料としての利用に関する届出事例は，品目は着実に増えている。これまでに届出されたゲノム編集魚（マダイ，トラフグ）は拡散防止措置を執った陸上の飼育施設で生産され，通常の養殖魚の飼養に用いられている海上生簀等では行われていない。現行の規制によると，移入した核酸が残存しないことが確認されたゲノム編集生物については，生物多様性影響に関する情報提供によって拡散防止措置を執らない施設で飼養することができるとされている。今後もし開放系で飼養が検討される場合，どのように生物多様性の影響評価が行われるのか，ケースバイケースの判断となることが予想されるが注視していきたい。

謝辞
　本稿の執筆にあたり，ゲノム編集研究に共に関わり，ご助言をいただきました水産研究・教育機構本部ならびに水産技術研究所育種部の関係者の皆様に深く感謝申し上げます。

文　　献

1) M. Jinek, K. Chylinski, I. Fonfara, M. Hauer, J. A. Doudna and E. Charpentier, A Programmable Dual-RNA-Guided DNA Endonuclease in Adaptive Bacterial Immunity, *Science*, **337**, 816, DOI：10.1126/science.1225829 (2012)

2) 近藤一成, ゲノム編集技術, 食品衛生研究, **70** (8), 27-32 (2020)

3) 岡本裕之, 第5節ゲノム編集技術の医薬・農業・水畜産物・バイオ分野への活用と課題対策　養殖魚の育種系統とゲノム編集魚の作出方法, ゲノム編集の最新技術と医薬品・遺伝子治療・農業・水畜産物・有用物質生産への活用, 技術情報協会, 320-329 (2023)

4) 岡本裕之, ゲノム変種魚の作出技術と食品衛生上の考え方, FFI ジャーナル, **227** (3), 253-261 (2022)

5) Y. G. Kim, J. Cha and S.Chandrasegaran, Hybrid restriction enzyme：zinc finger fusions to Fok I cleavage domain, *Proc. Natl. Acad. Sci. USA*, **93**, 1156-1160 (1996)

6) M. Christian, T. Cermak, E. L. Doyle, C. Schmidt, F. Zhang, A. Hummel, A. J. Bogdanove and D. F. Voytas, Targeting DNA double-strand breaks with TAL effector nucleases, *Genetics*, **186**, 757-761 (2010)

7) 岡本裕之, 石川卓, 魚卵顕微注入法, 特許第 6780213 号, 平成 28 年 3 月 22 日出願, 令和2 年 10 月 19 日登録

8) K. Kishimoto, Y. Washio, Y. Murakami, T. Katayama, M. Kuroyanagi, K. Kato, Y. Yoshiura, M. Kinoshita. An effective microinjection method for genome editing of marine aquaculture fish：tiger pufferfish *Takifugu rubripes* and red sea bream *Pagrus major*, *Fisheries Science*, **85**, 217-226 (2019)

9) K. Kishimoto, Y. Washio, Y. Yoshiura, A. Toyoda, T. Ueno, H. Fukuyama, K. Kato, M. Kinoshita. Production of a breed of red sea bream Pagrus major with an increase of skeletal muscle mass and reduced body length by genome editing with CRISPR/Cas9. *Aquaculture*, **495**, 415-427 (2018)

10) 厚生労働省ホームページ, 公開届出情報, 可食部増量マダイ（E189-E90 系統）, https://www.mhlw.go.jp/content/11120000/000833887.pdf, (2022.3.11)

11) 厚生労働省ホームページ, 公開届出情報, 高成長トラフグ（4D-4D 系統）, https://www.mhlw.go.jp/content/11120000/000849318.pdf, (2022.3.11)

12) K. Higuchi, Y. Kazeto, Y. Ozaki, T. Yamaguchi, Y. Shimada, Y. Ina, S. Soma, Y. Sakakura, R. Goto, T. Matsubara, I. Nishiki, Y. Iwasaki, M. Yasuike, Y. Nakamura, A. Matsuura, S. Masuma, T. Sakuma, T. Yamamoto, T. Masaoka, T. Kobayashi, A. Fujiwara, K. Gen, Targeted mutagenesis of the ryanodine receptor by Platinum TALENs causes slow swimming behavior in Pacific bluefin tuna (*Thunnus orientalis*), *Scientific Reports*, **9**, 13871 (2019), (2023.3.10)

13) 農林水産技術会議ホームページ, 国内のゲノム編集研究開発事例を紹介します！（九州大学農学研究院附属アクアバイオリソース創出センター唐津サテライト編）, https://www.affrc.maff.go.jp/docs/anzenka/genom_syuzai2020/page1.html

14) W. Kawamura, N. Hasegawa, A. Yamauchi, T. Kimura, H. Yahagi, R. Tani, T. Morita, R.

第 2 章　ゲノム編集魚の作出技術とその規制

Yazawa, Goro Yoshizaki. Production of albino chub mackerel (*Scomber japonicus*) by slc45a2 knockout and the use of a positive phototaxis-based larviculture technique to overcome the lethal albino phenotype, *Aquaculture*, **560**, 738490 (2022)

15) 山川　隆　ゲノム編集技術の食品開発への利用 FFI ジャーナル，**226** (1), 53-60 (2021)

16) L. Kreppe, E. Andersson, K. O. Skaftnesmo, R. B. Edvardson, P. FG. Fjelldal, B. Norberg, J. Bogerd, R. W. Schulz and A. Wargelius, Sex steroid production associated with puberty is absent in germ cell free salmon, *Scientific Reports*, **7**, 12584, DOI：10.1038/s41598-017-12936-w, (2017)

17) A. K. Datsomor, N. Zic, K. Li, R. E. Olsen, Y. Jin, J. O. Vik, R. B. Edvardsen, F. Grammes, A. Wargelius and P. Winge, CRISPR/Cas9-mediated ablation of elovl2 in Atlantic salmon (*Salmo salar L.*) inhibits elongation of polyunsaturated fatty acids and induces Srebp-1 and target genes, *Scientific Reports*, **9**, 7533 (2019)

18) D. Xing, B. Su, S. Li, M. Bangs, D. Creamer, M. Coogan, J. Wang, R. Simora, X. Ma, D. Hettiarachchi, V. Alston, W. Wang, A. Johnson, C. Lu, T. Hasin, Z. Qin, R. Dunham, CRISPR/Cas9-Mediated Transgenesis of the Masu Salmon (*Oncorhynchus masou*) elovl2 Gene Improves n-3 Fatty Acid Content in Channel Catfish (*Ictalurus punctatus*), *Mar Biotechnol.*, **24** (3), 513-523 (2022)

19) 厚生労働省ホームページ，ゲノム編集技術の取扱いに係る諸外国の状況，https://www.mhlw.go.jp/content/12401000/000783476.pdf，(2023.3.10)

20) 正岡哲治，ゲノム編集技術を利用して作出した魚類について，食品衛生研究，**72** (5), 7-18, 2022

21) 厚生労働省，ゲノム編集技術応用食品及び添加物の食品衛生上の取扱要領（令和元年 9 月 19 日），https://www.mhlw.go.jp/content/000709708.pdf，(2022.3.11)

22) 厚生労働省，ゲノム編集技術応用食品等ホームページ，
https://www.mhlw.go.jp/stf/seisakunitsuite/bunya/kenkou_iryou/shokuhin/bio/genomed/index_00012.html

23) 近藤卓也，ゲノム編集技術応用食品及び添加物の食品衛生法上の取扱いについて，食品衛生研究，**70** (8), 7-21 (2020)

24) 中島春紫，ゲノム編集技術応用食品の安全性評価の考え方，FFI ジャーナル，**226** (2), 161-171 (2021)

25) 厚生労働省ホームページ，薬事・食品衛生審議会食品衛生分科会新開発食品調査部会遺伝子組換え食品等調査会，
https://www.mhlw.go.jp/stf/shingi/shingi-yakuji_148834.html，(2022.3.11)

26) 厚生労働省ホームページ，ゲノム編集技術を利用して得られた魚類の取扱いにおける留意事項，https://www.mhlw.go.jp/content/12401000/000797722.pdf，(2022.3.11)

27) 消費者庁食品表示企画課，ゲノム編集技術応用食品の表示について，食品衛生研究，**70** (8), 23-26 (2020)

第3章　世界の食肉需要とビジネスとしての代替肉の可能性

三石誠司[*]

　現代の食肉生産は「規模の経済」を追及する形で拡大してきたが，その上限については漠然とした不安が存在することも事実である。対策の1つとして代替肉が注目されている。本稿では世界の食肉需給と貿易を概観し，その上でビジネスの側面から見た代替肉，とくに培養肉（cultured meat）の可能性と，克服すべきハードルを検討する。

1　はじめに

　歴史上，人類が食べてきた食肉の種類は実に様々だが，本稿では牛肉・豚肉・鶏肉およびその代替肉（主として培養肉：cultured meat あるいは cultivated meat）をビジネスの観点から検討対象とする。既存の3つの食肉の場合，現代の食肉生産では大きく2つの方向性が確認できる。

　1つは「規模の経済」を最大限に活かすための大規模生産である。代表的な方式は肉牛肥育における牧場，その発展形として米国におけるフィードロットがある。2023年9月現時点で世界最大の肉牛の肥育企業は米国の Five Rivers Cattle Feeding, LLC[1] である。同社はコロラド，カンサス，テキサス，アリゾナ，アイダホなどにフィードロットを所有し，ある一時点の合計で985,000頭の肉牛肥育が可能な能力を持ち，年間180万頭の肉牛を出荷している[2]。

---

[1] この会社は1920年代に設立された食肉加工会社としても有名な Monfort が起源である。同社は1987年に ConAgra Foods に売却された。その後，当時，畜産に進出していた穀物メジャーの1社である Continental Grain Company が ConAgra Foods から一部のフィードロットを買収したり，大手パッカーの1社である Swift and Company の支配下にはいるなどの変遷を経た後，2004年，ConAgra Foods は肥育ビジネスを Smithfield Foods に売却した。翌2005年には Continental Grain Company と Smithfield Foods の合弁会社として Five River Ranch Cattle Feeding, LLC が誕生した。これを2008年に世界一の食肉加工会社であるブラジルの JBS が買収したが，2018年に米国の投資会社 Pinnacle Asset Management, LLC に買収され現在に至るという経過を辿っている。

[2] "Five River Cattle Feeding", FiveRiversFRC-Headquarters, 2022. アドレスは，https://fiveriverscattle.com/web/wp-content/uploads/2022/03/FiveRiversFRC-Headquarters.pdf（2023年9月8日確認）

---

[*]　Seiji Mitsuishi　宮城大学　副学長／食産業学群　フードマネジメント学類　教授
本稿は『バイオインダストリー』第40巻　第10号，pp. 41-50. 2023年. の拙稿を許可を得て転載したものである。

第3章　世界の食肉需要とビジネスとしての代替肉の可能性

　また，2018 年には中国における「豚ホテル」建設が報道され[3]，養豚でも従来とは異なる次元と方法による「超」大規模化の急速な進展が確認された。当初の「豚ホテル」は 7 階建てであったが，その後も状況は変化し，2022 年時点では「26 階建て年間飼育頭数 60 万頭，豚肉生産量 5.4 万トン以上の高層『豚ホテル』」[4]までが伝えられている。

　肉牛肥育が広大な米国の大平原を舞台にした水平的展開をしているのに対し，豚肉では高層ビル養豚という形で物理的な意味での垂直的展開が行われている点は興味深い。

　家禽肉処理・加工では穀物メジャー最大手として知られている Cargill が世界一である。業界誌が伝える情報では，2022 年に同社が処理・加工したブロイラーは 6.25 億羽と，2 位 JBS の 4.43 億羽を大きく上回る[5]。穀物メジャーは今や鶏肉加工メジャーでもある。このように，現代社会における牛肉・豚肉・鶏肉の生産・加工企業は，いずれもビッグ・ビジネスとしての側面をも備えている。

　もう 1 つの方向性が本稿で検討する代替肉である。代替肉は，これを代替タンパク質という広い観点から見た場合，概念的には植物由来肉（plant-based meat）と培養肉（cultured meat），さらに微生物発酵，そして昆虫食・藻類までを含むが，本稿では微生物発酵以下は検討対象とはしない。

　植物由来肉の一部は，大豆ミートのように以前から我々の日常生活に浸透していたが，培養肉は，一部の試験的・広告的導入に近いレベルを除けば，市場への現実的かつ本格的な導入と量産化は全て今後の話である。

　温室効果ガスの抑制や動物愛護意識の高まりというマクロ環境の変化に加え，それに対応した技術革新の影響もあり，従来型の食肉という概念そのものが変化しつつあることは以前にも指摘した[6]。また，不安定な今後の世界食料事情を考慮すると，意識面では代替肉も「十分にあり得る」というのが大方の見方かもしれない。ただし，そこには技術面だけでなく，ビジネスとしても複数のハードルが存在することを押さえておく必要がある。

　そこで以下，前段で世界の食肉生産の状況をめぐる状況を概観し，次に代替肉生産にともなう現在の見通しと，その量産化のハードルについて検討を行い，最後に若干の私見を記すこととしたい。

---

[3]　ロイターニュース「焦点：『豚ホテル』は中国養豚業界に革命もたらすか」，2018 年 5 月 16 日，https://jp.reuters.com/article/china-pigs-hotels-idJPKCN1IF0LW（2023 年 9 月 8 日確認）

[4]　三石誠司「(302) 中国の『豚ホテル』」，コラム「グローバルとローカル：世界は今」農業協同組合新聞（電子版），2022 年 10 月 7 日。アドレスは，https://www.jacom.or.jp/column/2022/10/221007-62010.php（2023 年 9 月 8 日確認）

[5]　Zaheer, A., "5 Biggest Poultry Companies in the World", Insider Monkey, March 10, 2023. アドレスは，https://www.insidermonkey.com/blog/5-biggest-poultry-companies-in-the-world-1127910/　（2023 年 9 月 11 日確認）

[6]　三石誠司「世界の食肉需給動向と代替肉の可能性―変わる『食肉のとらえ方』」『フードテックの最新動向』，シーエムシー出版，2021 年，108-109 頁。

2 世界の食肉生産の動向

2.1 問題の根幹と食肉生産

　過去 23 年間に世界人口は 62 億から 80 億へと増加し，今後も増加が見込まれている[7]。世界の食肉生産はこれに対応する形で伸びてきた。2023 年の生産量見通しは，牛肉 5957 万トン，豚肉 1 億 1476 万トン，鶏肉 1 億 352 万トンである（表 1a）。この間の生産量全体を長期的に見ると，絶対量が年間 1 億トン近く増加している。

　また，消費量も同様の傾向を示している。また，単純計算で見ても一人当たりの年間食肉消費量は，2000 年の 29.2 kg から 2022 年には 33.9 kg と 4.7 kg 増加している（表 1b）。

　一方，国連人口部が現時点（2023 年 9 月）で公表している将来人口のピークは 2086 年の 104 億 3092 万 6 千人である。これも単純な試算だが，先の 33.9 kg にピーク人口を乗ずると，必要とされる食肉量は 3 億 5360 万トンになり，現在の 2 億 7786 万トンより 27％，7574 万トン多い。実際には，年代構成や生活水準の向上に伴う食生活の変化が影響するため単純ではないが，今後，大量の食肉が必要となることは明らかである。

　例えば，一人当たり食肉消費量は途上国の生活水準が向上すれば確実に上昇するであろう。一方で，カーボン・ニュートラルや動物愛護への意識の高まりなどを考慮すると，必要量の食肉は本当に生産可能か，不足するのではないかという本質的な疑問と懸念が生じる。これはとくに肉食を中心とする欧米先進国では強い。その点では，伝統的にコメや魚類を中心とした食生活を継

表 1a　世界の主要な食肉生産量の推移（単位：千トン）

	2000	2010	2020	2021	2022	2023est	平均成長率（％）
牛肉	50,085	58,488	57,699	58,402	59,328	59,573	100.76
豚肉	81,386	103,032	95,763	107,935	114,393	114,759	101.51
家禽肉	50,019	78,372	99,808	101,200	102,059	103,524	103.21
合計	181,490	239,892	253,270	267,537	275,780	277,856	101.86

表 1b　世界の主要な食肉消費量の推移（単位：千トン・千人・kg/ 人）

	2000	2010	2020	2021	2022	2023est	平均成長率（％）
牛肉	49,325	56,417	56,108	56,916	57,488	57,816	100.69
豚肉	81,017	103,045	95,034	107,374	113,221	113,835	101.49
家禽肉	48,983	82,247	97,313	98,767	99,582	100,886	103.19
合計（a）	179,325	241,709	248,455	56,916	70,291	272,537	101.84
人口（b）	6,148,899	6,985,603	7,840,953	7,909,295	7,975,105	8,045,311	101.18
kg/ 人（b/a）	29.2	34.6	31.7	7.2	33.9	33.9	100.65

出典：USDA, "*Livestock and Poutry：World Markets and Trade*", October 2003, October 2014, および July 2023 を使用。

---

[7]　UN-DESA, "World Population Prospects 2022,"

第3章　世界の食肉需要とビジネスとしての代替肉の可能性

続してきた日本とは，食肉問題に対する危機感のレベルが異なることを理解しておく必要がある。

　また，同じ食肉でも，生産サイクルが長い牛肉，宗教上の禁忌に触れる牛肉（ヒンズー教）や豚肉（イスラム教）よりも，生産サイクルが短く，ヘルシーで加工が容易な家禽肉へのシフトが全体として生じている。実際，家禽肉は過去20年間で生産・消費ともに倍増し，1億トン商品に成長している。

　さらに，急速な世界的生産増加に対し，飼養方法や環境への影響だけではなく，各畜種特有の感染症やその影響など，将来の食肉生産に関する漠然とした不安が，畜産関係者だけでなく消費者を含めた社会全体に存在している可能性は否定できない。

2.2　食肉の貿易

　次に，わが国に最も影響がある食肉貿易について概観する。以下は畜種別に米国農務省2023年7月時点の公表データをまとめたものである（表2）。

2.2.1　牛肉

　2023年の牛肉輸出は年間1212万トンが見込まれている。このうち3割，305万トンをブラジルが占める。これに続くのが米国146万トン，豪州143万トンであり，以下は100万トンに満たない（アルゼンチン82万トン，ニュージーランド68万トンと続く）。

　これに対し，牛肉輸入の最大手は中国の350万トンである。中国は国内生産750万トンに対し，生産量が1098万トンで牛肉は国内自給が出来ていない。当面は不足分を輸入せざるを得ないが，その量も既に世界最大であることに注意したい。

　輸入面で中国に次ぐのが米国で160万トン，次が日本の80万トンである。米国は世界一の牛肉生産国であると同時に，輸入でも世界第2位である。

2.2.2　豚肉

　2023年の豚肉輸出は1075万トンで牛肉と同水準である。輸出最大手はEUの370万トンであ

表2　世界の食肉貿易の見通し（2018-20年実績と2021年見通し，単位：千トン）

		2020	2021	2022	*2023est.*	*第1位*	*第2位*	*第3位*
輸出	牛肉	11,229	11,440	12,015	*12,121*	*ブラジル (3,050)*	*米国 (1,458)*	*豪州 (1,425)*
	豚肉	12,562	12,217	10,950	*10,751*	*EU (3,700)*	*米国 (3,136)*	*ブラジル (1,500)*
	鶏肉	13,117	13,288	13,526	*13,793*	*ブラジル (4,825)*	*米国 (3,358)*	*EU (1,675)*
	小計	36,908	36,945	36,491	*36,665*			
		2,020	2,021	2,022	*2023est.*	*第1位*	*第2位*	*第3位*
輸入	牛肉	9,686	9,948	10,226	*10,324*	*中国 (3,500)*	*米国 (1,597)*	*日本 (800)*
	豚肉	11,697	11,613	9,894	*9,808*	*中国 (2,300)*	*日本 (1,470)*	*メキシコ (1,310)*
	鶏肉	10,591	10,831	11,106	*11,131*	*日本 (1,070)*	*メキシコ (975)*	*英国 (900)*
	小計	31,974	32,392	31,226	*31,263*			

出典：USDA, "*Livestock and Poultry : World Markets and Trade*", July, 2023.

73

り，これに米国の 314 万トンが続く。さらにブラジルの 150 万トン，カナダの 130 万トンがあり，これで全体の 9 割を占める。

　輸入は 981 万トンが見込まれているが，最大手は中国の 230 万トンである。中国は 2018 年夏以降の ASF（アフリカ豚熱）で国内生産が激減し，最も影響が生じた 2020 年と 2021 年には 523 万トンと 433 万トンの豚肉を輸入した。その後，国内生産が急速に回復したことにより，2022 年以降は現在の水準で落ち着いている。

　日本は 147 万トンの豚肉を輸入しており世界第 2 位である。これに 131 万トンのメキシコが続き，残りの国々は 100 万トン以下である。

2.2.3　鶏肉

　2023 年の鶏肉輸出量は 1379 万トンと，食肉の中では最大である。首位はブラジルの 483 万トン，次いで米国 336 万トン，EU168 万トン，タイ 109 万トンと，上位 4 位までで約 8 割を占める。

　これに対し，輸入は全体で 1113 万トンであり各国に分散している。首位は日本の 107 万トン，以下，メキシコ 98 万トン，英国 90 万トン，中国 73 万トンなどが続く。過去 20 年間で鶏肉の生産量が倍増したことは既に述べたが，裏を返せば生産が米国，中国，ブラジル，EU などに集中し，低コスト集中生産が行われた鶏肉を世界中の多くの国々が輸入する形でグローバル・フードシステムが構築されてきているということになる。

　以上，既存の食肉生産の全体像を把握した上で，次に代替肉の生産と流通を複数の面から検討する。

3　代替肉の現実的な可能性

3.1　市場規模

　代替肉の将来的な市場規模については，民間調査会社が今後 10 年程度の代替肉市場の展望について様々な報告をまとめている。こうした報告書はかなり高額だが，その一部が広告を兼ねて Web 上で公開されているケースも多い。個別見通しの妥当性は別として，そもそも将来予測には一定の前提と不確実性があることを理解しておく必要がある。

　しかしながら，Web 上の断片情報をつなぎ合わせていくと現在および将来の市場規模についてこの分野に関心を持つ（投資家やコンサルタントを含む）ビジネス関係者が全体としてどのような見通しを立てているかが概ね推測できる。

　本稿では，いわゆる培養肉の将来市場をどう見るかについて以下の形で検討を実施した。最初にインターネットで「cultured meat, market size」で検索し（2023 年 9 月 8〜9 日），培養肉の将来市場報告を出している調査会社を 15 社無作為に抽出した。丹念に探せばさらに多く確認可能かもしれないが，とりあえず一定の時間をかけ，必要なデータを公開している各社を何とか 15 社確保した。全て国外の企業である。

　これら 15 社が公開している市場規模のまとめは表 3 のとおりである。平均（A）はデータを

第3章　世界の食肉需要とビジネスとしての代替肉の可能性

表3　市場調査会社各社による培養肉の市場規模見通し（単位：百万ドル）

企業/年	A	B	C	D	E	F	G	H	I	J	K	L	N	O	平均(A)	平均(B)
2021	*1.64*	106.9	2.3	133.4	67.3									*250*	94	77
2022				107		*0.3*	*246.9*	182		160	184.4	220			157	171
2023										200		330			265	
2024																
2025							214								214	
2026																
2027							390									
2028									388							
2029																
2030	2788	444.4	960.7		432.2		6900							*25000*	6088	2316
2031																
2032					*20000*		1388	*593*			9470				7863	2172
2033																
2034																
2035												1990				
CAGR1	*95.8*	17.15	80.7	16.2	19.06	143	51.6	23.2	15.7	18.3	*13.4*	51.9	21.4		43.6	41.7
CAGR2	210.4	15.3	82.8	14.1	20.4	303.7	51.6	22.5	15.7	18.2	13.2	45.7			49.6	40.5
出版年月	21.04.	22.12.	23.09.	22.02.	23.05.	23.04.	23.XX	23.04.	19.09.	23.03.	23.05.	23.09.	22.02.	21.06.		

出典：インターネット上で共通キーワード検索により各社homepageから推定市場規模を抽出。

注：G社は出版月が不明。K社は日本語版が公開されていたため，その時期を記載。斜体字は同一年の最高・最低。

公開している企業の単純平均，平均（B）は入手した数字のうち，最高値と最低値を除いた残りのデータの単純平均である。

CAGR1[8] は web サイトに公開されているもの，CGAR2 は，web サイトで公開されている市場規模の数字（恐らく丸めたもの）から検証のために筆者が計算したものである。お互いが共通データを使用していれば本来同じ数字になるはずだが，公開数字が四捨五入された数字の場合，計算結果が異なるのはやむを得ない。大きな乖離がなければ少なくとも計算方法は妥当と判断できる。また，基本は10年間だが，企業により少ない期間での見通しをもとに報告書を作成している場合もある。

平均（A），平均（B）のCAGR1は単純平均，CAGR2は平均（A），平均（B）で算出した値を基に2021年から2030年までの値を筆者が計算したもので，全社平均で49.6％，最高・最低を除外した場合には40.5％となる。

以上より，少なくとも現在の市場関係者として抽出した15社が見ている予想平均は，2021年の77億ドルから2030年には2316億ドルへと約30倍に拡大し，この間の平均成長率は40.5％と考えることができる。これが海外の調査会社の見方である。

---

[8] CAGR は Compound Annual Growth Rate のことで日本語では平均成長率と訳すことが多い。ここでは公開されているものをCAGR1，試算したものをCAGR2とした。

代替肉の技術と市場

3.2　企業数

　この分野に参加する企業数は急速に増加しているため，情報を絶えず更新していく必要がある。間島・只腰（2021）[9]によると，2021年11月時点では「代替タンパク企業は774社存在」していたようだ。これは，The Global Food Institute の「Alternative Protein Company Database」[10]を基にしていると記されている。間島らは，この中で設立年・分類データが記載されている企業数608社を対象とし，「2010年には190社存在した代替タンパク企業は，2021年には608社と10年の間に2010年の企業数に比して3倍程度まで増加している」と報告している。

　同じデータベースの2023年9月11日時点版では以下の内容が確認できる。登録企業数1504社，うち設立年の記載無しが65社であり，これを除くと企業数は1439社となる。内訳は，植物代替のみ1096社，バイオマス発酵のみ46社，精密発酵のみ49社，培養のみ147社，残りが「その他」（複数実施）101社となる。一言で言えば植物代替と培養が急増している。

　また，本稿の主たる対象となる培養は2年前の66社から147社に増加している。名称や簡単な記述のみでは判断に限界はあるが，「その他」の中にも複数手法の一つとして培養（cultivated）の単語が見える企業が28社確認できるため，実際の培養総数では175社に達していると考えられる。

　ここで，この有益なデータベースを使用する場合の注意を理解しておく必要がある。登録可能な企業は必ずしも先端生物工学を活用するという意味で代替肉を検討・研究している企業ばかりではないという点である。例えば，伝統的な発酵技術を持つ古くからの企業も適宜登録を実施している。発酵技術自体は古くから世界中に存在しており，各地域の伝統企業がこうしたデータベースの存在を意識し，登録すれば企業数は着実に増加する。これは，昨今注目されている先端生物工学の技術を用いた培養肉製造とは異なるグループだが，代替タンパク企業という意味では同カテゴリーに含まれる[11]。

　つまり，企業数の違いは，データベースのダウンロード時期の違いに伴う登録数の変化，そして個別企業の実情を個別に検証し，例えば実質的に操業していない企業を削除したかどうかなどの検証および操作の結果と考えられるが，詳細は不明である。筆者が示した数字はあくまで執筆時点でダウンロードした企業数であり個別企業の具体的な存在や創業確認などはしていないことをあらためて記しておく。

　実際，2年の間に未登録であった世界各地の醸造関係企業が宣伝の意味も兼ねて新規登録を行い総数が一気に増加した可能性がある。これらを考慮すると，このデータベースは，国勢調査の

---

[9]　間島大輔・只腰千真「代替肉業界の分析と日本が取り組むべき方向性」『NRIパブリックマネジメントレビュー』，Vol.220，2021年11月，1-10頁。

[10]　このデータベースには誰でもアクセス可能である。アドレスは，https://gfi.org/resource/alternative-protein-company-database/（2023年9月9日確認）

[11]　例えば，微生物発酵分野も伝統的発酵（traditional fermentation）と精密発酵 (precision fermentation) に分かれている。本稿の読者が関心を持つのは後者の方が多いのではないか。

第3章　世界の食肉需要とビジネスとしての代替肉の可能性

表4

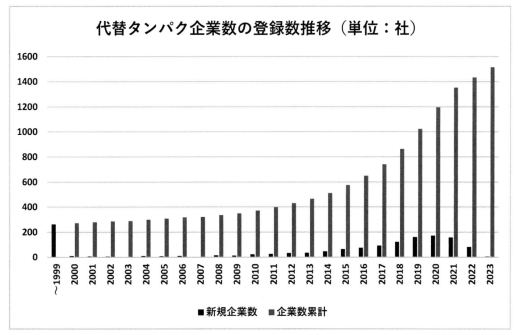

出典： The Good Food Institute, "Alternative Protein Company Database", as of Sep 11, 2023より作成。

ように恒常的かつ時系列的な蓄積データとしての傾向を反映したものというよりは，あくまで特定時点における登録者全体の状況を反映するものとして理解した上で活用することが適切と考えられる。

　以上を踏まえた上で，2000年以降，設立年別に企業数推移を示したものが表4である。登録企業数，つまり市場の登録プレーヤー数は急速に増加しているが，その中心は植物代替であること，毎年の新規参入数としては2018～2021年頃がピークであったことなどが読み取れる。

　いずれにせよ，FAOが2012年に「World Agriculture Towards 2030/2050」などを公表して以降，世界的に畜産の将来，そしてタンパク質確保の問題が広く注目されたことは間違いない。その結果，この分野への新規参入が継続し，総企業数は増加しているものの，新規参入企業数は近年ペースダウンしている状況を読み取ることができる。ただし，これはあくまでも登録数であり，登録した各企業の事業規模などを示しているわけではないため，その点は留意しておく必要があることは言うまでもない。

3.3　商業化へのリアリティ検討へ

　ところで代替肉について議論される内容を見ると，先の市場規模の将来性を中心に，安全性やコスト，消費者の受容，そして（開発を促進するにしても規制するにしても）代替肉に関わる具

77

体的な政策など包括的な議論を中心としたものが多い．これらはもちろん重要である．

　しかし，語弊を招くかもしれないが，現代社会では食料供給もビジネスの一環であり，実際に代替肉を製造する企業の立場に立てば，いかに求められても赤字を継続しつつ代替肉を製造・供給することは不可能である．そこで今後は少し，ビジネスとしての側面から現実的な検討を実施することが求められる．

　まず，世界のタンパク質市場の規模だが，これも様々な調査が存在する．わかりやすい例として，ここではある調査会社（Precedence Research 社）の公開データ[12] を使用する．このデータによると，2022 年の世界のタンパク質市場の規模は 100.37 億ドルであり，これが 2032 年には233.4 億ドル（平均成長率 8.5%）になるという．

　もう 1 社，やや古い資料だが日本の市場調査会社である Seed Planning 社は 2020 年時点の世界の植物由来代替肉市場を 110 億ドル，2030 年時点では 886 億ドルとしている[13]．

　同社はまた，日本の植物由来の代替肉市場を 2020 年で 346 億円，2030 年では 780 億円としている．為替レートの取り方にもよるが，ドルと円のそれぞれの通貨ベースでは，世界が 10 年間で 8 倍に伸びる中，日本は植物由来肉ですら 2.2 倍という見方である．

　ここで，先に，表 3 で 2030 年における培養肉市場の規模を現在の 2021 年の 77 億ドルから2030 年の 2316 億ドル（30 倍）へと試算したことを思い出して頂ければ，この業界の将来予測がいかに幅広く，とくに海外のビジネス関係者間では投機的な要素すら含まれている可能性があることがわかるであろう．

　さて，Precedence Research 社が示す 100.37 億ドルは 1 ドル＝140 円とした場合，約 1 兆 4,000億円である．10 年後の市場規模を 233.4 億ドルとし，為替レートを同じとすれば，規模は 3 兆2,676 億円に相当する．同社によればタンパク質市場の中で食肉・乳製品の代替タンパク製品が占める割合は 2022 年の数量ベースで 33% である[14]．

　一方，農林水産省の食料需給表[15] の中にある「純食料 100g 中の栄養成分量」を見ると，純食料 100g 中のタンパク質は肉類全体では 18.6 g，つまり 18.6% と示されている．鶏卵は 12.2 g，牛乳・乳製品で 3.2 g であり，食肉・牛乳・乳製品の合計（18.6＋12.2＋3.2＝34）は 34 g であり，一括した場合の食肉のタンパク質の割合は 55% となる．

　以上より，2022 年の世界のタンパク市場 1 兆 4000 億円のうち，仮に 33% が食肉・乳製品の代替タンパク製品，さらにその 55% を食肉代替とすると，想定規模は 2541 億円となる．

---

[12]　Precedence Research, "Protein Market", July 2023. アドレスは，https://www.precedenceresearch.com/protein-market（2023 年 9 月 11 日確認）．この他にも，例えば

[13]　Seed Plannig,「植物由来の代替肉と細胞培養肉の現状と将来展望」「プレスリリース」，2020 年 6 月 9 日．アドレスは，https://www.seedplanning.co.jp/archive/press/2020/2020060901.html（2023 年 9 月 11 日確認）

[14]　Precedence Research, "Protein Market", July 2023. アドレスは，https://www.precedenceresearch.com/protein-market（2023 年 9 月 11 日確認）

[15]　農林水産省「令和 3 年度食料需給表（概算値）」

第3章　世界の食肉需要とビジネスとしての代替肉の可能性

　世界銀行によれば2022年の世界のGDPは100兆5600億ドルであり，日本はそのうち4兆2314億ドル，4.2％を占めている。つまり，2541億円x4.2％，約107億円がGDP規模から見た日本の代替肉市場のメルクマールということになる。植物由来の代替肉ではPlant Seeding社により2020年は346億円と十分な数字が示されているが，培養肉は現時点では市場規模を云々する段階ではなく，本格的な市場化は今後の課題であろう。

　では，将来見通し検討してみたい。10年後には食肉427万トンのうち，どの程度が代替肉で占められるであろうか。仮に食肉の1％を代替肉とした場合，42700トン相当になる。得られるタンパク質は食料需給表の割合（18.6％）で試算すれば7942トンとなる。

　ポイントは，食肉はタンパク質以外にも重要な栄養素を含むとともに，他の栄養素や食感という重要な要素もあるため，単純にタンパク質だけで置き換えるわけにはいかないという点である。ただし，ここでは食肉需要が1％減少するとタンパク質約8000トン相当が必要になるという点は留意しておいてよいかもしれない。

　仮に，例えば10年後には100万トン（全体の23％）の代替肉を製造すると仮定してみたい。同じ割合を当てはめれば，186,000トンのタンパク質が必要となる。さらに，この内訳が，植物由来肉，微生物発酵，そして培養肉とほぼ3分の1とすれば，培養肉は年間約30万トン（月間25,000トン，30日として833トン）となる。

　実は，こうした机上の空論はビジネスの実現性を検討する場合には非常に有益だが危険でもある。年間約30万トンと簡単に言うが，例えば，2022年の日本全体でのソーセージ生産量が31万トン強[16]と考えると，いかに大変な数字かがわかる。

　思考実験として，非現実的だが，最も「合理的に」生産を行うならば全国1か所の工場で全ての培養肉を生産すればどうなるか。それが可能になれば「規模の経済」は達成できる。Brennanら（2021）[17]は，現在の米国の食肉加工工場の操業実態に基づき，2030年の世界のタンパク質市場の0.1％に相当する50万トン規模の代替タンパク質を工場で生産する場合，各工場に5,000～5,500人規模の従業員が必要であり，これは従来型のタンパク質生産に必要な従業員数とほぼ同じであるという興味深い指摘をしている。

　わが国の場合，自然災害等のリスクを考慮すれば最終的には数か所に分散した生産が好ましいであろうし，小規模で安価な生産システムが確立されれば，個々の町の「〇〇フーズ」で培養肉の生産が可能になるかもしれない。

　さらに考慮しなければならない問題がある。仮に毎日800トン以上の食肉を培養し，出荷するためには培養すべき細胞の選択はもちろん重要だが，その細胞を培養するための大量の食用とし

---

[16]　NIKKEI COMPASS「畜産加工品（ハム・ソーセージ類）の市場動向」，正確には，309,764トンである。アドレスは，https://www.nikkei.com/compass/industry_s/0313（2023年9月9日確認）

[17]　Brennan, T., Katz, J., Quint, Y., Spencer, B., "Cultivated meat: Out of the lab, into the flying pan", McKinsey and Company, June 16, 2021.

て認められる培養液あるいは培地が必要となる。これらが確保できでも次は大型のバイオリアクターが複数台必要になる。

突き詰めれば，細胞を含め必要な原材料の継続的・安定的な供給ソースと，それを得た上での効率的な製造システム，それら全てを可能とする培養肉工場の施設・土地，そして，そこで就業する既存の食肉加工工場や食品製造工場とは異なるスキルを備えた従業員（これは将来的にはかなりAIにより代替される可能性もある）などが必要となる。現実にはこれら全て，つまりサプライチェーンの各ステージをひとつずつ，確実に構築していくことが求められる。

いろいろ記してきたが，現実はパソコンや携帯電話のように，どこかの段階で大きな革新が起き，一期に進展するかもしれない。

例えば，より効率的で安全な手法が開発され，原材料の手当が確保されれば，もしかすると建売住宅のようなモジュール化された培養工場を同時多発的に普及させることによりコストの大幅引き下げと生産増加を一度に達成できる可能性がある。これには生物工学だけではなく，工場施設や部品設計という関連他分野との連携が不可欠である。

あるいはSF的ではあるが，電子レンジのように各家庭に普及可能な簡易型バイオリアクターによる方向が進展する可能性もある。消費者はスーパー・マーケットで冷凍食品を購入するように「フィレ・ミニョン培養パック」や「サーロイン・培養セット」を購入し，各家庭で出勤前に培養スイッチを入れておけば帰宅時には出来立ての培養肉ステーキを味わうことができる…，という訳だ。このような日ははたして来るのだろうか。くるとしたら，いつ頃になるのだろうか。

4 おわりに

岡田ら（2023）[18]によると，ラボベースでは8mm x 10mm x 7mm（幅 x 長 x 高）のウシ筋肉組織の作成に成功し，大学内の倫理審査を得た上で国内の研究機関として初めての試食を実施した旨が報告されている。目標は「厚さ2cmで縦と横が7cmのおよそ100gのステーキ肉」とかなり具体的だ。

冒頭で紹介した中国の「豚ホテル」は従来の素材を新しい方法で作り上げる方向を目指したものだが，世界の培養肉は新しい素材を古い方法で普及させるのか，それとも新しい方法で普及させるのか，そろそろ調査・開発を経て普及ステージにおけるサプライチェーンの具体的方向を検討する段階が近づいてきているのかもしれない。

---

[18] 岡田健成・島亜衣・竹内昌治「細胞性食品としての培養ステーキ肉実現に向けて」『オレオサイエンス』，第23巻6号，2023年，35-41頁。

第4章　粒状大豆たん白の開発と大豆ミートへの展開

中野康行*

1　植物性（大豆）たん白

　大豆はとうもろこし・小麦・米に並ぶ主要な四大作物のひとつであり，蛋白質や脂質を多く含む成分に特長のある豆類である（図1）。原産地は中国東北部とも言われており，少なくとも紀元前2000年より以前から栽培が始まっていたとされる。2021年世界生産量は367百万t[1]。2021年日本生産量は25万t[2]。主要な生産国はブラジル・米国・アルゼンチンである。2018年での世界の遺伝子組み換え大豆の作付面積は78%[3]となっており組み換え大豆が主流である。

　日本では，弥生時代の遺跡から大豆が出土されており，それ以前より栽培されていたと考えられている。その後，加工法も伝わってきた。古くから豆乳・湯葉・豆腐・油揚げ・がんもどき・納豆など様々な食品に加工され利用されてきた。がんもどきの名前の由来は雁の肉に似ているからという説もあり肉の替わりとしても親しまれてきた。また，油を搾油して食用油として利用される。

　一方，植物性たん白の日本農林規格の制定は新しく，1976年に以下のように定められている。大豆等の採油用の種実若しくはその脱脂物又は小麦等の穀類の粉末（以下「主原料」という。）に加工処理を施してたん白質含有率を高めたものに，加熱，加圧等の物理的作用によりゲル形成性，乳化性等の機能又はかみごたえを与え，粉末状，ペースト状，粒状又は繊維状に成形したものであつて，主原料に由来するたん白質含有率（無水物に換算した場合の値）が50%を超えるもの[5]。

　大豆を脱皮脱胚軸して搾油することで脱脂大豆が作られる。これを原料として植物性たん白である粒状及び粉末状大豆たん白の製造が行われている（図2）。2021年度の国内生産量は粒状大豆たん白36,054 t，粉末状大豆たん白8,671 t[6]。粒状大豆たん白の生産量は近年増加傾向にあり，

図1　大豆（左）と大豆標準組成表（右）[4]

＊　Yasuyuki Nakano　不二製油㈱　たん白事業部門　たん白開発二部　第一課　課長

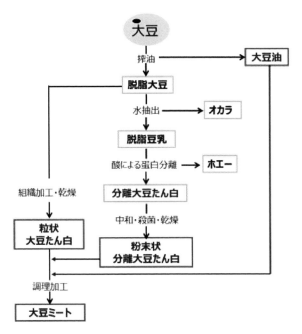

図2　大豆から大豆ミートまでの製造の流れ

10年前の約1.5倍となっている。

　粒状大豆たん白は，脱脂大豆などの大豆由来原料に水を加え，押し出し加工機械エクストルーダーを用い，混練・加熱・加圧された生地がダイと呼ばれるノズルから大気圧下への放出と同時に膨化組織加工されたものである。通常，組織化温度は140℃以上となる。組織加工されたものを乾燥・ふるい・包装工程を経て製品となる。製品の用途によっては，副原料などを配合する場合がある（図3）。

　また，膨化させずに冷却ダイを装着して押出す高水分タイプの製品も存在する。この場合は乾燥せず，冷凍・包装工程を経て製品となる。膨化させないのでより緻密な弾力のある組織を作ることができるのがこのタイプの特長である。以降の粒状大豆たん白の説明は主流である膨化組織加工について説明する。

　粉末状分離大豆たん白は，脱脂大豆から水抽出して脱脂豆乳とオカラに分離する。脱脂豆乳を酸沈澱してホエーを除き蛋白質を濃縮，中和・殺菌・乾燥・ふるい・包装工程を経て製品となる。大豆に含まれる蛋白質を90％以上（乾燥重量換算）に高めることにより，より強固なゲル形成能，結着機能が引き出された食品素材となる（図2）。粉末状濃縮大豆たん白は，脱脂大豆からホエー成分を除いた蛋白質と食物繊維からなる。

　大豆たん白の種類と成分を示す（表1）。粒状及び粉末状分離大豆たん白は高蛋白質で低脂質な食品素材である。

第4章　粒状大豆たん白の開発と大豆ミートへの展開

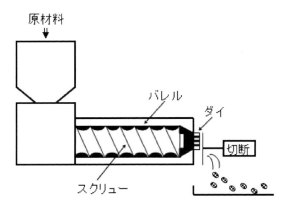

図3　エクストルーダー模式図

表1　大豆たん白の種類と成分例[8]

	粒状 大豆たん白	粉末状分離 大豆たん白
蛋白質%	55.1	86.0
水分%	6.0	5.0
脂質%	0.6	0.2
炭水化物%	32.0	4.2
灰分%	6.3	4.5
無機質(mg/100g)		
カルシウム	330	50
リン	770	800
鉄	12	10
ナトリウム	7	1400
カリウム	2500	300

2　粒状植物性（大豆）たん白

2.1　種類

　粒状大豆たん白には，ミンチタイプ（図4），ミートタイプ（図5）やパフタイプ（シリアル用素材）など用途に応じて様々な形状・食感のものがある。使用する蛋白原料としては，脱脂大豆・大豆または粉末状（分離及び濃縮）大豆たん白が主である。蛋白以外の原料としては，でんぷん・食物繊維・食用植物油脂・調味料・色素などが一般的に用いられる。
　ミンチタイプは，フレーク製品と顆粒製品に分れ，主に挽肉の代替素材として用いられる。これらは水戻し後に味付け調理加工により，肉汁保持・肉粒感付与・成形性付与・歩留り向上などの目的で，餃子・肉まん・ハンバーグ・メンチカツ・焼売など幅広い加工食品に使われる。それ

ぞれの最終加工食品に合わせた，食感（ハード・ソフト）・色（ビーフ・ポーク・チキン）・形状（フレーク・顆粒，大・中・小）のものを選択し適量挽肉に混ぜ合わせて使用する（表2）。肉を使わないハンバーグなどの場合は，挽肉の全量を置換する。

　ミートタイプは，スライス製品とブロック製品に分かれる。ミンチタイプと異なり形が大きく一枚肉のような形状特長があるので，割れや欠けの少ない安定形状と嚙み応えのある食感の両立が必要のため調整がより難しくなる。

　スライス製品はエクストルーダーの出口のダイをスライス形状に加工することで作ることができる。従来はスポンジ食感であったが緻密な組織食感のものが製造技術の進歩により作れるようになった。

図4　粒状大豆たん白ミンチタイプ
ニューフジニック10（フレーク）左
ニューフジニック58（顆粒）右
（不二製油㈱製）[7]

図5　粒状大豆たん白ミートタイプ
スライス製品：ベジプラス2900上左（上面撮影）上右（横面撮影）とブロック製品：アペックス110下左（上面撮影）下右（横面撮影）（不二製油㈱製）[7]

第4章　粒状大豆たん白の開発と大豆ミートへの展開

表2　粒状大豆たん白の機能と用途

機能	利用用途
保水性，保油性による焼き縮み抑制，歩留り改善	ハンバーグ，焼売，餃子，肉まんなどの挽肉製品
肉粒感	唐揚げ，角煮，挽肉製品
繊維感	ナゲット，ツナ加工品などの水産製品
クリスピー感	シリアルバー，スナック

　スライス製品を水戻し味付け調理加工することで，薄切り肉様の食品（牛丼，焼肉，すき焼き，回鍋肉，ジャーキーなど）いわゆる大豆ミートを作ることができる。

　ブロック製品はエクストルーダーの出口のダイをブロック形状に加工することで作ることができる。大きな形状のブロック製品を作る場合は，ダイの開口部も大きくなる。原料配合はブロック製品に適した硬さを求めるため蛋白質含量の高いものを選ぶことが多い。このブロック製品も水戻し味付け調理加工を行うことで角煮や唐揚げなどの大豆ミートを作ることができる。一般に，粒状大豆たん白を肉のように味付け調理加工したものを大豆ミートと呼んでいる。

　粒状大豆たん白の発売当初には，大豆の風味やスポンジ食感の課題があり，挽肉のごく一部の代替利用にとどまっていた。その後，風味食感の改良が進み，機能材として多くのアイテムに利用が広がった。さらに，挽肉のみならず様々な肉の部位など肉そのものを全量代替ができるようになってきた。

2.2　製造条件

　ミンチタイプで肉汁を保持してソフトな食感に仕上げたい場合は，エクストルーダーでの組織加工時の添加水を少なくして膨化を促進させることで吸水し易い組織とさせたフレーク製品に仕上げる（図4左）。フレーク形状は，ダイから押出され切断された膨化した組織化物をフレーキング装置でカットして作られる。

　また，ミンチタイプでしっかりした噛み応えを付与したい場合は，組織加工時に添加水を逆に多くして膨化を抑えて硬めの組織とさせた顆粒製品に仕上げる（図4右）。

　添加水量（図6.1）の他，スクリュー回転速度（図6.2），バレルの加熱温度（図6.3），原料供給量（図6.4）の4つの因子によって粒状大豆たん白の品質には変化が生じる。これらの運転条件因子を調整して目標品質のものが得られるよう運転する。川崎らによって報告された検討結果は，図6.1～6.4[9]及びまとめを表3に示す。原料は脱脂大豆，エクストルーダーはWerner & Pfleiderer社のCONTINUA37を使用した。

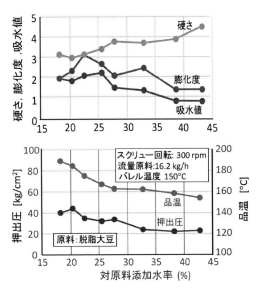
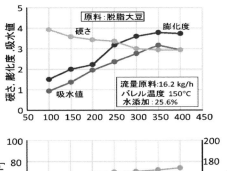
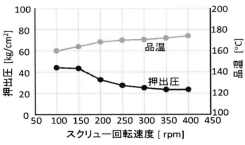

図6.1 エクストルーダーの運転条件と粒状大豆たん白の品質[9]添加水の影響
(原料流量に対する添加水率を18〜42%に変化させた時の品温・押出圧の変化と吸水値・膨化度・硬さの製品物性への影響)
吸水値:60℃ 30分吸水(自重を1とした吸水倍率),膨化度(ml/g):比容,硬さ:1mmに粉砕し水和後,テクスチュロメーターで測定。図6.2, 6.3, 6.4も同じ定義。

図6.2 エクストルーダーの運転条件と粒状大豆たん白の品質[9]スクリュー回転速度の影響
(スクリュー回転を100〜400rpmに変化させた時の品温・押出圧の変化と吸水値・膨化度・硬さの製品物性への影響)
吸水値・膨化度・硬さの定義は図6.1と同じ。

2.3 食感及び風味

粒状大豆たん白は,蛋白質・食物繊維・糖質などを含む脱脂大豆を原料に用いることが多く,これに対して何割かの水を加えエクストルーダーで混錬加熱加圧することで溶融状態の生地ができ,大気圧下に押し出すことにより膨化して噛み応えのある肉様食感の食品素材となる。食感は製品によって異なる。原料の配合で成分を調整して食感を変えることができる。一般に,蛋白質が多くなると硬く,糖質が多くなると柔らかくなる。

食感について,大きな影響を与える吸水値と膨化度及びかさ(比容)は比例関係にあり,硬さとは反比例の関係にある。粒状大豆たん白の膨化度が高いと吸水値及びかさが高くなり食感は柔らかくなる。逆に,膨化度が低いと吸水値及びかさが低くなっていき食感は硬くなる(表3)。フレーク製品は一般に顆粒製品より吸水値が高く,一方で食感は柔らかい。充分量の水で充分吸水させた時の吸水値と水戻し後の6種類の粒状大豆たん白の硬さとの関係を図7に示す。官能評価と硬さ分析値とはほぼ一致した。

製品の硬さ評価については,主に水または湯戻し後の粒状大豆たん白の試料に対して官能評価

第 4 章　粒状大豆たん白の開発と大豆ミートへの展開

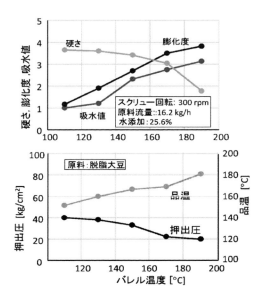

図 6.3　エクストルーダーの運転条件と粒状大豆
　　　たん白の品質[9] バレル温度の影響
（バレル温度を 110～190℃ に変化させた時の品
温・押出圧の変化と吸水値・膨化度・硬さの製品
物性への影響）
吸水値・膨化度・硬さの定義は図 6.1 と同じ。

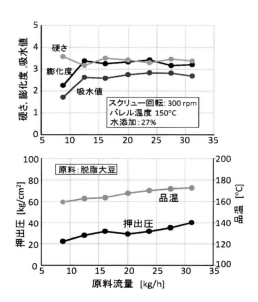

図 6.4　エクストルーダーの運転条件と粒状大豆
　　　たん白の品質[9] 原料供給量の影響
（原料流量を 9～31 kg/h に変化させた時の品温・
押出圧の変化と吸水値・膨化度・硬さの製品物性
への影響）
吸水値・膨化度・硬さの定義は図 6.1 と同じ。

表 3　エクストルーダーの運転条件と粒状大豆たん白の
　　　品質[10] 可変要因の影響まとめ

	組織化条件		粒状大豆たん白の品質		
運転条件因子	原料温度	押出圧力	膨化度	吸水性	硬さ
添加水増加	⇩	⇩	⇩	⇩	⇧
スクリュー回転数増加	⇧	⇩	⇧	⇧	⇩
バレル温度上昇	⇧	⇩	⇧	⇧	⇩
原料供給量増加	⇧	⇧	⇨	⇨	⇨

にて行われる。数値で評価する場合，テクスチャーアナライザーなどで測定を行う。硬さ（荷重），
硬さ（応力）・硬さ（変形）・凝集性・付着性・ガム性などが測定可能である。しかし，測定する
サンプルの形状が小さいものや硬さが均一でない試料の場合は，数値の再現性に課題があるため
注意が必要である。加水量や吸水時間，水の温度によっても吸水値に違いが出て，硬さにも影響
を及ぼすため，条件を揃えておくことも大事である。また，ねちゃつきやざらつきなど数値では

87

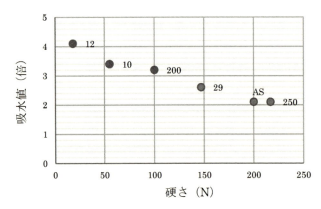

図7　ミンチタイプ粒状大豆たん白（水戻し後）の吸水値と硬さの関係
12：ニューフジニック12（フレーク）　29：ニューフジニック29（顆粒）
10：ニューフジニック10（フレーク）　AS：ニューフジニックAS（顆粒）
200：フジニックエース200（フレーク）　250：フジニックエース250（顆粒）
全て不二製油㈱製[7]
測定機器：テクスチャーアナライザーTA-XT2（Stable Micro Systems）

あらわし難いものもある。
　吸水値は，容器に30gの粒状大豆たん白を加え，25℃の水を6倍加水して10分間吸水させた後，25°程度傾斜をつけた目開き500μmのメッシュに容器ごとひっくり返し，5分間水切りした後に粒状大豆たん白の重量測定を行い，吸水値を算出する。

　　吸水値(倍) = (10分間吸水後の重量 − 30)/30

肉汁保持などの指標となる。
　食感の評価については，官能評価が重要であることは当然であるが，機器分析結果はそれを客観的にサポートする情報となる。
　肉の種類や部位によって食感が違うように，適切な硬さ・形や吸水値の粒状大豆たん白を大豆ミートの原料に用いることで，様々な肉の部位と同じような噛み応えやジューシーさを感じることができる。これが大豆ミートのおいしさにつながっている。
　粒状大豆たん白には，大豆由来原料に水を加え加熱して加工されるため煮豆的な風味がある。原料や加工条件によって風味は変化する。加熱が進むと煎り豆的な風味に，逆に加熱が少ないと青臭い風味になる。製品の風味評価については，主に水または湯戻し後の粒状大豆たん白を試料として臭いや味の官能評価にて行う。
　煮豆的な風味をなくしたい場合，水洗いすることで水溶性のオフフレーバーが除去され，無味無臭に近づく。また，焼くことなどによっても揮発性のオフフレーバーが除去される。これらの工程を経て味付け調理加工されたものは，風味的には大豆風味を感じないものが多い。

第4章　粒状大豆たん白の開発と大豆ミートへの展開

　風味の評価については，官能評価が最も重要であると考えるが，機器分析結果はそれを客観的にサポートする情報として活用が期待できる。

　粒状大豆たん白の風味改良については，近年検討が進み，煮豆的な風味が少ない製品が販売されている。あっさりとした風味になり，様々な好みの味付けできることがおいしさにつながっている。酵母エキス・植物性ブイヨンや植物油脂などで味付け調理加工することで，肉のような風味を感じる大豆ミートを作ることができる。

3　代替肉（大豆ミート）

　粒状大豆たん白を調理加工した大豆ミートは，以前からベジタリアン向けなどに製造され国内外で販売されてきた。近年，欧米では肉に近づけた風味・食感のハンバーグがESGやSDGsなどを背景に注目され生産数量を拡大してきている。

　一方，普段から植物性の食品を食べている日本では，肉に比べてカロリー減やあっさり健康的なイメージの大豆ミートのハンバーグなどが食品メーカーで生産されスーパーマーケットで購入できる。ハンバーガーショップではソイパティを選んで食べることができる。大豆ミートメニューのあるレストランも増えつつある。また，粒状大豆たん白を水戻し加工した大豆ミンチも販売されている。これは家庭で好みの味を付けて挽肉と同様ハンバーグなどに調理して食べることができる。2020年は特に多くの大豆ミートが市場に供給され一般消費者の認知度も向上している。大豆ミートは対応する肉製品と概ね同程度の価格帯で販売されていて，ハンバーガーについては消費者に受け入れられ市場に定着してきた。大豆ミートは使用する副原料によって大きく3つに分類される。

　ビーガン向けの大豆ミートのハンバーグの場合は，動物由来原料使用不可で，噛み応えや食感の中心となる粒状大豆たん白を水で戻す。粉末状大豆たん白と大豆油等の植物性油脂と水でエマルジョンカードを作る。これらに味付けのため酵母エキスや植物性ブイヨン等の調味料を合わせて生地を作る。その後，成型・焼成・凍結・包装を経て製造することができる。最近では，微生物や植物由来の調味料や油脂で肉の旨味に近い風味を感じるものが販売されていて，これらを用いることもおいしさの向上に寄与している。

　オボ・ラクトベジタリアン向けの場合は，動物由来原料のうち卵・乳由来のものは使用可である。これらが使えると食感や味の幅が広がる（図8）。

　一般消費者向けの場合は，原料に使用制限はなく，ビーフエキスやポークエキス，牛脂や豚脂などを用いることができる。肉の旨味という点で動物由来の調味料や脂が有利である。

　コンセプトや目的・用途に応じた原料パーツを組み替えることで様々なアイテムの食感や風味を作ることができる。

　大豆ミートのハムやソーセージ，ナゲットなどについても繊維食感の粒状大豆たん白を選択することや他の原料の配合調整で概ね同様な工程で作ることができる。

図 8 大豆ミートのベジバーグ
大豆ミートのベジバーグ VSB-80（不二製油㈱製）[7]

　焼肉・すき焼き・牛丼・ハンバーグ・唐揚げ・ナゲット・ソーセージ・ハム・カツ・ジャーキー・ケバブなど様々な大豆ミートが粒状大豆たん白を原料に作れるようになった。多くのアイテムへの展開は，粒状大豆たん白の風味が少なくあっさりと改善され，多様な形状で噛み応えやジューシー食感の物性を持った製品が開発されるなど品質向上によるところが大きい。製品の種類が豊富で，それらが調理加工された製品のおいしさも年々向上している。畜肉以外では海老・鮪など魚介類の代替製品も販売されている。今後，さらに研究開発が進み市場に様々な動物資源の代替製品が供給されていくだろう。

　食肉と比べて大豆ミートはまだ僅かな生産量であるが，品質向上に伴い需要は増えていくと考える。代替肉は，栄養，おいしさ，安全，適切な価格で十分量供給できる肉様食品として市場に認められたものが，肉との比較選択肢のひとつとして定着していくものと考える。大豆ミートはその最有力候補である。

　今後，大豆ミートが多くの人に受け入れられることで，地球環境，人々の健康，食料問題などの社会課題の解決に大きく貢献する日は思ったよりも早く来るのではないかと考えている。

文　　　献

1) SoyStats® 2022, International：World Soybean Production（2022.11.28）
http://soystats.com/international-world-soybean-production/
2) 大豆をめぐる事情，令和 4 年 9 月，農林水産省（2022.11.28），
https://www.maff.go.jp/j/seisan/ryutu/daizu/attach/pdf/index-6.pdf
3) 農研機構　生物機能利用研究部門，遺伝子組換え関連情報，主な遺伝子組換え農作物の作付面積比率（2022.11.28），

第4章　粒状大豆たん白の開発と大豆ミートへの展開

　　 http://www.naro.affrc.go.jp/laboratory/nias/gmo/info/general.html
4)　文部科学省，第2章　日本食品標準成分表，豆類　だいず　全粒　米国産（2022.11.28），
　　 http://www.mext.go.jp/a_menu/syokuhinseibun/1365419.htm
5)　植物性たん白の日本農林規格　第2条（2022.11.28），
　　 https://www.maff.go.jp/j/jas/jas_kikaku/pdf/kikaku_03_tanpak_160224.pdf
6)　一般社団法人 日本植物蛋白食品協会，統計データ・ガイドライン，②植物性たん白のJAS
　　 格付検査依頼実績（2022.11.28），
　　 https://www.protein.or.jp/data/
7)　不二製油株式会社，大豆加工素材，大豆たん白素材，大豆加工食品（2022.11.28），
　　 https://www.fujioil.co.jp/product/soy/
8)　一般社団法人 日本植物蛋白食品協会，植物性たん白質の種類と成分（2022.11.28），
　　 https://www.protein.or.jp/health/#type-protein
9)　Y. Kawasaki *et al.*, Soy protein texturization with twin-Screw extruder and its utilization
　　 for food, Proceedings of session lecyures and scientific presentations on ISF-JOCS world
　　 congress 1988 Vol.II, The Japan oil chemists' society, 1192-1198（1988）
10)　坂田哲夫，調理食品の技術，**19**（3），125-133（2013）

第5章　水素細菌を用いたタンパク質の生産

川口甲介[*1]，湯川英明[*2]

概要

近年，タンパク質の需要と供給のバランスが崩れる「プロテインクライシス」が危惧され，畜産に依存しないタンパク源として「代替タンパク質」の開発が進んでいる。我々が取り組んでいる，CO_2を炭素源，水素をエネルギー源として生育するUCDI®水素菌を用いた新規バイオプロセスによるタンパク質素材の製造について紹介する。

1　はじめに

現在，世界の人口は80億人を上回り，2037年には90億人，2058年には100億人に達すると予測されている（図1）。人口増加に伴う食糧需要の増加に伴い，将来食糧不足が深刻な問題となることが懸念されている。中でも，タンパク質の需要と供給のバランスが崩れる「プロテインクライシス」が近い将来に発生する可能性が高いとされている。

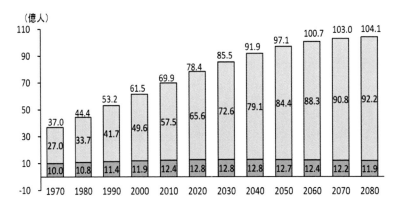

図1　世界の人口予測

---

* 1　Kosuke Kawaguchi　株式会社CO2資源化研究所　研究員
* 2　Hideaki Yukawa　株式会社CO2資源化研究所　代表取締役 CEO/CSO

第5章　水素細菌を用いたタンパク質の生産

2　畜産物生産の限界要因

　現代の食生活ではタンパク質摂取における食肉への依存が高い。経済が成長し，国民1人当たりの所得が向上するにつれて，1人当たりの年間の肉類消費量が増加してきたことから，今後新興国の所得が増加して食生活が向上すると，さらに食肉消費量が増えることとなる。国連食糧農業機関（FAO）の予測では，世界の食肉消費量は2000～2030年の間におよそ70％，2030～2050年の間にさらに20％拡大すると見込まれている（FAO, "World agriculture：towards 2030/Jun.2006)。

　食肉の需要が拡大しても畜産物の増産によって供給が追い付けば問題はないが，現行の畜産業は環境に与える負荷が大きく，生産量の大幅な増加は困難である。畜産生産量の限界要因は，餌となる穀物生産の限界，および水資源の限界に起因している。畜産物の生産には，その何倍もの穀物飼料と膨大な水が必要である（図2）。世界の穀物生産量の約40％はすでに家畜飼料に使用されており，生産される畜産物の量の何倍もの飼料穀物を必要とする家畜を増やすことは，人口増加に伴う食料需給逼迫を一層促進することになる。そうした中，家畜由来の食品に代わるタンパク源として「代替タンパク質」が注目されている。

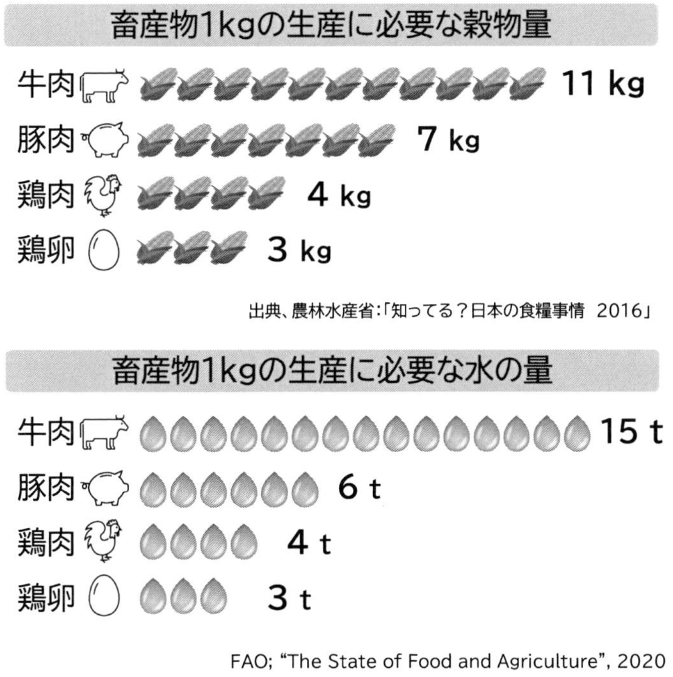

畜産物1kgの生産に必要な穀物量

牛肉　🐄　11 kg
豚肉　🐖　7 kg
鶏肉　🐓　4 kg
鶏卵　🥚　3 kg

出典、農林水産省：「知ってる？日本の食糧事情 2016」

畜産物1kgの生産に必要な水の量

牛肉　🐄　15 t
豚肉　🐖　6 t
鶏肉　🐓　4 t
鶏卵　🥚　3 t

FAO; "The State of Food and Agriculture", 2020

図2　畜産物生産に必要な穀物と水の量

3 代替タンパク質

代替タンパク質とは，既存の食肉，魚類，鶏卵などを代替するために人工的に製造されるタンパク質のことである。代替タンパク質としては，大豆やえんどう豆などを原料とする「植物性代替肉」，動物から採取した細胞を組織培養して人工的に製造する「培養肉」，地域によっては古くから存在していた「昆虫食」，そして「微生物・発酵」である。「微生物・発酵」では，微生物の菌体そのものやタンパク質を抽出・加工して利用する微生物タンパク質（SCP：single cell protein）と，遺伝子組み換え微生物を用いて特定の成分（タンパク質，酵素，ビタミン，色素，脂肪等）を生成する精密発酵（Precision Fermentation）がある。2020年の代替タンパク質の消費量は1,300万トンで，14%の年平均成長率で増加し，2035年には9,700万トンになると試算されている（図3）（Boston Consulting Group and Blue Horizon；2021）。現在は「植物性代替肉」が代替タンパク質市場を牽引しているが，大規模製造や経済性の観点から「微生物・発酵」の普及が期待されている。

3.1 微生物タンパク質（SCP）

20世紀に入り人口増加が加速したことにより，世界的な食糧危機の到来が危惧され，特に発展途上国でのタンパク源の不足が，発育不全や短寿命の原因として深刻な問題となっていた。この解決を目指して，1955年にFAO，WHO，UNICEFが共同でPAG（Protein Advisory Group of United Nation System）をつくり，専門家を集めて討議を開始した。PAGはタンパク質問題

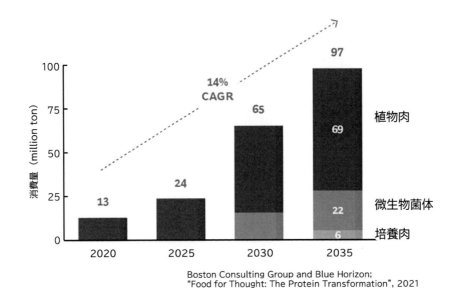

図3 代替タンパク質の消費量の予測

第5章　水素細菌を用いたタンパク質の生産

の解決策として穀物類のアミノ酸強化，油糧種子の食用化などの利用を提案し，微生物タンパク質の利用をその次に位置付けていた。微生物を培養して直接食料や飼料にしようとする試みは，第一次世界大戦下のドイツにおいて酵母菌体を用いた人工肉として始まっていたが，1963 年にBritish Petroleum（BP）社の Champagnat 博士らの石油系炭化水素を炭素源とする酵母タンパク質の生産研究の発表[1]により，世界的な注目を集めるようになった。1970 年に行われた PAGの第 17 回会議では，「もはや微生物タンパク質以外に頼るべきタンパク資源を我々は持たない」として，人の食糧としての製造，栄養価値，安全性，コスト等について早急に検討する必要が強調された。各国で石油成分由来のノルマルパラフィンのみならず，天然ガスや石油化学製品であるメタノール，エタノールなどを原料に，酵母やバクテリアを用いた微生物タンパク質製法が次々と確立された。その後，世界の SCP 製造計画は，オイルショックによる原料やプラントの価格上昇，食糧増産による供給逼迫のゆるみなどがあり，フェイドアウトした。近年のプロテインクライシスへの懸念の高まりに伴い，微生物の培養に農業廃棄物や産業廃棄物などの様々な廃棄物，メタンや CO_2 のような温室効果ガスなどを利用することが可能であることや，主要農作物と比べて SCP の単位面積当たりのタンパク質収量は 10 倍以上，カロリー収量は少なくとも 2倍に達するとの試算がされ[2]，改めて SCP に関心が集まっている。

3. 2　精密発酵（Precision Fermentation）

　Precision Fermentation は，近年米欧で広がった概念で，"Precision" は微生物の遺伝子組み換えから発酵条件の最適化まで，プロセス全体を正確に制御することを表している。燃料や化学品のように大規模生産ではなく，高付加価値のタンパク質素材（牛乳カゼインの成分など特定タンパク分子）を，微生物宿主を "工場" として生産するものである。畜産産業の産物を畜産製法ではなくバイオプロセスで生産するので，必要な資源（水，土地，飼料）が圧倒的に少なく済み環境負荷が小さい，外部環境の影響を受けにくいので安定供給が可能，アニマルウェルフェアの問題を回避できる，などの利点がある。この数年で 20 近いベンチャーが誕生し，すでに PerfectDays 社の乳タンパク質製品（ミルク，アイスクリーム等），Clara Foods 社の卵タンパク質，Impossible Foods 社のヘムタンパク質を風味付けに用いた代替肉などが市場に登場している。2022 年には 19.3 億米ドルの市場規模が，40％の年平均成長率で 2032 年には 683.5 億米ドルにまで急速に成長すると予測されている（Precedence Research；2022）。

4　バイオプロセス産業

　バイオプロセスは，微生物の機能を利用して，様々な目的物質を製造する技術の総称である。バイオプロセスは，広義には，有史時代からの酒つくり，醸造工業も含まれるが，現在，新産業としてグローバルに取り上げられる「バイオプロセス」とは，1990 年ごろからの，急速な技術開発を意味している。特に，2014 年の原油価格の急落を契機として，バイオプロセスにおいて

も「破壊的イノベーション」の技術革新が進行し，米欧では巨額の研究開発費がESG投資（環境（Environment）・社会（Social）・ガバナンス（Governance）における課題の解決に資する投資）としても流入している。このような流れを決定づけたのが，1998年8月に米国のクリントン大統領が発出した，バイオプロセス産業への国の一層強力な支援を約束した大統領令「バイオ製品とバイオエネルギーの開発及び推進」（大統領令13134）である。

4.1　バイオプロセス産業の変遷

第1世代バイオプロセス産業の開花（1990年代末〜10年間）

　大統領令による支援策は，第1世代のバイオプロセス産業として，90年代末のとうもろこしからの燃料エタノールの大規模生産として実現した。その後わずか10年間で，日本の年間ガソリン消費量に匹敵する莫大な量の燃料エタノールが製造され，米国はブラジルを追い越して，燃料エタノール製造において世界トップとなった。

　大統領令後のわずかの期間で，全米の大学にはバイオものづくり研究施設の整備が進み，人材の育成が行われた。ところがプラス面ばかりではなく，燃料エタノール生産量の増大は，食飼料であるとうもろこしの価格急騰を招き，さらに他の穀物価格にも波及したことから，世界的な抗議運動が勃発した。このような事態に米国政府は，非食料資源（セルロース資源：農産廃棄物，木材等）からの，燃料・化学品等の製造研究に強力な支援を実施，産業界からも豊富な資金が流入，非食料資源を原料とする第2世代のバイオプロセス産業の育成を急いだ。

第2世代バイオプロセス産業の育成と頓挫（2000年前後〜2014年原油価格急落）

　米国政府は，2010年をターゲットに，トウモロコシからの燃料エタノール製造に量的な上限を設定し，非食料資源からの製造に経済的インセンティブを付ける等，バイオプロセス産業の育成を継続させた。

　しかしながら，セルロース類からの製造には技術上の課題があり，米国政府の計画通りには製造が実現しなかった。課題は，主として2つ挙げられる。まず，セルロース類を分解して糖を製造する工程が高コストとなること。そして，セルロース類から製造される，炭素数6と炭素数5の糖の混合物のうち，バイオプロセスに用いられる多くの工業用微生物は炭素数5の糖を利用できず，製造効率が低下することであった。

　このような課題を持つ第2世代バイオプロセスは，価格競争力を持つための原油価格は少なくともバレル当たり$100程度を前提としていたが，ここで2014年に原油価格の急落が起きた。バレル当たり$50を下回る状況では，既存石油由来製品に対する競争力があまりにも低く，実用化計画はほぼすべて頓挫することとなった。

第3世代バイオプロセス産業の勃興（2015年〜）

　「バイオプロセス産業」の第3世代とは，高度のサステナビリティを有する"ガス状炭素原料"

第5章 水素細菌を用いたタンパク質の生産

へのシフトである。具体的な，炭素原料としては，CO_2，CO，バイオガス（メタン）である。サステナビリティの観点からの評価は，CO_2 に関しては論ずるまでもなく最も高い。CO とメタンは，有機廃棄物からの生成であり，前者は，不完全燃焼による産物，後者は所謂メタン発酵産物である。「第3世代バイオプロセス」を標榜するベンチャーは続々と登場し，大型の研究開発資金が投入されている状況である。

5　株式会社 CO2 資源化研究所（UCDI）の取り組み

当社は上述したバイオプロセスの変遷を踏まえ，CO_2 を栄養源として，高速度で増殖する「UCDI® 水素菌」を核に，革新的なバイオ技術を高度に利用し，CO_2 を出発原料として地球温暖化および食糧問題の解決に寄与する事業推進を図っている（図4）。

5.1　UCDI® 水素菌について

植物が光エネルギーを利用して大気中の CO_2 から自己を形成する有機物を生成して生育するのに対し，水素菌は，その名前の由来の通り，光の代わりに水素のエネルギーを利用して，CO_2 を用いて増殖する。有機物は一切不要であり，水素と CO_2 の他には無機窒素源および微量の無機金属塩のみで増殖することができるため，菌体自体はもちろん，菌体が生産する有機物に含まれるすべての炭素原子は，与えた CO_2 に由来することになる。本バイオプロセスが高度のサステナビリティを持つ所以である。

当社が用いる UCDI® 水素菌は，兒玉 徹 東京大学名誉教授（東京大学農学部応用微生物学研究室）が，1970年代に伊豆半島の温泉から発見したものである[3]。重要な特性として，高度な増殖能力を持っている。これまで世界各国で報告されている水素菌と比較して UCDI® 水素菌の増

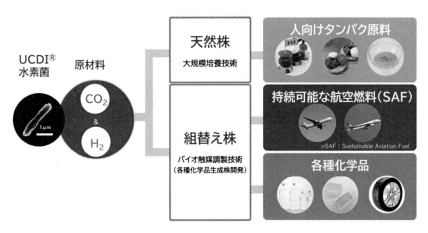

図4　当社の技術基盤と事業分野

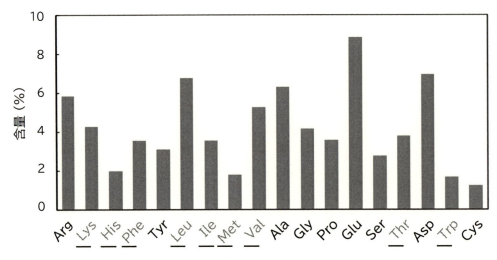

図5 UCDI®水素菌のアミノ酸組成

殖能力は圧倒的に速く，1時間で，1ケの菌体細胞が2ケに分裂増殖する。これは，『1gのUCDI®水素菌が24時間後には，16トンの菌体』になることを意味する。比較として，第3世代バイオプロセスを標榜する米国のベンチャーKiverdi社が用いている水素菌は，分裂増殖には3時間弱を要すると公表されている。これは，1gの菌体が，24時間後に約500gの菌体となるにすぎない。微生物の増殖速度が速いことは，有機物の集合体としての自らの菌体を合成する速度が速いことだと考えれば，その重要性が理解頂けるだろう。また，もう一つの重要な特性として，粗タンパク含量が高い点がある。一般的なSCPの粗タンパク含量はBacteriaで40-70％，Yeastで30-50％，Microalgaeで50-70％[4]であるが，UCDI®水素菌は83.3％である。タンパク質のアミノ酸組成も9種の必須アミノ酸をすべて含み（図5），アミノ酸スコアも100と，動物性タンパク質と同等の高品質なタンパク質である。

5.2 プロテイン事業の工業化に向けて

　当社は，UCDI®水素菌の有する優れたタンパク質をベースとする，プロテインの工業化を早期に実現すべく，グローバルに企業活動を展開している大手医薬・食品製造企業と連携し技術開発を推進している。

　事業化実現への必須事項のひとつとして，「新規食品素材」としての認証取得が挙げられる。タンパク質を主とする「新規食品素材」の実現化に関する各国の取り組みにはかなりの温度差があるが，これは新規技術とその実用化への国のスタンスの違いであると想定される。米欧は当然のことながら，アジアでは，シンガポールが国を挙げて積極的なスタンスをとっている。

　日本でも，植物由来の人工肉に関する認証制度を構築する目的で大手企業が団体を設立，国との二人三脚で認証制度に取り組み，2022年2月に農林水産省は農林食品規格（JAS規格）を制

第5章　水素細菌を用いたタンパク質の生産

定し，大豆由来の植物肉製品の定義を明確化した。今後の他の代替タンパク質を使用した食品の認証制度の進捗を期待したい。

6　終わりに

21世紀はベンチャーによる新産業の創製の時代と言われる。すでに，GAFAに代表されるIT分野が巨大な新産業として開花している。これらに続く技術革新が，バイオプロセス分野と認識され，巨額なR＆D資金が流入し，食糧，化学品，エネルギー等の広域なものづくりの「破壊的革新イノベーション」が進捗している。

当社も米欧ベンチャーとの激しい技術開発競争に打ち勝ち，日本発の革新技術としてグローバル展開を実現する所存である。

文　　　献

1) Champagnat, C. Vernet, B. Laine, J. Filosa. Biosynthesis of Protein-Vitamin Concentrates from Petroleum, *Nature*, **197**, 13-14 (1963)

2) D. Leger, S. Matassa, E. Noor, A. Shepon, R. Milo, A. Bar-Even. Photovoltaic-driven microbial protein production can use land and sunlight more efficiently than conventional crops, *Proc. Natl. Acad. Sci. U S A*, **118** (26), e2015025118. (2021)

3) E. Goto, T. Kodama. Y. Minoda. Isolation and Culture Conditions of Thermophilic Hydrogen Bacteria, *Agricultural and Biological Chemistry*, **41** (4), 685-690 (1977)

4) A. Ritala, S. T. Häkkinen, M. Toivari, M. G. Wiebe. Single Cell Protein-State-of-the-Art, Industrial Landscape and Patents 2001-2016, *Front Microbiol.*, **8**：2009. (2017)

第6章　代替チーズ「スティリーノ」

魚井伸悟[*]

　人類は長い歴史をかけて完全食品とも言われるチーズを発明，発展させてきた。海外では代替チーズと呼ばれる食材にまで進化，発展し，普及しつつあるが，日本国内ではまだ認知，普及は発展途上である。そんな代替チーズについて弊社商品を一例として紹介しつつ，代替チーズの過去，現在，未来について概説する。

1　「スティリーノ」とは

　「スティリーノ」とは，弊社で開発したチーズ代替素材に，弊社が名づけたオリジナルの名称である。名前の由来はギリシャ語の「ステノ（未来，先進)」，「ティリ（チーズ)」という単語の組み合わせから来ており，未来のチーズという思いを込めて，「スティリーノ」と名付けた。ここでは代替チーズの歴史，国内外の市場，スティリーノの特徴，現在ならびに直近の動向，未来についてご紹介させていただく。

　なお，弊社のスティリーノを始めとする代替チーズは，一般的には，「代替チーズ」，「イミテーションチーズ」，「アナログチーズ」，「人工チーズ」などと呼ばれることがあるが，本章ではスティリーノを含む一般的な代替チーズに対しては「代替チーズ」，特に弊社オリジナルの代替チーズを指す場合には「スティリーノ」という言葉を用いる事とする。なお，便宜上，その特徴から一部マスコミや流通関係等には「植物性チーズ」等とも呼ばれているが，日本では食品衛生法の「乳及び乳製品の成分規約等に関する命令」（乳等命令）で規定されているチーズ（ナチュラルチーズおよびプロセスチーズ）に該当しないため，販売，使用にあたってはチーズという言葉は使用できないことを注意しておきたい。

2　代替チーズの歴史

　チーズの歴史は古く，加工食品としては最も古いものの一つと言われている。であるから，いつ頃，どこで，どうやって作られ始めたかは定かではない。しかし，チーズを作るには乳が必要であることから，チーズの起源としては羊や山羊が家畜化される紀元前6000年頃と言われている。どのようにしてチーズが作られたかについては，反芻動物の胃から作られた袋の中に留め置

---

　[*]　Shingo Uoi　マリンフード㈱　研究部　副部長

第6章　代替チーズ「スティリーノ」

いた乳が胃に残っていたレンネットという酵素により，カード（凝乳）とホエー（乳清）に分かれることが偶然にも発見されたことに始まるといわれている（他にも諸説あり）[1]。いずれにしろ，その土地の風土や歴史により，多種多様なナチュラルチーズと呼ばれるものが作られるようになった。

　しかしながら，ナチュラルチーズは貯蔵期間に限界があり，風味も刻々と変化していくのに対し，美味しい状態を長く留めたいという欲求から人類は新しいタイプのチーズを開発した。ナチュラルチーズを原料として作られるプロセスチーズである。1911 年にスイス人のゲルベル（Walter Gerber）とステットラー（Fritz Stettler）が溶融塩を用いてプロセスチーズの製造に成功したことに端を発し，その後すぐにアメリカでも製造が開始され，1930 年代には良質な溶融塩が販売されるようになり，諸外国でも品質の良いプロセスチーズが作られるようになった[2]。

　品質，風味，保存性の欲求を満たした人類の次の挑戦はコストである。手間ひまかけて作られるナチュラルチーズは生産や保存，流通にコストがかかり，それを原料とするプロセスチーズのコストも当然ながらナチュラルチーズのコストに左右される。この課題を実現する為に登場したのが，本題の代替チーズである。代替チーズは 1970 年代初期にアメリカで導入され，その後，イギリスやスウェーデン，フランス，ドイツ，ベルギー，スイス，オーストラリアでも製造，販売されるようになった[3]。タイプとしてはチェダーやモッツァレラ，モントレージャックといったナチュラルチーズを模したものが作られ，用途としてはコスト削減を求められやすいピザやハンバーガー用のスライスとして使われたようである。日本でも原料チーズ相場が高騰した際には数社から代替チーズにあたるものが製造，発売され，原料チーズの価格が落ち着いた頃にはいつの間にか市場から消え去るといったことが繰り返されていたが，ナチュラルチーズと比べ，コレステロールの大幅カットを売りにした弊社の開発したスティリーノの登場により，昨今の健康志向の高いユーザーに支えられ，2000 年代後半から現在に至るまで，日本の代替チーズ市場も右肩上がりとなっている。なお，未曽有の円安や原料チーズの価格高騰により昨今の代替チーズの伸び，普及はより顕著になって来ている。

3　代替チーズの存在意義と 2 つのアプローチ

　ナチュラルチーズは日本では乳等命令で定義が決められており，概略すると，乳（バターミルク，クリームも可）を酵素などで凝固させた凝乳から乳清（ホエイ）を除いたもの，またはそれらをさらに熟成させたものということになる。乳は主に牛乳であるが，水牛乳や，山羊乳，羊乳などが使われることもあり，熟成も添加される乳酸菌の種類によって風味や特徴が異なり，さらには白カビや青カビ，リネンス菌などが加わると，ますますバリエーションに富むことになる。ナチュラルチーズは構成成分から見ると，大雑把に分けてしまうと乳蛋白，乳脂肪，水分，その他成分に分かれる。ナチュラルチーズを用いて作られるプロセスチーズも同じく乳等命令には，ナチュラルチーズを粉砕し，加熱溶解し，乳化したものと定義されているため，構成成分として

101

はナチュラルチーズと大きくは変わらない。一方，代替チーズは各メーカーにより，さまざまな種類，形態があるが，ナチュラルチーズやプロセスチーズのように定まった定義，規格といったものは無い。組成がチーズに似ているもの，外観や特性（溶けや伸び），風味がチーズに似ているものなど，言ってしまえば，ターゲットとするチーズの特徴を有していれば，それは代替チーズという事になる。例えば，風味や物性の完成度，保存性を考慮しなければ，健康志向や主にお子様のアレルゲン事情（乳アレルギー対策）により，豆乳とレモン汁（または食酢）などとちょっとした調味料からチーズのようなものを作る家庭料理もあり，これらもチーズの代わりの食材として利用されるなら立派な代替チーズと呼んでいいだろう。工業的なレベルでの代替チーズに話を戻すと，一般的には先ほどナチュラルチーズを乳蛋白，乳脂肪，水分，その他成分に分けたが，これらの乳蛋白，あるいは乳脂肪のどちらか，あるいはその両方の一部または全てをそれぞれ植物性蛋白，植物油脂に置き換える手法が主流のようである。代替チーズを作る目的と利点としては以下の項目があげられる。

- 乳脂肪の代わりに植物油脂，乳蛋白の代わりに植物性蛋白あるいは加工澱粉などに置き換えることで一般的にナチュラルチーズに比べ，原料コストを下げることができる。
- 一般的に生乳処理からスタートするナチュラルチーズでは大規模かつ複数の工程の設備を要するが，代替チーズでは原料を混ぜて加熱攪拌する工程がメインとなるため，製造設備のコストが抑えられる。
- ナチュラルチーズでは集乳，乳処理などの煩雑な工程に始まり，加工後も長いものでは年単位で熟成させるものもあるが，代替チーズでは原材料を集めてさえおけば，生地の冷却工程を加味しても数日単位での短期間出荷が可能となる。
- 原料を工夫することで組織や溶け，風味，栄養強化などのカスタマイズがナチュラルチーズに比べてしやすい。

　代替チーズの開発手法は，大きく分けて2つのアプローチに分けることが出来る。一つ目は，ナチュラルチーズ，あるいはプロセスチーズの科学的モデルを参考に，チーズの構成成分の一部を代替素材に置き換え，組み立てていく方法。この場合，ナチュラルチーズやプロセスチーズの科学的理論を用いた乳蛋白や乳化の理解・技術がほぼそのまま生かされ，出来上がるものも当然ながらよりチーズに近いものが出来る。もう一つは澱粉や植物性蛋白，その他の植物原料など乳製品とは全く異なる原料を組み合わせてブロック状，あるいはペースト状のものを作り，それに溶けや伸びを再現するために安定剤や増粘剤，風味原料を加えることでチーズ様食品を作る方法。乳製品原料を使用しない場合は前述のチーズに関する科学的理論はあまり生かされず，素材原料の組み合わせと試行錯誤によるところが大きくなる。後者は前者に比べ，風味や物性でチーズからかけ離れてしまう事が多いが，原料の素材次第では代替チーズと呼ばれるものでありながら乳原料不使用（乳アレルゲンを含まない）といった本物のチーズでは有り得ない機能，特性を

第6章　代替チーズ「スティリーノ」

も付与することができる。

なお，弊社ではこの2つのアプローチの商品の開発に成功している。前者のチーズを科学的に模したものをスティリーノとして販売し（実際に販売する際には，スティリーノという言葉を使わず，特徴を表した別の商品名をつけている場合もあり），後者の植物性原料を主体にした動物性原料不使用のものをヴィーガンシュレッドとして販売している。

4　海外の代替チーズ事情

代替チーズは世界的に見ても法的に規定，統計されていないので，正確な数字はわからないが，世界のチーズ市場が約2000万t／年であるのに対し，代替チーズはおおよそ150万t／年程度ではないかと推定される。また，我々が海外から取り寄せ，調査した限りではあるが，海外の代替チーズの形態としてはシュレッドタイプ，スライスタイプ，ブロックタイプ，パウダータイプなど多様な種類が存在する。ピザ等の加熱料理に使用されるシュレッドタイプはターゲットとするチーズが原材料として一切使用されていないにもかかわらず，たとえばモッツァレラタイプ，チェダータイプなど代替先のチーズの種類を記載している製品も一部確認される。しかしながらその味付けは，後述のヴィーガン対応の製品が多いこともあり，大豆蛋白や酵母エキス，香料で行われており，残念ながらチーズに近い風味とは言い難いものが多い。また加熱時の溶けについても弊社を含めた国内産代替チーズほど溶け広がる製品は少ない。海外では宗教上，信条，ライフスタイルから代替チーズを求める場合も多く，チーズの代替素材としての完成度よりも商品のコンセプトを優先させた商品も見受けられる。しかし，海外ではこういった代替商品はかなり認知されているようで，図1はアメリカのとあるスーパーであるが，代替チーズは他の植物性代替マヨネーズ，植物性代替肉のコーナーでまとめて売られているほどである。

図1　アメリカのスーパーでの植物性代替素材コーナー

5　現在の国内の代替チーズ事情

　国内品としては弊社のように一から国内で製造する場合と，海外で製造された代替チーズのブロックを輸入し，国内で加工，包装して販売する場合とがある。国内のチーズ消費量がここ数年は約34～35万 t／年（2023年はチーズ価格暴騰により，31.5万 t／年に減少）に対し，少なく見積もっても7000 t／年（マリンフード推定）の代替チーズが流通していると考えられるが，欧米に比べると普及はまだまだのようである。その特徴は様々であるが，家庭用製品としてはスティリーノを含む健康志向を訴求したタイプ，カマンベール，モッツァレラ等ある一つのチーズの特長を模倣したタイプ，豆乳入りなどをパッケージにも謳った大豆使用タイプなどがある。形状としてはシュレッド，スライスタイプが主流。国内では，アメリカのスーパーマーケットでみられるヴィーガン等の植物性食品専用の陳列スペースを展開するほどにはまだ至っておらず，ナチュラルチーズやプロセスチーズの商品と並べられて乳製品の棚に陳列されている。業務用ではピザ等に使われるシュレッドが圧倒的に多いが，ブロックタイプやクリームチーズを模したペーストタイプも出回っている。

6　スティリーノの詳細と特徴紹介

　代替チーズがチーズの代わりという用途で使用される為には，当然，外観や風味，物性などがチーズ様の特徴を有していなければならない。市場におけるチーズの形態は多岐にわたるが，シュレッド，スライス，ベビー，ポーション，ダイスなどの形状に加工されることが多い。まず代替チーズはこれらの形状を有し白色から黄色味をした外観が求められる。次に風味としては代表的なチーズで知名度が高く，一般消費者にとってなじみのあるゴーダ，チェダー，カマンベール，モッツァレラなどに近づけることを求められることが多い。加熱後の見た目が五感に与える影響も大きい。多くのチーズ製品は固体であるが，ピザ用シュレッドチーズやとろけるスライスチーズなどはトースターやフライパンなど一般家庭での調理加熱で溶けて，きつね色に焦げるといった特徴を有する。代替チーズもこのチーズの溶け広がり方，焦げつき方に始まり，油の浮き方や一部チーズの持つ糸引き性を類似させることが重要である。

　チーズの有する物性を表現する為に，スティリーノは前述の通り構成としてはチーズと同様に蛋白質，脂質および水を主体とする食品として誕生した。このベースを崩さず乳脂肪を植物油脂に置き換えることでチーズ様物性を獲得することができる。

　チーズ様物性の根幹となるのはレンネットカゼインである。レンネットカゼインは乳蛋白の一種でチーズ中にも含まれる。スティリーノのみならず代替チーズの多くはレンネットカゼインが使用される。スティリーノにおけるレンネットカゼインの役割の一つはプロセスチーズと同様に水，油脂を乳化させることである。レンネットカゼインは溶融塩の存在下において親水基と疎水基の両方を備えた両親媒性構造へと変化し乳化作用を持つ[4]。同様に，スティリーノにおいても

第6章　代替チーズ　「スティリーノ」

添加された溶融塩の作用によってレンネットカゼインは水と油脂を乳化していると考えられる。またレンネットカゼインはスティリーノの冷却後の生地硬化にも大きな影響を及ぼす。原料中のレンネットカゼインの含有率が高いほど冷却後のスティリーノ生地は硬くなる傾向にある。更にレンネットカゼインはピザ等の加熱料理に用いられる際の焼成後の風味（とくに食感），溶けにも効果を及ぼす。プロセスチーズにおいてレンネットカゼインは組織ネットワークを構築し，ボディを形成しており[4]，これはレンネットカゼインを主体とするスティリーノにおいても同様であると推察される。故にチーズ独特の食感，溶けを表現するにはレンネットカゼインの使用が必須となる。ただし，レンネットカゼインは乳製品の一種である為，価格変動が大きく，比較的高価である場合が多い。特にここ数年でそれまでの価格の倍以上にまで高騰してしまった。これまで以上に目的に応じて添加量を調整する必要がある。

　海外の代替チーズを取り寄せ，調査した限り，乳脂肪の代わりにはパーム油やココナッツオイルを使用することが多いようである。弊社のスティリーノでもこれらの油脂を使用している。これらの油脂の特長は比較的融点が高いことである。融点の低い油脂では，代替チーズ製造時の冷却工程後も生地が柔らかく，その後の加工（シュレッドやダイスカット）に耐えられる硬度が出ない。また油脂の配合量としてはチーズ中の乳脂肪と同程度で良い。パーム油のような高融点油脂では油脂自体が生地硬度に寄与する為，使用量が少量では生地が柔らかくなるが，配合量が多くなると生地のべたつきの原因となり加工に適さない物性となる。

　その他には物性の補助として加工澱粉や増粘多糖類なども使用される。これらは生地の弾力や焼成時の粘性を助けるため，チーズのような物性に仕上げるのに貢献する。

　上述の通りスティリーノの構成ならびに，最終的な物性はナチュラルチーズに近いが，その製法は大きく異なる。ナチュラルチーズは生乳を原料として殺菌，レンネット・乳酸菌添加，カッティング，攪拌加熱，ホエイ分離，型詰・圧搾，加塩，熟成という工程を経るが[5]，スティリーノは乳蛋白，油脂，水，その他の原材料をすべて乳化釜へ入れ，攪拌加熱しながら乳化させ，充填後冷却，包装するという工程を経る。この工程は原料のナチュラルチーズを，溶融塩を用いて乳化釜で乳化するプロセスチーズに近い。ただし，原材料の投入の順番が異なると同じ原材料，同じ配合比率であっても全く別の物性となってしまう為，注意が必要である。加熱乳化直後のスティリーノは液体状である為，成形が容易である。当社ではブロック状あるいはスライス状に成形され，ブロック状生地は冷却後さらにシュレッド状またはダイス状へと加工される。

　製造設備としてはプロセスチーズに近いスティリーノではあるが，乳化釜での加熱時の製造条件は独特である。ベビーチーズやダイスチーズなどプロセスチーズのほとんどが生食を前提で製造されるのに対してスティリーノは加熱前提の商品として製造されるのがその理由である。つまり，消費者が調理した際にプロセスチーズには無い，ナチュラルチーズ様の溶けが求められる。そのために乳化釜での加熱攪拌にはスティリーノ独自の乳化工程が用いられており，ナチュラルチーズと近い物性の発現に大きく寄与している。

6.1 コレステロール含量低減

スティリーノの特長の一つはチーズに比べてコレステロール含量が低減されていることである。ゴーダチーズには 83 mg/100 g のコレステロールが含まれる（日本食品標準成分表2020）一方，弊社のスティリーノは求められる特性に応えるため，複数種の生地があるが，そのうちの最新の生地ではコレステロールが 1 mg/100 g である。これは原材料として乳脂肪を使用せず，食用植物油脂を主体としていることに起因する。スティリーノ原材料には乳由来の原料がいくつか含まれるが，その多くはレンネットカゼインや脱脂粉乳のような脂肪分をほとんど含まない乳原料であり，風味付けの目的でわずかに添加される乳由来原料に少量の乳脂肪が含まれるのみである。2019 年日本政策金融公庫の「食の志向調査」では消費者の食の志向は健康志向が 46.6％で過去最高となっている。当社のスティリーノ「コレステロール98％オフヘルシーシュレッド」（図2）は，「より安価に，より美味しく，よりチーズらしく」という商品のコンセプトを守りながら，これまでのコレステロール95％カット生地，97％カット生地に続く最新の生地として開発し，弊社の約17年間培ってきたスティリーノ開発における技術をすべて詰め込んだ自信作である。

6.2 モッツァレラタイプ

弊社のスティリーノ含め，一般的な代替チーズは加熱時にチーズのようなとろける物性はあるものの，モッツァレラチーズのように力強く伸びる物性はほとんど再現されていない。アナログ

図2　コレステロール98％オフ
　　　ヘルシーシュレッド1 kg

第6章　代替チーズ「スティリーノ」

モッツァレラという名で，作りたてこそ伸びるものはあるが，商業ベースの商品として数ヶ月間伸びを維持させるのは至難の業である。そんな中，弊社では2020年春にモッツァレラタイプの伸びるスティリーノ，名付けて「モッツァリーノ」の開発，販売に成功した（図3，図4）。また，本年3月にはこのモッツァリーノ生地と先に紹介したコレステロール98％オフヘルシーシュレッド生地をブレンドした「モッツァリーノブレンド」という，伸びる物性を維持したモッツァリーノの安価版という位置付けの商品も発売した（図5）。

一般にモッツァレラチーズが伸びる要素として一番重要であるのが乳蛋白質のカゼインである。カゼインはチーズの原料の乳中で粒状のカゼインミセルを形成して存在しているが[6]，乳酸

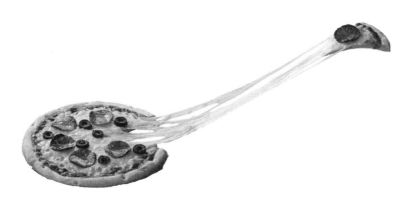

図3　焼成時のモッツァリーノの伸び

図4　モッツァリーノシュレッド

菌と酵素であるレンネットの働きによって凝集し，カゼイン同士で網目構造を形成する。そしてこの網目構造が伸びの大きな要因となる。加えてモッツァレラチーズでは熱湯中で生地を捏ねるパスタフィラータという製法によってさらに網目構造が絡み合い，伸びる繊維を強固にするのである。なお，このモッツァレラの繊維を一方向に揃えて押し出したものが，ストリングチーズ，いわゆる裂けるチーズである。弊社の伸びるスティリーノ（モッツァリーノ）に関しても基本的にはこのモッツァレラチーズの科学に倣った配合・手法によって伸びを獲得している。そこで，伸びる生地組織について調査を行うため，走査型電子顕微鏡にて生地組織の観察を行った（図6～8）。

図5　モッツァリーノブレンド

図6　とろけるスライスチーズの断面組織
※いずれも観察温度 −20℃，倍率 600 倍

第6章 代替チーズ「スティリーノ」

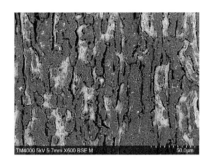

図7 ストリングチーズの断面組織
※いずれも観察温度－20℃、倍率600倍

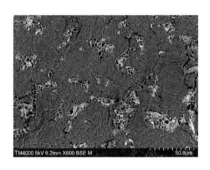

図8 モッツァリーノの断面組織
※いずれも観察温度－20℃、倍率600倍

　図6はとろけるスライスチーズ、図7は裂けるタイプのストリングチーズ、図8が伸びるスティリーノ（モッツァリーノ）である（いずれも弊社商品）。とろけるスライスは図6のように、強い繊維状組織も方向性も見られない。
　ストリングチーズは製造時に熱湯中で一方向に何度も伸ばす工程があることから断面組織に線状の繊維がみられ、これが一方向に整列している（図7）。一方、伸びるスティリーノ（モッツァリーノ）にはとろけるスライスのように組織の方向性は見られないが、所々で網目構造をした組織が散見される。この状態が伸びと溶けの両方に寄与していると考えられる。

6.3　乳成分完全不使用「ヴィーガン」

　海外では動物愛護や環境保護、あるいは健康志向の高まりからか、植物性食品を好むベジタリアンや、食品だけでなく身の回りの物まで動物性のものを避けようとするヴィーガン、また毎日ではないが植物性食品を積極的に摂取しようとする思考をもつフレキシタリアン等も増えてきており、世界的には徐々に植物性原料の食事を多く取る食習慣へと移行してきている[7]。日本ではまだヴィーガン等の知名度はそこまで高くないものの、このような海外の流れもあり、健康面を

109

代替肉の技術と市場

図9　私のヴィーガン植物シュレッド

考えて植物性の食品を取ろうとする動きがじわじわと出てきている。牛乳は一般に植物性ミルクと言われるアーモンドミルクやココナッツミルクに，ヨーグルトは豆乳から作られた豆乳ヨーグルトに，といったように乳製品も植物性食品に置き換えられ，ようやくチーズ類も植物性チーズやヴィーガンチーズとして流通し始めている。

　上記でも既に述べたが，弊社では代替チーズの中でも植物性原料を主体とし，乳蛋白や乳脂肪等の乳成分を一切使用しない動物性原料不使用の代替チーズ，ヴィーガンシュレッドの開発にも成功している（図9）。このヴィーガンシュレッドは動物性原料不使用であることはもちろん，更に28品目のアレルゲン原料不使用であるため，乳成分だけでなく植物性原料である大豆や小麦，アーモンド等にアレルギーをもつ方にも支持を得ている（ただし，乳製品と同一ラインで製造）。

　弊社のヴィーガンシュレッドは乳製品とは全く異なる植物性原料を主体として組み合わせ，チーズのような物性が出せるよう構成しているが，基本的な構成としては上述したチーズの構成に沿った形になっている。チーズの構成成分である乳蛋白，乳脂肪，水分，その他成分のうち，乳蛋白を加工澱粉に，乳脂肪を植物性油脂に置き換えることで，乳成分を使用しない植物性チーズのベースが作られる。もちろんただ置き換えるだけではチーズのような物性をうまく出すことはできず，ここに試行錯誤の末の妙があるのである。

110

第6章　代替チーズ「スティリーノ」

7　今後の課題と展望

　日本ではなぜ代替素材の普及が海外に比べて遅いのか。海外に比べて技術が劣っているというよりも，先に述べたように，日本には宗教上や信条から代替素材を進んで選ぶという文化はあまり無いので，代替素材に求めるレベルが高く，より本物に近い完成度や本物にはないメリットがないとなかなか受け入れられないからではないかと我々は考える。昨今の食材の機能性付与，添加物の進歩は目覚ましく，代替チーズにおいてもここ十数年でかなりの進歩がみられ，世間にも受け入れられてきたと自負している。また，昨今では本特集のテーマでもある精密発酵という技術で乳蛋白が微生物によって作られるという時代が到来しつつある。この技術が今後ますます発展し，商業化ベースまで普及してくれば，乳アレルギーを引き起こさず，しかも機能性は本物のチーズとそっくりそのまま，あるいは本物のチーズにはない機能性の付与（例えば常温保管可能や健康訴求等）なども可能となる。弊社としてもこの分野には注目している。いつの日かスティリーノがチーズの代替ではなく，主役として認知されるような食材となれるよう今後も開発，普及に努めていきたい。

文　　　献

1)　大谷　元，1.1 チーズの起源と歴史，齋藤忠夫，堂迫俊一，井越敬司（編），現代チーズ学，p3，食品資材研究会（2008）
2)　田中　穂積，第5章　チーズの製造法，NPO 法人チーズプロフェショナル協会，チーズを科学する，p85，幸書房（2016）
3)　Rupesh S. Chavan and Atanu Jana, *International Journal of Science, Technology & Nutrition*, **2** (2), 27 (2007)
4)　田中　穂積，第5章　チーズの製造法，NPO 法人チーズプロフェショナル協会，チーズを科学する，p91，幸書房（2016）
5)　齋藤忠夫，2.2 チーズ製造の基本フロー，齋藤忠夫，堂迫俊一，井越敬司（編），現代チーズ学，p76，食品資材研究会（2008）
6)　Aoki T., Mizuno R., Kimura T. and Dosako S.：Models of the structure of casein micelle and its changes during processing of milk. *Milk Science*, **66** (2), 125-143
7)　*Health Focus International June 2019, Global Plant Report*

第7章　期待が高まるフードテックビジネス
～フードテック官民協議会の取組～

村上真理子*

1　期待が高まるフードテックの分野

　生産から加工，流通，消費等へとつながる食分野の新しい技術及びその技術を活用したビジネスモデルである「フードテック」は，バイオテクノロジーやデジタル技術等の科学技術の発展に伴い，近年，世界的に期待が高まっている分野であり，世界のフードテック分野への投資額は大幅に増加しています（図1）。2020年3月に閣議決定された食料・農業・農村基本計画においては，消費者や実需者ニーズの多様化・高度化への対応として，食と先端技術を掛け合わせたフー

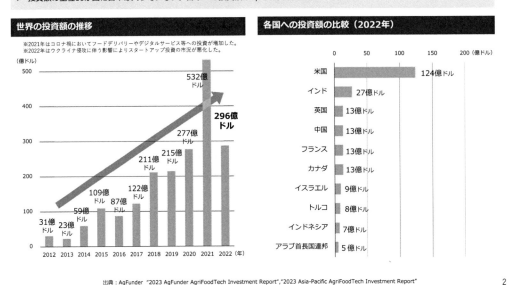

図1　フードテック分野の投資

---

*　Mariko Murakami　農林水産省　大臣官房　新事業・食品産業部　新事業・国際グループ　課長補佐

第7章　期待が高まるフードテックビジネス〜フードテック官民協議会の取組〜

ドテックの展開を産官学連携で推進し，新たな市場を創出するとされています。また，2021年5月に農林水産省が発表したみどりの食料システム戦略では，持続可能な食料システムの構築のため，フードテックの展開を産学官連携で推進することや，AIやロボット等による食品製造業の自動化等を推進することが記載されています。このように，国内外で新しいビジネスとして期待が高まっているフードテックについて，本稿では，2020年10月に立ち上げられたフードテック官民協議会の取組を中心にご紹介いたします。

2　フードテックを推進する背景

フードテックは非常に幅広い概念ですが，フードテックに期待が高まる背景には，大きく分けて3つの社会課題があります。まず，食料安全保障上のリスクの高まりです。農林水産省が発表した「2050年における世界の食料需給見通し　世界の超長期食糧需給予測システムによる予測結果」では，世界の食料需要は，2050年に2010年比で1.7倍（58億トン）になると想定されています。また，地球の限界を意味する「プラネタリー・バウンダリー」の9つの項目のうち，気候変動，生物多様性，土地利用変化，窒素・リンの4項目で境界をすでに超え，農林水産業・食品産業が利活用してきた土地や水，生物資源などの自然資本の持続可能性に大きな危機が迫っています。加えて，生産資材や穀物の国際価格が高騰するなど，輸入生産資材・輸入作物への依存度を低くする産業へ転換し，食料の安定供給体制を確立することが求められています。

2つ目として，日本国内の人口減少・高齢化の進展に伴って，年々減少傾向にある国内の労働人口があります。食品産業の生産活動への支障が顕在化しており，食品産業のスマート化により生産性向上を図る必要があります。3つ目には，食に求める人々のニーズの多様化があります。食のニーズの多様化と言っても，ここには様々な要素が含まれています。例えば，現在，成長を妨げる低栄養と生活習慣病を引き起こす過栄養が同時に存在する栄養課題「栄養不良の二重負荷」の拡大や，ヴィーガンやベジタリアン，宗教上の食の禁忌がある人々，食物アレルギーや嚥下障害で食に制約のある人々が食品の購入や飲食に不便を感じる「食料品アクセス問題」があり，これらの課題を解消し，個人の多様なニーズを満たす裕で健康な食生活の実現が求められています。

このような背景の下，日本の食文化や技術を活用した「日本発のフードテック」ビジネスを推進することで，国内外の食料・環境問題の解決に貢献するとともに，日本を活性化する新しい産業を創出し，日本経済の発展に繋げることを目指しています。

3　フードテック官民協議会

農林水産省では，フードテックに関わる産業について，協調力域における課題やその対応を議論するため，2020年4〜7月，食品企業や，スタートアップ企業，関係省庁，研究機関等の関係

者で構成する「フードテック研究会」を開催して意見交換を重ね，「中間取りまとめ」を公表しました。この中で，新しい産業であるフードテックの発展にとって足かせとなっている課題が示されたほか，食分野とは関わりのなかった異分野・異業種との連携の重要性についても意見がありました。そして，2020年10月，課題解決や新市場開拓を促進するため，「フードテック官民協議会（以下，「協議会」という。）」が立ち上げられました。会員は，協議会の目的に賛同する個人で構成され，参加者の関心領域の多様性や自主性を尊重した運営が行われております。現在，約1,400人が参加しており（2024年11月時点），課題解決と新市場の開拓に向けた議論やコミュニケーション，情報共有が実施されております。

　具体的には，会員向けに国内外のフードテックをめぐる動向やイベント等の情報提供やセミナー等の開催，年3回程度開催している総会／提案・報告会での会員からの情報発信や会員同士のネットワーキングに加えて，協調領域での課題特定・対応方針の策定や小勉強会等の開催，そして特定分野に関する調査や報告書の作成などの専門的な議論を行う作業部会（WT：ワーキングチーム）やコミュニティ活動（CC：コミュニティサークル）が活動を進めています。これらは協議会会員の発意により設置されたもので，現在，7つのWT（昆虫ビジネス研究開発，細胞農業，サーキュラーフード推進，食生活イノベーション，SPACE FOOD，Plant Based Food 普及推進，ヘルス・フードテック）があり，主に民間企業や研究機関等が事務局となり運営されています（図2）。

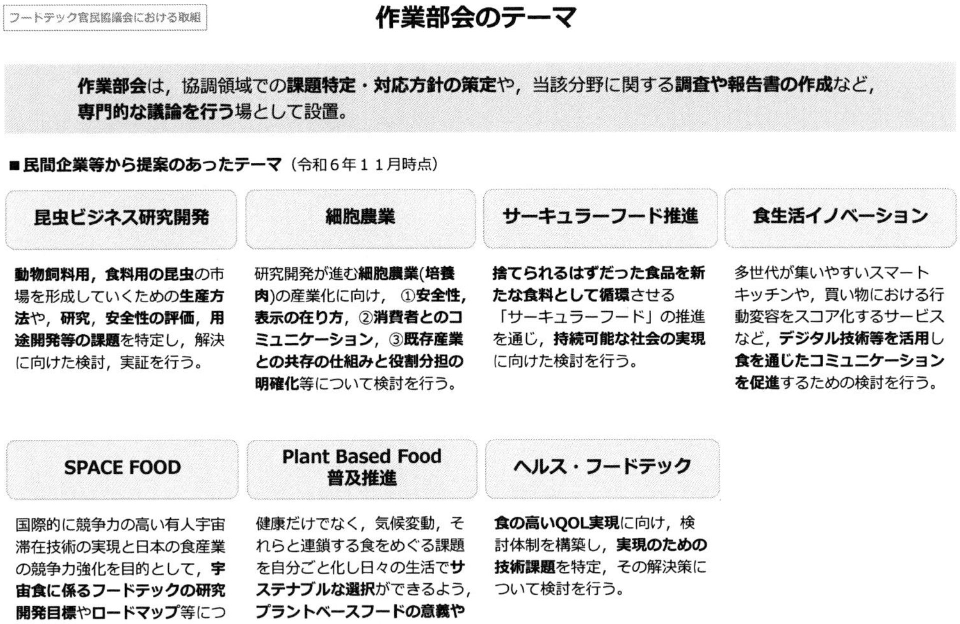

作業部会のテーマ

フードテック官民協議会における取組

作業部会は，協調領域での課題特定・対応方針の策定や，当該分野に関する調査や報告書の作成など，専門的な議論を行う場として設置。

■民間企業等から提案のあったテーマ（令和6年11月時点）

昆虫ビジネス研究開発	細胞農業	サーキュラーフード推進	食生活イノベーション
動物飼料用，食料用の昆虫の市場を形成していくための生産方法や，研究，安全性の評価，用途開発等の課題を特定し，解決に向けた検討，実証を行う。	研究開発が進む細胞農業(培養肉)の産業化に向け，①安全性，表示の在り方，②消費者とのコミュニケーション，③既存産業との共存の仕組みと役割分担の明確化等について検討を行う。	捨てられるはずだった食品を新たな食料として循環させる「サーキュラーフード」の推進を通じ，持続可能な社会の実現に向けた検討を行う。	多世代が集いやすいスマートキッチンや，買い物における行動変容をスコア化するサービスなど，デジタル技術等を活用し食を通じたコミュニケーションを促進するための検討を行う。

SPACE FOOD	Plant Based Food 普及推進	ヘルス・フードテック
国際的に競争力の高い有人宇宙滞在技術の実現と日本の食産業の競争力強化を目的として，宇宙食に係るフードテックの研究開発目標やロードマップ等について検討を行う。	健康だけでなく，気候変動，それらと連鎖する食をめぐる課題を自分ごと化し日々の生活でサステナブルな選択ができるよう，プラントベースフードの意義や行動変容を促す方策等の検討を行う。	食の高いQOL実現に向け，検討体制を構築し，実現のための技術課題を特定，その解決策について検討を行う。

図2　フードテック官民協議会の作業部会のテーマ

第7章　期待が高まるフードテックビジネス〜フードテック官民協議会の取組〜

4　フードテック推進ビジョンとロードマップの策定

　2023年2月，協議会では，前年の6月に閣議決定された「新しい資本主義のグランドデザイン及び実行計画・フォローアップ」に基づき，今後のフードテックの推進に当たり，目指す姿や必要な取組などを整理した「フードテック推進ビジョン」と，フードテックの6分野について具体的な課題を工程表として整理した「ロードマップ」を策定しました。

　本ビジョンでは，フードテックで解決するべき課題と開発されている技術動向，さらに実現したい将来の姿について記載しています。さらに，フードテックを活用したビジネス創出にあたっての課題と対応策について記載しています。

　まず，実現したい将来の姿として，日本発のフードテックビジネスを育成することで，日本と世界の食料・環境問題の解決に貢献するとともに，日本を活性化する新しい産業を創出し，日本経済の発展に貢献することを掲げています。具体的には，先に述べた大きな3つの社会課題に対し，（1）世界の食料需要の増大に対応した持続可能な食料供給を実現すること，（2）食料産業の生産性の向上を実現すること，（3）個人の多様なニーズを満たす豊かで健康な食生活を実現することを目指して整理しています（図3）。

　そして，世界でフードテックビジネスが急速に拡大する中で，日本を活性化する新しい産業を

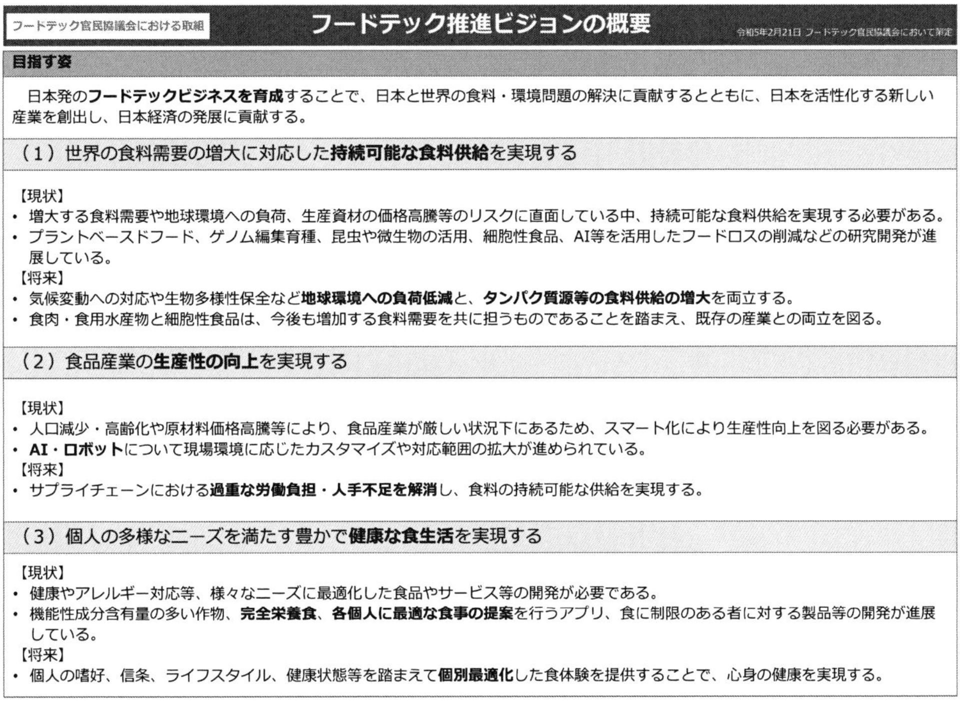

図3　フードテック推進ビジョンの概要

創出するために，産業を担うプレーヤーの育成と新たな市場を創り出すための環境整備を同時に早急に進める必要があることから，「プレーヤーの育成」と「マーケットの創出」の観点から，フードテックビジネス推進のための課題と必要な取組を整理しています。

(1) プレーヤーの育成（フードテック企業を生み出すための環境整備）

　フードテック企業を生み出すためには，オープンイノベーションを推進するための環境整備とスタートアップの創業促進の双方が不可欠です。

　企業の中だけでは，新事業の創出が進みにくいとの声があるなか，大企業など既存の企業とスタートアップの技術協力は，双方が成長する上で有効な手段です。また，フードテック分野においては，異分野の革新的技術の食品分野への活用や，サービスを提供するアプリ開発者，家電メーカー，食品事業者による連携のように異業種連携も有効な手段となります。このため，協議会において，スタートアップと既存企業，大学等の研究者と企業，農林水産・食品分野と異分野の連携等の接点を増やし，オープンイノベーションを実現することで，新たな技術の創造を促進する必要があります。また，テーマごとのコミュニティを形成し，連携先のマッチング，協調領域の課題解決，設備・販売網・知見の共有等を促進することも，新事業の創出促進に効果的と考えられます。

　フードテックの事業化にあたっては，食品という特性上，長期的な資金供給が必要となりますが，一方で，日本のフードテック分野への投資額は諸外国に比べて小さい状況にあります。事業化の段階ごとにスタートアップが抱える課題に対応するため，構想段階の実行可能性調査や概念実証から，事業化段階の試作品作成や安全性の試験等を経たテストマーケティング，ビジネスモデルの実証まで，適切な資金供給を行うことが重要であり，また，民間活力を呼び込み，投資を活性化するため，投資主体や金融機関がフードテック分野のスタートアップ・研究機関との接点を持ち，事業や研究等のアドバイスの提供や投資判断をしやすい環境づくりを推進する必要があります。

(2) マーケットの創出（新たな市場を創り出すための環境整備）

　新たな技術を活用した食品等について，既存の産業との両立のもと，マーケットの創出を図るためには，安全性を確保し，消費者の信頼を確保するためのルール整備や消費者とのコミュニケーションが必要です。

　新たな技術の進展に伴い必要となるルール整備がなされていないことは，事業の予測可能性を低減させ，投資家等の信頼を損なうことになりかねません。このため，ルール整備により事業環境を整えることが重要です。国による新たなルールが必要か，既存のルールのもとで何らかの指針を国が示すのか，又は民間による業界ガイドラインを作るのかなど，各分野において，その対応を決めていく必要があります。その際，ルールの国際整合性も考慮する必要があります。国によって異なる基準が適用されると，海外市場へ進出するコストが増大するため，できる限り標準化することが望ましいです。

　また，フードテック分野では，食経験のない又は少ない食品等について，アンケート調査によ

第7章　期待が高まるフードテックビジネス〜フードテック官民協議会の取組〜

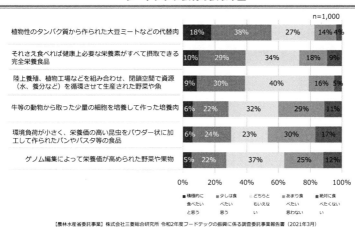

図4　フードテック食材の摂取希望

り，「あまり食べたいと思わない」等と答える消費者が一定数いることも分かっています（図4）。このため，フードテックビジネスを推進する中で，安全性を確保する取組や，適切な表示により消費者の合理的な選択の機会を確保する取組，消費者への情報開示やコミュニケーションを重視する取組等により，消費者の理解と信頼を獲得することも大切です。その上で，目に触れ，口にする機会づくりや，フードテックが注目されている背景にある社会課題の理解増進を進めていくことが求められています。

5　ビジョンの実現に向けた取組

　プレーヤーの育成のため，農林水産省では，2021年よりフードテックビジネス実証事業の予算措置をとり，フードテック等を活用した技術の事業化のための実証を支援するとともに，実証した成果の横展開等を行うことで，多様な食の需要への対応，食に関する社会課題の解決及び食品産業の国際競争力の強化に資する新たなフードテックビジネスの創出を図っています。
　また，オープンイノベーションの推進のため，協議会では，食に関する社会課題を解決するビジネスアイデアを個人・企業等より幅広く募集し，フードテック分野における新ビジネスの創出を目的に，2023年2月に初めてビジネスコンテストを開催しました。ビジネス部門とアイデア部門の2つの部門に分けて募集し，1次審査，2次審査を経た11組が本選大会へ出場し，「植物残渣を炭化した「バイオ炭」を独自技術により開発し，農地の炭素貯留と有機栽培の拡大を促進するビジネス」や，「個人の食・体データを解析して体データを改善する栄養素を特定し，自己実現目標を達成するよう栄養素調整した個別栄養最適食（AI食）を提案するビジネス」，「米を主原料とした高齢者の口腔機能の向上を目指すグミを展開するビジネス」，「全国の蔵元から厳選

117

代替肉の技術と市場

第1回フードテックビジネスコンテストの開催

◆**フードテック官民協議会**では、**食に関する社会課題を解決するビジネスアイデア**を個人・企業等より幅広く募集し、フードテックの認知度向上と本分野における新ビジネスの創出を目的に「**未来を創る！フードテックビジネスコンテスト**」を開催。
◆**大会終了後には、VCや協賛企業等との交流会を実施。**（本選大会出場者と受賞者は下表のとおり）

	本戦大会出場者	所属先	ビジネスプラン名	
アイデア部門	安孫子 眞鈴	山形大学大学院	米Time for Your Health	学生賞
	伊藤 洋平	セミたま	セミの幼虫の自動収集装置の開発と加工・商品化	
	小南 藤枝	衣笠屋	シン・ゴハン「まあるいご飯のおやつ」	特別賞
	増田 真凛・立野 未紗	成城大学	お菓子専用のデジタル自販機	
ビジネス部門	上田 真澄	三洋化成工業株式会社	ペプチド養殖を実現するための革新的ペプチド高効率生産プロセスの開発	
	奥山 祐一	株式会社カクイチ	ナノバブルによる生産性向上と循環社会実現	
	玄 成秀	株式会社Agnavi	全国の蔵元から厳選した日本酒缶ブランド	特別賞
	小山 正浩	株式会社ウェルナス	すべての人の未来に寄り添う「AI食」	優秀賞
	木下 敬介	株式会社フライハイ	イエバエによる資源循環 〜養虫産業の創出〜	
	木村 俊介	株式会社TOWING	地球環境にやさしい宙（そら）ベジの普及	最優秀賞
	白川 晃久	ルラビオ株式会社	雌雄産み分けによる高効率な精密畜産技術の開発	

審査員5名：出雲充氏（株式会社ユーグレナ代表取締役）、荻野浩輝氏（一般社団法人AgVentureLab代表理事理事長）、田中宏隆氏（株式会社シグマクシス常務執行役員）、釣流まゆみ氏（株式会社セブン＆アイ・ホールディングス執行役員）松本恭幸氏（アグリビジネス投資育成株式会社取締役代表執行役兼最高投資責任者）

図5　第1回フードテックビジネスコンテスト（令和4年度）

した日本酒を小容量サイズ缶で販売することで，飲みやすく軽量にし，広く普及を図るビジネス」などが受賞しました（図5）。本ビジネスコンテストの審査には，投資機関や事業会社等から多様な有識者の方々に参画していただき，多数の企業・団体様から副賞を提供していただきました。また，本選大会終了後には，出場者と審査員，協賛企業等とのネットワーキングを実施し，応募者へのアドバイスや新たな交流の促進を図りました。現在は，令和6年度フードテックビジネスコンテストの開催に向けてアイデアを募集しているところであり，これをきっかけに，ビジネスアイデアを持っている個人・企業と，投資機関や事業会社との連携が進むことを期待しています（募集受付期間：2024年10月1日〜11月30日，本選大会：2025年2月7日）。

6　さいごに

　食料は人間の生命の維持に欠くことのできないものであるだけでなく，健康で充実した生活の基礎として重要なものです。一方，世界的な人口増加や，新興国の経済発展，所得水準の向上により食料需要の増加が見込まれる中，生産面では，地球温暖化等の気候変動の進行による農産物の生産可能域の変化など，食料供給に影響を与える可能性のあるリスクの増大も懸念されています。また，国内の食料の生産や供給をめぐる国内外の状況は刻々と変化しており，特に近年，新

第7章　期待が高まるフードテックビジネス〜フードテック官民協議会の取組〜

型コロナウイルスの感染拡大に伴うサプライチェーンの混乱や，ロシアによるウクライナ侵略といった新たなリスクの発生により，食料安全保障上の懸念が高まっています。

　持続可能な食料システムの構築や食を通じた豊かで健康的な食生活の構築は，個人と社会全体の Well-being（身体面・精神面・社会面など包括的かつ持続的に良好な状態）を実現する上で重要です。そのような状況において，フードテックは，AI などのデジタル技術，ゲノム編集技術や培養技術，3D プリンティングなど，新興技術が急速に発展する中，イノベーションになり得る技術です。フードテック官民協議会の活動等を通じ，フードテック推進ビジョン及びロードマップに沿って，引き続きフードテックを活用したビジネス創出にあたっての取組を進めてまいります。

〈参考〉
農林水産省ウェブサイト：https://www.maff.go.jp/j/shokusan/sosyutu/index.html#new04
フードテック官民協議会に関するお問合せ先：foodtech@maff.go.jp

市 場 編

シーエムシー出版　編集部

第1章　世界のプロテイン市場

1　世界的スケールにおけるタンパク質（プロテイン）供給不足問題の発生

　消費者のプロテイン需要は世界中で高まっており，世界のプロテイン市場は拡大している。今日，プロテインは，食肉のみにとどまらず，植物由来の代替肉から持ち運びに便利なプロテインスナック，スポーツパフォーマンスのための生理活性乳製品プロテインまで，あらゆる場所に存在している。多様なプロテインの機能的利点，食事におけるタンパク質の多様性および新しいタンパク質源に触れる新たな収益機会が開発される一方，世界人口と福祉の増加に伴い，食品栄養成分としてのタンパク質の需要は急増している。

　タンパク質危機（プロテインクライシス）は，人口増加や食生活の変化により，タンパク質の需要が供給を上回ることで発生する可能性がある社会問題である。世界の人口は急速に増加しており，2050年には約97億人に達すると予測されている。一方，世界では特に発展途上国における経済伸長に伴い食肉の消費量が増加している。食肉の生産には大量の水や飼料が必要となることから地球環境に与える負荷も大きく，この面でも大きな変化と影響を世界に及ぼすこととなる。タンパク質危機は，このような要因を背景として，近い将来（2050年）に発生，深刻化する可能性が高い問題として欧米を中心に議論されている。

　国連人口基金（UNFPA）の最新データによると，世界の人口は約81億1,900万人である（「世界人口白書2024」）。2024年7月11日に公表された「国連世界人口推計2024年版」によると，世界の人口は2024年半ばまでに約82億人に達するとされている。増え続ける世界の人口は，21世紀後半までの約60年間は増加を続けるが，2080年代半ばに103億人でピークを迎え，21世紀末には102億人に落ち着くと予測されている。

　2100年の世界人口は，10年前の予測に比べて6％，7億人相当少ないが，この変化の背景には，近年，中国をはじめ複数の国において以前予測されていたよりも出生率が低下したこと，また，女性一人あたりの出生率が低下していることがあげられている。

　人口の増減は地域差が大きく，2024年時点では中国，ドイツ，日本，ロシアなどを含む63の国や地域で人口がすでにピークに達しており，これらの国に関しては，次の30年間で人口が合計14％減少すると予測されている。また，ブラジル，イラン，トルコ，ベトナムなど48の国や地域では人口のピークは2025〜2054年と予測されている。一方，インド，インドネシア，ナイジェリア，パキスタン，米国などの126カ国では，2054年あるいは21世紀後半に人口のピークが予測されており，中でもアンゴラ，中央アフリカ共和国，コンゴ民主共和国，ニジェール，ソマリアなど9カ国では2024〜2054年に人口が倍増すると予測されている。

　世界の平均余命は，新型コロナウイルスの影響で一時的に70.9年に下がったが，2024年には

73.3 年に戻る見込みとされており，2050 年代末までに世界の死亡例の半数以上が 80 歳以上になると予想されている。2030 年代半ばには 80 歳以上の高齢者が乳幼児（1 歳未満）をすでに上回り，2070 年代後半には 65 歳以上の人口が子ども（18 歳未満）を上回ると予測されている。成長が著しい国や若年人口が多い国でも，65 歳以上の人口は今後 30 年間で増加すると予想されている。

　一方，人間が必要とするタンパク質は体重の 1,000 分の 1 程度とされている。体重 50kg の人であれば 50g のタンパク質が必要であることから，2050 年にはタンパク質の供給量が足りなくなる可能性が指摘されている。タンパク質危機においてボトルネックとなるのが食肉の生産量である。現代のタンパク質摂取は食肉に大きく依存しており，発展途上国における急激な人口増加および GDP の成長に伴う食生活が向上は肉の消費量を大幅に増加させる可能性が大きい。食肉を増産するためには家畜に与える穀物の飼料が必要であり，穀物を増産するには新たに土地が必要となるため，森林などを開拓する必要があるなど，環境面で持続性に制約がある。したがって，肉の生産，消費の増加には限度があるため，人口増加を支えるタンパク質の確保という意味では食肉がボトルネックになってくる。

　一方，消費者の増大するプロテイン需要を満たすために食品・飲料メーカーの間で代替タンパク質への関心，開発の必要性が高まっている。代替タンパク質は，植物性タンパク質，昆虫タンパク質，培養肉（魚），藻類タンパク質などさまざまな物質が研究開発されている。

2　代替タンパク質の研究開発の現状

2.1　植物性タンパク質

　タンパク質を食肉に依存する現状から脱するために，世界中で植物性タンパク質，昆虫タンパク質，培養肉など代替タンパク質の開発が盛んに行われている。代替タンパク質の開発には大手食品メーカーからスタートアップまで多くの企業が研究開発に投資を続けており，特に新しいバイオテクノロジーを活用した新しいタンパク質の生産技術が注目されている。

　植物性タンパク質市場は，ヴィーガニズムの台頭，消費者の健康意識，環境への懸念，乳糖不耐症や動物性タンパク質に対するアレルギーを持つ人々の増加など，さまざまな要因によって需要が大幅に増加している。市場はスーパーマーケット，健康食品ストア，オンラインプラットフォームでの植物性タンパク質食品の入手可能性と多様性が増加しており，今後も成長を続けると予想されている。健康的で持続可能な食事への消費者の嗜好の変化が植物性タンパク質に対する需要を高めているほか，食品メーカーによる，より広範囲の植物性タンパク質製品の開発，ベンチャーキャピタルと既存の食品会社の両方から植物性タンパク質のスタートアップへの投資が大幅に増加していることなどがその要因としてあげられている。

　世界における植物性タンパク質の主な供給源は大豆と小麦であるが，これらに加えてエンドウ豆，米，麻，藻類などの代替供給源への関心が高まっている。供給源が多様化することによりプ

第1章　世界のプロテイン市場

ラントベースの製品の特徴や味が拡大して，大豆やグルテンのアレルギーを持つ消費者にも対応できるようになりつつある。植物性タンパク質製品は，現在，肉代替品だけにとどまることなく分野を拡大しており，新しいカテゴリーを形成しつつある。現在では乳製品代替品，焼き菓子，スナック，スポーツ栄養製品など，幅広い製品に植物性タンパク質が組み込まれるようになっている。

　また，植物性タンパク質の弱点である食感と風味においても改善が進んでおり，多くの人にとっておいしい食品が開発されるようになっている。発酵や押出成形などの技術の進展が，動物性タンパク質の味や食感を忠実に模倣した製品をつくるための重要な要因となっている。

　環境分野では，持続可能性と倫理的配慮への関心が高まっている。動物性たんぱく質の供給源である畜産業が環境に与える影響について，多くの消費者が懸念を示すようになってきている。それに対して，植物性タンパク質は，より持続可能で倫理的な選択肢として販売されることが多く，環境に配慮した購入者の共感を呼び起こしている。

　代表的な企業には，植物性タンパク質原料によるハンバーガーやソーセージなどの代替肉で広く認知されているビヨンド・ミート社，インポッシブル・バーガーやその他の製品で，バーガーキングなどの大手チェーンと提携し，小売業と食品サービスの両方に大きく進出しているインポッシブル・フーズ社，オーツ素材を利用した代替乳製品を専門として急速に拡大し，バリスタに優しいオーツミルクがコーヒー愛好家の間で人気となっているオートリー社などの企業がある。

　日本国内でも植物性タンパク質を使用する食品を上市している企業には，大手食品会社からスタートアップまで存在している。また，販売されている製品は，大豆ミート製品を中心に多様化しつつある。

〈植物性タンパク質の課題〉

　植物性タンパク質と動物性タンパク質は，アミノ酸の構成や消化吸収の効率，栄養バランスなどに違いがあるため，どちらを選ぶかによって体に与える影響が変わってくる。植物性タンパク質は，必須アミノ酸の一部が不足している場合が多く，完全なタンパク質とはみなされないことが一般的である。しかし，異なる種類の植物性食品を組み合わせて摂取することで，必須アミノ酸を補完し合い，栄養バランスの取れた食事を実現することができる。

　また，植物性タンパク質は動物性タンパク質に比べて消化吸収率がやや低いため，同じ量のタンパク質を摂取しても，体内で利用できる量が少ない可能性があるほか，鉄分やカルシウムなどのミネラルの吸収が阻害される場合がある。また，植物性タンパク質製品の食感や味覚向上のために使用される添加物の種類の多さなどが消費者に懸念を持たれるケースが発生しており，一部の植物性タンパク質製品にとっては需要拡大の阻害要因として存在している。

　メーカーにとっては，需要が高まるにつれ，品質を維持しコストを抑えながら生産を拡大できるかが課題となる。また，より広く普及させるためには，植物由来のタンパク質の利点と用途に

ついてより一層の消費者教育や啓蒙が必要となる。

2.2 乳タンパク質（ミルクプロテイン）

乳タンパク質は，牛乳や乳製品に多く含まれている。牛乳の乳タンパク質は，約80％がカゼイン，約20％がホエイプロテインの2種類に大別され，ホエイプロテイン（乳清タンパク質）は体内への吸収が速いのが特徴である。一方のカゼインはゆっくりと吸収されることが分かっている。牛乳に酸を加え，下に沈んだ部分がカゼイン，沈むことなく上澄みとなった部分がホエイプロテインである。

同じ白い液体でも，水に白い絵の具を溶かした場合は，時間が経つにつれて絵の具がコップの下のほうに沈殿して，水と絵の具が分離してみえる。一方，牛乳は時間が経ってもコップ全体が白いままである。これは牛乳の中では目に見えない程の小さな粒子として浮遊しているカゼインミセルが液体や気体の中に粒子が散らばっている状態で，光をあてた時，粒子が光を散乱させる現象（チンダル現象）によって光を散乱させているためである。

乳タンパク質の特徴は，栄養価の高さと消化のよさである。消化されやすさや体内での利用効率などを吸収率の測定で評価する新基準のDIAAS（Digestible Indispensable Amino Acid Score：消化性必須アミノ酸スコア）では，数値が高いほど栄養価が高いとされている。表1の比較から，乳タンパク質の栄養価が高いことが理解できる。乳タンパク質は吸収速度の異なる2つのタンパク質のはたらきによって，牛乳の豊かな栄養分を余すところなく利用できる仕組みとなっている。

ホエイタンパク質の機能性には，病原菌の感染予防，腸内環境の改善，骨の強化，がん発症予防への寄与など，さまざまな機能性が発見されており，機能性食品などに活用されている。一方，カゼインには，牛乳中にカルシウムを安定して保持し，カルシウムの吸収を助ける機能があることがわかっている。

また，乳タンパク質は筋肉の主成分である。乳タンパク質は，筋肉をつくるのに重要なはたらきをするアミノ酸のロイシンを，牛肉や卵などの食品よりも多く含んでいる。さらに，牛乳や乳製品には，ロイシンをはじめとして体づくりに欠かせない分岐鎖アミノ酸（BCAA）が豊富に含まれており，しかも必須アミノ酸のバランスも理想的なタンパク源である。ヒトは加齢に伴って筋肉や骨量が低下するが，熟年期までに筋肉量と骨量を増加させておくと高齢期の筋肉減少と骨量減少を遅らせて，運動機能障害（ロコモティブシンドローム）の発症を抑えることにもつながる。

一方，乳タンパク質はアスリートの栄養管理に役立っている。乳タンパク質には，スポーツ選手が必要とする良質なタンパク質とカルシウムが豊富に含まれており，強い体づくりとメンタル面を含むコンディショニングを食事の面から強力にサポートしている。また，良質なタンパク質を手軽に摂れる乳タンパク質は高齢者のフレイル防止や熱中症の防止にも有効である。さらに，乳タンパク質や牛乳の糖質には，肝機能を高め，血流量を増やすはたらきもある。

第1章　世界のプロテイン市場

〈課題〉

　カゼインやホエイプロテインはアレルゲンとなることがあり，一部の人々にアレルギー反応を引き起こす可能性がある。また，乳タンパク質の消化吸収には個人差があり，乳糖不耐症の人々にとっては消化が難しい場合がある。そのほか，乳タンパク質は熱や酸に対して敏感で，加工中に変性しやすいことから，製品の品質や食感が変わることがある。また，乳製品の生産は環境に対して大きな影響を与えることがあり，特に，温室効果ガスの排出や水資源の使用が問題となっている。これらの課題に対しては，研究者や食品メーカーがさまざまな対策を講じており，アレルギーを引き起こしにくいタンパク質の開発や，消化吸収を助ける成分の添加，環境負荷を減らす生産方法の導入などが進められている。

表1　タンパク質の新基準（DIAAS）の比較

タンパク質の種類	栄養価
乳タンパク質（濃縮）	1.18
ホエイタンパク質（WPI）	1.09
大豆タンパク質	0.898〜0.906
小麦ふすま	0.411
米タンパク質（濃縮）	0.371

出典：Rutherturd SM. et al., J Nutr. 2015；145（2）：372-9

（（一社）Jミルク）

2.3　昆虫タンパク質

　昆虫は，世界の20億人以上の人々にとって毎日の食物摂取に欠かせないものとなっている。昆虫はタンパク質含有量が高いことに加えて，必須脂肪，高品質の脂質，繊維，ビタミン，鉄やカルシウムなどのミネラルの供給源となっている。昆虫タンパク質の生産で最も使用されているのは，ミールワーム，バッタ，コオロギなどで，これらの昆虫ンパク質は，主に食品，ペットフード，魚紛，動物飼料として使用されている。そのほかにも昆虫の脂質はバイオ燃料，キチンなどの副産物は製薬業やバイオプラスチック産業で大きな可能性が持たれている。

　昆虫の利点は，他の植物や動物と比べて飼育コストが小さく，タンパク質の含有量が豊富であることで，有用なタンパク質源として意識されつつある。初期段階では，昆虫由来のタンパク質は動物性食品の要素としてのみ使用されていたが，昆虫に含まれるタンパク質の含有量が高いという認識が高まるにつれ，さまざまな業界全体で広く使用されるようになり，現在では，食品，飲料，医薬品，栄養補助食品，化粧品，ペットフード，動物，水産飼料，家禽の飼料など，数多くの製品に使用されるようになっている。昆虫のタンパク質は識別される種によって異なるが，プロテインの代替として最適とされている。

　昆虫が代替タンパク源の1つとして世界的に注目される契機となったのが，2013年にFAOから発行された「Edible insects: Future prospects for food and feed security」である。この報告

書では，昆虫にはタンパク質，ビタミン，ミネラルなどの栄養素が豊富に含まれており，畜肉と比べて遜色ない栄養源であることが紹介されている。加えて，昆虫の飼料変換効率の高さ，環境負荷の小ささについても言及されており，持続可能性の観点からは既往の畜肉生産システムに対して大きな優位性を持つと評価されている。

　食用の昆虫タンパク質市場の形成が最も進んでいるのは欧州（EU）である。EU では報告書の発表以降，2018 年に新たに発効されたノベルフード（新規食品）規制において昆虫を食品として流通させることが認められ，数多くの食用昆虫スタートアップが創業した。養殖コオロギをパウダー化して食品原料に用いたパンやプロテインバーなどが発売されている。また昆虫タンパク質は高齢者および中年の消費者を中心に栄養補助食品用途で消費されている。昆虫タンパク質は，繊維強化製品の重要性が高まるにつれて，英国やドイツなどで需要が高まっている。

　日本にはイナゴや蜂の子などを食料とする文化が存在しているが，食の西洋化に伴い，特に若い世代を中心に食虫習慣が失われつつある。日本では家畜等の飼料として昆虫タンパク質の普及がはじまった。ニワトリやブタでは魚粉や大豆粕などの従来のタンパク質源を昆虫飼料で代替することが可能であり，家畜の腸内環境の改善や免疫を賦活する可能性も示されている。

　昆虫タンパク質市場の中では，直翅目が大きな市場シェアを占めている。直翅目はバッタ，コオロギからなる昆虫の目で，ブッシュコオロギやキリギリス，ウェタなどの近縁な昆虫も含まれる。特にバッタには最大 77％のタンパク質が含まれ，多くの昆虫関連企業にとって有力な選択肢として存在している。また，コオロギとミールワームも人気がある。ミールワームは通常，ペットフードや動物飼料産業で応用される粉末を抽出するために利用されている。一方，現在は甲虫類の使用も増加している。甲虫類は昆虫の中で最大の目で，種の 40％を占める鞘翅目のカブトムシはタンパク質含有量が高いため，伝統的にさまざまな国で消費されてきた。

　昆虫タンパク質のメーカーには，ミールワームを原料とし，畜産・水産養殖・ペット用，食用，肥料用に製品を製造，販売している世界最大のメーカーであるフランスのインセクト（Ÿnsect）社やミールワームを利用したタンパク質を製造し，環境に配慮した生産プロセスで有名なテブリト（Tebrito）社，シンガポールのニュートリション・テクノロジーズ社などの企業がある。

　インセクト社はフランス，オランダ，米国の 3 つの生産拠点を運営しているのに加えて，2023 年にはフランスで新たに世界最大の昆虫由来タンパク生産拠点を開設，また，同年 3 月には，丸紅との間で日本進出における協業に向けた基本合意書を取り交わしている。一方，ニュートリション・テクノロジーズ社は 2022 年 4 月，住友商事から出資を受けている。

〈課題〉
　新型コロナウイルスの影響は，世界中のほとんどの国に影響を及ぼし，世界の昆虫タンパク質市場の成長にも悪影響を及ぼした。2020 年 3 月，WHO は新型コロナウイルス感染症の発生を 114 カ国に拡大したパンデミックと認定している。昆虫の経口摂取によってウイルスが感染する可能性は報告されていないものの，昆虫はウイルスを運び，直接血液を注入することで人間に感

第1章 世界のプロテイン市場

染することが知られており，人獣共通感染症の伝播リスクへの懸念が顕在化した。

　現在，昆虫飼料市場は継続的な生産力や供給力，流通に課題を抱えているほか，労働力不足，開発活動の低下などの問題も存在している。飼料用昆虫は高価であり，法律も未整備な点が多く，その両方が飼料用昆虫の大量使用を阻害する大きな要因となっている。ヒトの食用を含めて昆虫由来のタンパク質は依然として製造コストが高く，大量生産へ向けてはそれらを製造するために必要な設備と手順を最適化する必要がある。

2.4　培養肉

　植物性タンパク質からつくる代替肉とは異なり，培養肉は動物の細胞や培養液などを主原料とした食品で，細胞性食品として環境負荷を大幅に軽減できると期待されている。人口の増加に伴い，需要が急増する畜産による食肉が，土地や家畜の餌となるトウモロコシや大麦などの需要を増加させるのに対して，培養肉の生産は畜産による生産と比較して99％少ない土地で生産できるかもしれないという試算があり，サステナビリティの観点から注目を集めている。

　一般的な培養肉の製造では，まず生きている動物や解体したばかりの畜肉から幹細胞を採取する。その後，採取した細胞を培地で培養し，少し成長したら大量増殖させるためにバイオリアクターに移し替える。バイオリアクターの中にはアミノ酸や糖などからなる培養液が入っており，細胞に偏りなく行き渡るよう混ぜ続ける。成長を促すためにウシ胎児血清（牛の胎児の血液でできた血清：FBS）を使うこともある。細胞が増殖した後は，3Dプリンターを使うなどして立体感や繊維質などを再現する形成作業によって成形する。

　培養肉生産の最大の長所は，大量のエサや広大な土地を必要としないことである。生産方法が体系化されることで大量生産も可能になるため，食料供給の新たな可能性として期待されている。従来の畜産では，ウシの生育や餌となる穀物や牧草を育てるために大量の水が必要とされる。2011年に英国のオックスフォード大学とオランダのアムステルダム大学による共同研究の結果によると，培養肉ではヨーロッパでは従来の方法で生産された畜産肉と比べて水の使用量が82〜96％ほど削減されると推定されている。

　また，培養肉の採用によりアニマルウェルフェアの向上も期待できる。アニマルウェルフェアは家畜の身体的・心理的状態のことである。動物に痛みや恐怖の少ない生涯を提供しようという動きは19世紀のイギリスではじまり，少しずつ世界中に広まっていった。培養肉の開発に取り組む企業の中には，アニマルウェルフェア向上の観点から，動物を殺さずに肉を得ることを目指している企業もある。ベジタリアンやヴィーガンの人々には，ペットフードの肉を買うときに罪悪感を持つ人が多いといわれ，動物を犠牲にしないで肉を得られるようになればこのジレンマを解消できることになる。

〈課題〉

　培養肉の最大の課題はコストの高さである。技術の向上とともに価格は下がってきているが，

それでも従来の肉よりは高く，培養肉ハンバーガーは1,500円前後である。また，製造にエネルギーが必要なことも培養肉のコストに影響を与えている。細胞を決められた温度に保ったり，バイオリアクターで混ぜ続けたりするためには電気が欠かせない。エネルギーを大量に消費していては持続可能な生産方法とは言い難く，再生可能エネルギーを使用するなどしてよりクリーンな方法で培養肉を生産することが求められている。

また，培養肉には味覚の問題も存在している。培養肉は従来の肉に比べるとおいしくないという声が聞かれ，これは，肉の味が脂肪分で決まるからだといわれている。培養肉は従来の肉より脂肪分が少ないので味が薄くなる。

さらに，ウシ胎児血清を使用することの是非も問われている。ウシ胎児血清は非常に高価なため，培養肉のコストを上昇させる原因となるうえ，アニマルウェルフェアの観点からも使用をやめる企業が増加している。もし動物の命を奪わないことを培養肉使用の目標にするのであれば，培養液の成分の見直しも必要になる。そのほか，伝統的な食文化に対する抵抗感も存在している。新たな産業の誕生を歓迎する国がある一方で，イタリアでは2023年11月に培養肉の生産や販売などを禁止する法案が可決された。伝統的な食文化や国民の健康を守ることが背景にあるといわれており，違反した場合は罰金が課せられる。

2.5　微生物タンパク質

微生物タンパク質にはいくつかの種類があり，それぞれ異なる微生物を利用して生成されている。藻類タンパク質は，スピルリナやクロレラなどの藻類から抽出される。環境負荷が低く，栄養価が高いという特徴がある。酵母プロテインは，パン酵母（Saccharomyces cerevisiae）を利用して生成される。必須アミノ酸とビタミンを豊富に含んでいる。マイコプロテインは，土壌の糸状菌（Fusarium venenatum）を培養してつくられる。肉に似た食感と高いタンパク質含有量が特徴になっている。バクテリアプロテインは，特定のバクテリアを利用して生成されるタンパク質である。遺伝子組み換え技術を用いて，特性のタンパク質を生成することもできる。

（1）藻類タンパク質

植物プランクトンともいわれる微細藻類は，持続可能な社会を目指すための鍵ともいわれている。動物を屠殺する必要もなく，環境に優しい新たな食品分野として注目と期待が集まっている。現在の食料源からみると，食用の藻類には8つの必須アミノ酸が含まれており，その組み合わせも人体にとって妥当性が高い。微細藻類とひとくくりしても，そのカテゴリーに含まれる種類は膨大で，スピルリナ，クロレラ，ドナリエラとサプリメントの原料となっているものから，まったく聞いたことのないものまで膨大な数が存在する。また，開発される代替タンパク質の用途も非常に広く，代替肉をつくるだけに限定されない。

特に，スピルリナとクロレラはスーパーフードとして，最も多くのタンパク質が含まれているといわれている。乾燥した場合のタンパク質量が重量の60％以上に達しており，藻類には陸生

第1章　世界のプロテイン市場

植物では匹敵しないほどのタンパク質を分離する操縦性（操作性＋制御性）を備えている。国連食糧農業機関（FAO）が，スピルリナに関する研究結果を発表して以来，微細藻類は最高のタンパク質の供給源の1つであり，人類にとって最も理想的な食物として認められた。スピルリナは35億年前に誕生した藻の一種で，マヤ文明時代から人々の貴重な栄養源の1つとして食されており，食経験が長い。60種類以上の豊富な栄養素を持ち，タンパク質含有量が65％（乾燥重量ベース）と藻の中でも特に高いことが特徴となっている。藻体を乾燥し，粉末や錠剤にして健康食品として食されることが多く，海外を中心に「スーパーフードの王様」として広く知られている。

これまでのところ，スピルリナのような藻類は青汁などのファッショナブルな健康サプリメントとして分類されているが，植物性タンパク質の需要が高まるにつれ，微細藻類が主流な食物となることが期待されている。

微細藻類の生産には化学肥料や農薬が含まれておらず，水資源もリサイクルすることができ，実質的に廃棄物を排出しないで生産することができる。特に，光合成無機栄養と有機栄養の混合培養法を採用すると，植物性タンパク質生産に比べて炭素排出量が大幅に減少してマイナス炭素生産も可能になる。

高タンパク質と豊富な不飽和脂肪酸（DHA，EPA，AAなど），カロチノイド（β-カロチン，アスタキサンチン，ルテイン，ゼアキサンチンなど）を含む微細藻類は，人工肉の安全性を高めながら，栄養補助できる多能植物代替肉をつくることも可能であり，大豆タンパク質を超えて，将来的に人工肉の主原料になる可能性もある。

主要企業には，シンガポールとオランダで活動するスタートアップのソフィーズ・バイオニュートリエンツ社，ニュージーランドのニューフィッシュ社，カナダのノーブレゲン社（2023年米国のソーラー・バイオテック社に買収された）などがあげられる。

〈課題〉

微細藻類由来の藻類タンパク質への期待は大きいが，実用化へ向けては課題も多い。まず，膨大な数の微生物から有用なタンパク質を発見するためには大規模なスクリーニングが必要になる。これには時間とコストが必要であり，スクリーニングのための効率的な方法の開発は必須である。また，微細藻類を利用してタンパク質を大量生産する際には，タンパク質の生産量を最大化することも欠かせない課題である。この面では遺伝子組換え技術や培養条件の最適化方法などを開発する必要がある。最大の課題は，多くの微細藻類の機能がいまだに解明されていないことである。タンパク質の機能を特定し，産業利用に適するものを発見することには非常に多くの時間と労力がかかる。さらに，研究室レベルで成功した技術を産業規模で実施する場合にコストとスケールアップの問題が存在していることも阻害要因となり，その解決のためにはプロセスの効率化と多くのコストがかかる。

現在，日本では藻の培養を専門とする企業と製品化を手がけるメーカーの間で，知識を持つ

分野に乖離があると指摘されている。培養企業は材料化学やものづくりに精通しておらず，反対にメーカーは藻類の性質を詳しく把握していないという現状がある。このような状況の打開を目指して，バイオテクノロジーを活用して持続可能な社会の形成を目指すちとせグループが旗振り役となって，メーカーと共同で藻類産業の構築を目指す「MATSURI」プロジェクトが2021年4月にスタートしている。プロジェクトでは，ちとせグループがマレーシアに保有する藻類の大規模生産設備を基盤として，健康食品や化粧品，プラスチック，燃料などあらゆる産業を対象に藻類を活用し，全体の収益性を高められるようにサプライチェーンを構築していく手法が採られている。

(2) 酵母プロテイン

酵母プロテインは，パン酵母（S. cerevisiae）から培養された次世代のプロテインであり，ホエイプロテインやソイプロテインの代替として注目されている。酵母プロテインは，新しいプロテインで，成長の余地が大きい。特にパン食文化が定着し，発酵食品が身近なヨーロッパを中心とした地域で徐々に広がりを見せており，酵母の風味を生かした焼き菓子やバーのほか，ドリンクや粉末形状の食品・サプリメントなどにも配合され，一般消費者にも浸透しつつある。酵母プロテインは発酵酵母を由来とするため，その製造工程は省エネルギー化が図られ，廃棄物をリサイクルできる仕組みが構築されている。こうした製造工程も酵母プロテインがエコに対する意識の高い海外で評価される背景になっている。

酵母プロテインは，グルコースや糖蜜などの糖質を原料として使用し，パン酵母（S. cerevisiae）を培養し，発酵させる。この過程で酵母が糖質を消費し，タンパク質を生成する。発酵の完了後，酵母からタンパク質を抽出し，抽出したタンパク質を精製し，不純物を取り除く。最終的に，精製されたタンパク質を乾燥させて粉末状にすることで，高いタンパク質含有量と優れたアミノ酸バランスを持つ酵母プロテインが製造される。

酵母プロテインの主な特徴は，パン酵母からタンパク質を分離しているため，アレルゲンフリーであり，乳アレルギー，大豆アレルギーなどの人でも摂取できる，体に必要なすべての必須アミノ酸を含んでいることに加え，11種類のビタミンが含まれており，タンパク質とビタミンを同時に摂取できる，緩やかで持続的な吸収効率であるなどがある。アミノ酸はBCAAの総量がホエイタンパク質，大豆タンパク質を上回り，必須アミノ酸のリジン，ロイシン，イソロイシンなどの含有量も多い。さらに，酵母プロテインはホエイプロテインと原価に差がほとんどなく，安定的に供給できることが強みとなっている。

酵母プロテインの主要企業には，米国のザ・エブリカンパニー（The EVERY Company，旧Clara Foods）社，中国の大手酵母メーカーのAngel Yeast社，イスラエルのNextferm社などの企業がある。国内では原材料輸入商社の中原（さいたま市）が積極的に取り組み始めている。

第1章　世界のプロテイン市場

〈課題〉

　酵母プロテインにはいくつかの課題が残されている。酵母の成長条件が厳しい場合，プロテインの生産効率が低下する。また，酵母の株が変異することで，プロテインの品質が一貫しなくなることもある。さらに，酵母プロテインの精製プロセスは複雑であり，コストが高くなることも実用化へ向けた課題となっている。

2.6　精密発酵

　精密発酵は，特定の遺伝子を挿入した微生物の発酵を利用して，タンパク質や脂質などを目的とする食品成分を生成する技術である。食料危機や環境問題に対応する新たな食品生産技術として注目されているが，現状では主に，ヴィーガン向けのアニマルフリー乳製品や植物性代替肉の風味改善成分としての活用が進んでいる。また，高価な動物由来の高付加価値成分を効率的に生産する取り組みも開始されている。精密発酵は，業界団体が設立されたり，大手食品メーカーがスタートアップと提携して取り組みはじめたりするなど研究開発が進みつつある。

　米国のシンクタンク The Good Food Institute（GFI）のレポートによると，精密発酵に関わる企業数は2024年1月時点で73社に急増している。それに伴って投資金額も順調に伸びており，累計で約41億米ドル（～2023年）が投資されている。GFIは，代替タンパク質のイノベーションを加速するために活動している非営利のシンクタンクであり，国際的なネットワークである。

　代替タンパク質の発酵には，従来型の発酵（嫌気性発酵），バイオマス発酵，精密発酵の3つの種類がある。嫌気性発酵は微生物の嫌気性消化を通じて食品を変化させるプロセスで，ビール，ワイン，ヨーグルト，チーズのなどの製法として利用されている。代替タンパク質の生産では，従来の発酵を使用して植物成分の風味や機能性を向上させることができる。

　バイオマス発酵は，微細藻類やマイコプロテイン（真菌タンパク質）などを他の栄養素と組み合わせて発酵させ，短時間でタンパク質を生成させて食品にする技術で，タンパク質が豊富な食品を効率的に大量に製造する製法である。この製法では製造プロセスを通じて繁殖する微生物自体が代替タンパク質の成分となる。バイオマス発酵の先駆けであるイギリスのクォーン社は，フザリウム・ベネナタムという糸状菌を利用し，高タンパクの代替食品の生産に成功して動物を殺さない肉として注目された。

　精密発酵は，微生物を用いて特定の機能性成分を造成する技術である。微生物は小さな生産工場になるようにプログラムされており，糖尿病患者のためのインスリンやチーズのためのレンネットなどが生産されている。代替タンパク質を生産する微生物は，精密発酵により特定のタンパク質，酵素，フレーバー分子，ビタミン，色素，脂肪などを効率的に製造できる。発酵させた原料は，製品そのものだけでなく，植物由来の製品や栽培された製品にも活用できる。

133

代替肉の技術と市場

〈課題〉

　精密発酵メーカーはスタートアップ企業であることから，最大の課題はラボスケールでの実現に成功した後のスケールアップである。実用化には数百，数千，数万リットルというサイズのバイオリアクターで諸反応を再現していくことが求められ，スケールアップにはラボスケールでの実現とは異なったスキルやノウハウが必要とされる。また，自社ですべての設備を持つとなった場合には，非常に高額な初期投資が必要となるため，調達資金も限定的である創業間もないスタートアップにとって成長の足かせとなる。

　高まる精密発酵技術に対する期待と，スケールアップの実現可能性に関するジレンマを機会として捉えた事業も目立つようになっており，シンガポールのスケールアップバイオ（ScaleUp Bio）社や米国のボストンバイオ（Boston Bio）社，マイコテクノロジー（MycoTechnology）社などは，スケールアップに特化した機能を提供する事業を展開している。中でもスケールアップバイオ社は，直近でシンガポールのアロザイムス（Allozymes）社やアルグロウバイオサイエンシス（Algrow Biosciences）社，カナダのテラバイオインダストリーズ（Terra Bioindustries）社や英国のアルジェントラボ（Argento Labs）社などとの基本合意書（LOI）締結を発表するなど，世界的に大きな注目を集めている。

　このような動きは同じ細胞性の食品生産アプローチである細胞培養の業界でもみられる動きであり，当初と比較するとスタートアップとして達成すべき役割が明確かつ限定的になり，リソースの選択と集中がしやすくなってきた。一方，ノウハウの流出や収益性の観点からはなるべく自社で完結させることを目指すべきという指摘もあり，今後，スタートアップには判断が求められていくことになる。

第2章　フードテックの現状

1　フードテックとは

　フードテックは，世界的に注目を集めるテクノロジーの1つで，持続可能な食糧生産に欠かせない技術として日本でも市場は拡大傾向にある。フードテックでは，最新の技術を活用して食における問題解決や食の新たな可能性の拡充に挑戦している。フードテックの技術は，遺伝子改変によるゲノム編集や代替肉の開発から，機能性食品や完全食，スマート家電の開発，調理ロボットの導入やAIによる個々にあった食事の提案などにいたるまで，多方面にわたっている。中でもタンパク質危機を背景とする代替タンパク質の研究，開発はフードテックが最も力を注いでいる分野の1つである。フードテックは，生物学やデジタルなどの科学技術の発展により，食料不足の解消や環境保護などの世界的な課題を解決する手段として期待されている。

　令和2年7月の「農林水産省フードテック研究会の中間とりまとめ」によると，フードテックは，「10年後，20年後に完全資源循環型の食料供給や食を通じた高いQOLを実現し，美味しく，文化的で，健康的な食生活を続けることのできる次世代のフードシステムを構築する上でのキーテクノロジー」であると位置づけられている。フードテックの領域は，社会実装までに時間がかかるものの，食に加え，食料供給に必要なエネルギー，資材，技術の海外依存度の高い日本が技術基盤を確保していかなければならない領域であり，超高齢化社会という立場，世界から高く評価される食文化を有する立場などの日本の食産業の特長をコロナ後の世界でいかしていく上でも有益な領域であるとされている。また，資源枯渇，環境汚染，温暖化，感染症等の食料供給への制約がより多様になり，その影響が強まるかもしれないという不確実性に対して備えとなる領域であるともされている。

　完全資源循環型の食料供給と高いQOLの実現のために重点的に進めるべき分野として，多様化する消費者の価値観に対応した食品・素材等の提供，ユニバーサルに食を楽しむことのできる調理環境の整備，コロナ後の新たな食産業への転換，持続的な資源循環の実現の4項目が取り上げられており，以下のような研究開発項目が指摘されている。

① 健康志向や環境志向の高まり，菜食主義の広がりなどの消費者が食に求める価値観の変化に対応する，機能性食品，代替タンパク質や完全食などの新たな食を供給する技術，その技術を活用したビジネスモデル

② 人手不足の深刻化で在宅を含めた医療・介護現場で質の高い食の提供が困難になる中，また，ライフスタイルの多様化に伴い食に求める価値も多様化する中，負担をかけず，パーソナライズされた食の提供に役立つスマート調理家電や3Dフードプリンター，深層学習などの技術，その技術を活用したビジネスモデル

③　閉鎖空間での食の楽しみの提供や，非接触・非対面型での質の高い食事ともてなしを提供するサービスの実現に資する，長期保存（加工・包装），調理ロボット，宅配ロボット，VR・ARなどの技術，その技術を活用したビジネスモデル

④　食料供給の持続可能性・レジリエンスを高めるため，エネルギー・資材等の投入を減らすとともに，廃棄物の再資源化を進める，植物工場・陸上養殖，ゲノム編集，細胞培養，昆虫・微生物利用，バイオマテリアルなどの技術，その技術を活用したビジネスモデル

　これらの資料は，農林水産省フードテック研究会での意見を取りまとめたものであり，今後の措置等について，何ら予断するものではないが，同研究会には，キユーピー，サントリーホールディングス，敷島製パン，セブン＆アイ・ホールディングス，ゼンショーホールディングス，日本水産，日本ハム，不二製油グループ本社，ロイヤルホールディングス等の食品会社，愛南リベラシオ，インテグリカルチャー，エリー，DAIZ，ムスカ，ユーグレナなどのスタートアップ企業，国際基督教大学，多摩大学，東京大学，弘前大学，宮城大学，立命館大学などの教育研究機関など164の企業・大学（2020年当時）が参加しているほか，関係省庁，農研機構，JST，NEDO等の関係国立研究開発法人が協力しており，日本のフードテックの概要と動向を反映していると考えられる。（2020年10月には産学官連携による「フードテック官民協議会」が立ち上げられている）

2　フードテックの概念

　フードテックは，食分野において最新技術を活用した生産，加工，流通，消費に関連する技術や事業である。農業生産のアグリテックを含めてアグリ・フードテックと呼称されることもあるが，農業生産なども含めてフードテックと呼称することも多い。2024年2月にパソナ農援隊が発行した「フードテックビジネス・技術動向」では，フードテックが表2のように整理されている。分野別フードテックの投資規模では，上流では製品への投資が多いもののその他の項目への投資が幅広くみられるのに対して，下流では店舗の店内技術と食事・ミールキットのデリバリーへの投資が際立っており，食事・ミールキットのデリバリーに関する投資金額が最も大きくなっている（表3）。

第2章　フードテックの現状

表2　アグリ・フードテックの体系整理

上流	中流	下流
農業バイオテクノロジー（遺伝学，マイクロバイオーム，育種等の技術）	物流，加工技術（食品安全・トレーサビリティ技術，物流・輸送，加工技術）	小売り・飲食店の店内技術（棚積みロボット，3Dフードプリンター，決済システム，食品廃棄物監視IoT）
アグリビジネス商品取引／Fintech（商品取引プラットフォーム，オンライン資材流通，設備リース，農家向けフィンテック）	その他（その他すべての農産物関連テクノロジー）	オンラインストア（加工済みおよび未加工の農業製品を消費者に販売および配送するためのオンラインストア＋マーケットプレイス）
バイオエネルギー，バイオマテリアル（生物資源をもとにしたエネルギー，加工等原料，製薬等技術）		スマートキッチン（スマートキッチン家電，個別化栄養技術，食品検査装置，家庭用栽培キット）
農作業管理システム，センシング，IoT（農業データ収集デバイス，意思決定ソフトウェア，ビッグデータ分析）		食事・ミールキットのデリバリー（幅広いレストランやベンダーから調理済み食品やミールキットを提供するオンラインプラットフォーム）
農業用ロボット（農場機械，オートメーション，ドローンメーカー，栽培機器）		クラウド小売りインフラ（オンデマンド実現テクノロジー，ゴーストキッチン，ラストマイル再送ロボットとサービス）
新しい生産システム（屋内農場，水産養殖，昆虫および藻類の生産）		
革新的な食品（培養肉，新素材，植物性タンパク質）		

（パソナ農援隊：NTTデータ経営研究所作成，出典：Global Agrifoodtech Investment report 2023．］Agfunderの参照）

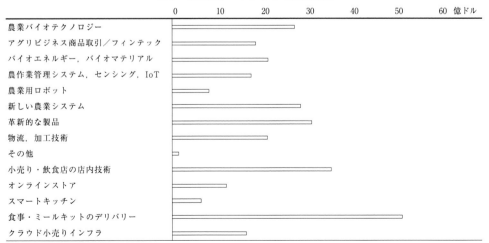

表3　分野別フードテックの投資規模

（パソナ農援隊：NTTデータ経営研究所作成，出典：Global Agrifoodtech Investment report 2023．］Agfunderの参照）

3　フードテックの市場規模

2023（令和5）年10月に公表された農林水産省の説明資料によると，フードテックの世界の投資額は296億ドルに達している（図1）。投資額は，過去10年間で10倍以上に増加している。米国が124億ドルと圧倒的に多く，インド（27億ドル），英国，中国（それぞれ13億ドル）などが続いている。10位はアラブ首長国連邦（UAE）で5億ドルである。日本は上位10カ国に入っておらず，6,780万ドルに留まっている。また，日本ではアグリテックとフードテックを合わせ，2030年で2,100億円を超えるまでに成長すると予測されている。

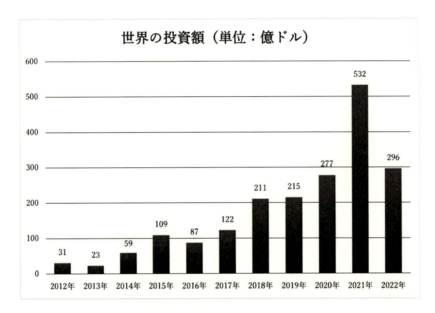

出典：AgFunder "2023 AgFunderAgriFoodTechInvestment Report ", "2023Asia-PacificAgriFoodTechInvestmentReport
（農林水産省「フードテックに関する動向　説明資料」）

図1　フードテックの世界投資額

4　国内のフードテックの動向

4.1　フードテックのロードマップ

日本のフードテックは，大豆等の植物性タンパク質を用いた植物性食品や細胞性食品の開発など持続可能な食料供給のほか，生産性向上，健康な食生活の観点で新たなビジネス創出への取組みがなされている。2023年10月には以下の各テーマに分けて「プレーヤーの育成」と「マーケッ

第2章　フードテックの現状

トの創出」に向けたロードマップが策定されている。

〈ロードマップが策定されたテーマ〉

① 植物由来の代替タンパク質源

② 昆虫食・昆虫飼料

③ スマート育種のうちゲノム編集

④ 細胞性食品

⑤ 食品産業の自動化・省力化

⑥ 情報技術による人の健康実現

　また2025年に2兆円，2030年に5兆円という政府の輸出額目標である達成するため，フードテック関連に対しては支援が行われている。支援先には「フードテック実証」や「スタートアップ支援」，「研究開発支援」，「市場形成支援」，「その他分野ごとの支援」などの分野があげられ，それぞれ該当する事業に予算があてられている。

　生産分野では，植物由来代替タンパク質の開発が最も先行しており，ロードマップでも民間企業を主対象として，味や食感，香り等の向上や国産原料の開発による消費者ニーズなどへの対応，原料の多様化などに焦点があてられている。また，それらを高いレベルで実現する新たな育種素材や品種の研究開発も重視されている。

　一方，商品開発の初期段階にある昆虫食・昆虫飼料については，消費者の受容性のある昆虫食の開発や昆虫の飼育管理，製品化システムなどの生産基本技術や給餌から生産，販売までのエコシステムを前提とするビジネスモデルの検討などが課題となっている。また，昆虫飼料では，対象となる魚種，ブタや家禽類への給餌適性を踏まえた開発が求められている。

　細胞性食品では，立体構造の作成技術など実用化へ向けた加工技術の開発や血清，成長因子など培地成分の最適化，大量培養技術など研究室レベルからの産業化へ向けた効果的効率的移行方法の開発が課題となっている。また，細胞性食品は食経験のない新たな食品であることから，安全性の確保，食品表示，タネ細胞の取扱い方法，家畜や水産動物の衛生確保など，幅広い分野で海外の事例収集を含めて対応が求められている。また，消費者にどのように情報を伝達し，啓蒙を図る方法についても検討する必要性が強調されている。

　ゲノム編集を活用した食品開発では，これまでGABAを多く含むトマト，食べられる箇所が増えたマダイ，成長が早くなったトラフグなどが開発されている。ゲノム編集による食品開発では，商品開発手法，ゲノム編集因子導入手法など商品化へ向けた手法の開発が求められるほか，消費者の抵抗感をなくし，理解を推進する方策の推進が今後の課題となっている。

　そのほか，食品産業の自動化・省力化と情報技術による人の健康増進に関してロードマップが策定されている。食品産業の自動化・省力化では，AIやロボットなど先端技術の取り込みや小型化，低価格化，機能追加などに関するロードマップが策定されたほか，新たな先端技術の開発と社会実装に関する取り組みも推進される。また，情報による人の健康実現は，健康効果に関するエビデンスの蓄積を通じて，個人に最適な食を設計・提案する各技術の開発を図るものであ

る。個人の健康データを習得するデバイス，摂食内容を正確に把握する手法の高度化，3Dプリンターやドリンクプリンターなどの開発を通じた個人最適食の提供技術とビジネスモデルの開発が予定されており，健康データの取扱いの方法や個人最適食の提供方法，デジタル情報による食品表示等を検討することとされている。

農林水産省の試算では，フードテックの市場規模は2020年の24兆円から2050年には279兆円に拡大すると見込まれており，各分野の市場規模は表4のように予測されている。

表4　フードテック市場拡大の予測

分野	市場規模（単位：兆円）	
	2020年	2050年
精密農業（農業用ロボット・ドローン）	0.5	0.6
未利用食品廃棄物を活用した昆虫飼料	0.1	24.2
陸上養殖	0.04	4.7
代替肉	12	138
ゲノム編集育種	0.2	14.1
完全栄養食品	4.9	57.5
コーティング技術，包装・容器技術（ガス置換包装・鮮度保持フィルム）	2.6	3.2
スマートキッチン（調理ロボット，3Dフードプリンター，キッチンOS，スマート調理家電	1.5	26.3
特殊冷凍技術	0.6	5.8
レシピサービス・賞味期限管理アプリ	0.3	0.7
食品残渣処理システム（発酵分解・粉砕・減量脱水）	1.3	4.1
合計	24	279.2

（農林水産省「フードテックにかかわる市場調査」2020年度）

4.2　フードテックを展開する企業

国内スタートアップのASTRA FOOD PLANは，食品の乾燥と殺菌を同時に行い，食材の風味の劣化と酸化を抑えた食品粉末の製造が可能な装置「過熱蒸煎機」を開発している。令和4（2023）年度の日本の食品ロス量は472万トン（前年度は523万トン）で，食品関連事業者から発生する事業系食品ロス量は236万トン（同279万トン），一般家庭から発生する家庭系食品ロス量は236万トン（同244万トン）であった。食品ロスは年ごとに減少しており，消費者の意識向上やさまざまな努力が実りつつある。特に出来上がった製品を食べきる，賞味期限を延長する，AIを利用した自動発注サービスで需給のバランスが崩れないようにするなど，食品の製造後に生まれる食品ロスをなくす努力や工夫が試みられている。しかし，つくる前やつくる工程で出てくる食品ロスを効率的に削減するための解決策はまだほとんど見いだされていないのが現状である。

ASTRA FOOD PLANが開発した過熱蒸煎機は，高温のスチーム技術を活用している。従来

第2章　フードテックの現状

の乾燥技術は，主にフリーズドライと熱風乾燥の2種類があるが，どちらも製品を乾燥させるのに約24時間を要する。しかし，過熱蒸煎機はこれらの方法とはまったく異なる技術である。

　同装置は，熱風乾燥と過熱水蒸気を組み合わせて使用し，さらに内容物を回転させながら超高速で乾燥させることで，乾燥プロセスを5秒から10秒で完了することができる。しかも高い殺菌力を持ち，食材の栄養価の損失を抑えることができる技術で，ボイラーを必要とせずエネルギーコストが低いことも特徴となっている。

　同社では自社工場を持たず，かわりに顧客の工場に直接機械を設置するビジネスモデルを採用している。その理由は対象としている食材である端材が腐りやすく，物流コストが乾燥コストを上回ってしまうことによる。また，過熱蒸煎機は販売のほかに，製造されるパウダー「ぐるりこ」（登録商標）の買い取りと組み合わせたレンタルモデルを有している。顧客の一社である吉野家では，過熱蒸煎機をレンタルし，月額の使用料を受け取るとともに，牛丼用タマネギとして規格に合わない端材を過熱蒸煎し，できた「ぐるりこ」をすべて自社で買い取るという契約を結んでいる。吉野家はタマネギの端材の売り先を自分で見つける必要がなくなり，1日で最大700kg出て，年間数百万円をかけて廃棄していたタマネギの端材が全量アップサイクルされるので廃棄コストがなくなる。加えて，生産されたパウダーは買い取りなので売り上げも上がる。過熱蒸煎機の設置のための工事費や，オペレーションの人件費や光熱費はかかるが，「タマネギぐるりこ」の買い取りの売り上げでペイできるので，無理なく続けられる仕組みになっている。一方，過熱蒸煎してできた「タマネギぐるりこ」は，ベーカリーチェーンを展開するポンパドウルに製パン用の原料として提案し，そのパウダーを使用した4種のオニオンブレッドとして発売されている。過熱蒸煎機の開発は，食品を高付加価値にする加熱処理の方法として，酸化を防ぐことの重要性に着目したことが契機となっている。

　同社のほかにも，フードロス削減のための食品アップサイクル技術の開発に取り組む企業は増加している。高松市のCargo Ship（高松市，競輪で出た廃タイヤを使用したバッグを製作），アップサイクルラボ（奈良市，廃材となった消防ホースやターポリンを原材料とするバッグなどの開発），おとうふ工房いしかわ（愛知県高浜市，容器工場で廃棄される容器から「まあるい定規」を製造），ラヴィストトーキョー（東京，植物由来の服飾雑貨を企画・開発，廃棄リンゴから生まれたアップルレザーなど製造）などの企業がある。製品を一度原料に戻す作業が必要でエネルギーコストが高くなるリサイクルと異なり，廃棄予定のものを加工し，素材や形などの特徴を生かし新しい製品へとアップグレードする手法であるアップサイクルは，より環境負荷が少ない技術として注目されつつある。

　一方，大手では日本製紙がセルロースナノファイバー（CNF）でフードテック分野に切り込んでいる。CNFは，増粘性，保湿性，保水性，乳化安定性，懸濁安定性の5つの優れた特性を備えているほか，安全に食べることができる。食品ではどら焼きやパン，ケーキなどに食品添加物として使われており，生地がふっくらしたり，パンが折れにくくなったり，賞味期限が延びるという効果がある。また，ケーキのクリームに使うとクリームの保形性が高まり，上にイチゴな

141

どの果物を置いても沈まないという効果もある。そのほか，水産加工品では離水を抑制していくらなどに使うと水分が抜けにくくなるなどの効果もある。これらの効果は同社が発見したものばかりでなく，顧客企業がいろいろ試行して分かってきた新しい効果もあり，さらに他用途でも使い道が発見できると考えている。

「さとふる」，「オッズパーク」など行政に特化した事業を展開するソフトバンクの子会社のSBプレイヤーズでは，「たねまき」という事業子会社を設立して，トマトの栽培事業に取り組んでいる。たねまきの事業目的は，農業における農家人口の減少や高齢化などの課題と，地域産業における就業環境の改善や若者の流出などの課題の解決にあり，農業を持続可能な地域産業として日本全国に定着させることを目的に，拠点開発やロボット・管理システムなどの技術開発にも取り組んでいる。2023年2月には，たねまきが一部出資し設立したたねまき常総が大規模なミニトマトの生産拠点を完工，敷地面積は約7ha，収量は年間約1,000トンを見込み，日本最大級のミニトマトの生産拠点として栽培を行っている。同社は，世界基準の農業認証であるGLOBALG.A.P.を取得，毎年更新を行うとともに，収穫や栽培作業の指示・報告，シフト調整等を行うことができる労務／作業管理システムを自社で開発した。24時間作業を可能にする収穫ロボットを開発中で，人が働きやすく，持続可能な農業の実現に取り組んでいる。

丸紅は，ノルウェーのプロキシマーシーフード社と提携し，静岡県小山町で閉鎖循環式陸上養殖（RAS）システムを用いたアトランティックサーモンの養殖を行っている。このプロジェクトは2024年から年間約2,500トンのサーモンを出荷し，2027年には約5,300トンに増加する予定となっている。RASシステムは環境への負荷を最小限に抑えつつ安定した生産を可能にするため，持続可能な食料供給の一環として期待されている。同社はデンマークのダニッシュサーモン（Danish Salmon AS）社にも出資しており，欧州でも陸上養殖事業を展開している。

富山県入善町では，三菱商事とマルハニチロの合弁会社アトランドが，国内最大級のサーモン陸上養殖事業を展開している。このプロジェクトは2022年に設立され，2025年からアトランティックサーモンの生産を開始し，2027年には年間約2,500トンの出荷を目指している。

その他にも，三重県津市では，ポーランドでサーモンの陸上養殖を展開するピュアサーモングループの日本法人であるソウルオブジャパンが日本最大級の陸上養殖施設を建設中である。この施設では，閉鎖循環式陸上養殖（RAS）技術を用いてアトランティックサーモンを生産する。2025年以降，年間約10,000トンのサーモンを生産する予定である。

松山市の愛研化工機は，工場排水を処理する過程でメタンガスを回収し，水質浄化と併せ，エネルギー装置としての役割を果たす「スーパーデプサー」を開発，製造している。スーパーデプサーは，オランダで開発されたUASB法嫌気排水処理装置を応用した，高速・超高負荷EGSB排水処理装置である。従来の好気性処理と異なり，曝気（微生物に酸素を供給するため，排水中に空気を送って水を空気に触れさせる工程）が不要であり低コストを実現できる。また，余剰汚泥への転換が少なく，大部分はメタンガスとして回収されるクリーンなシステムである。食品加工排水，飲料製造排水，発酵・醸造排水，製薬工業排水，油脂工業排水など各種有機排水処理に

第 2 章　フードテックの現状

使用できる。再生可能エネルギーであるバイオガス製造装置として，CO_2 等の温室効果ガス削減にも寄与するシステムで，行政機関などで多くの技術採択を受けている。

　静岡市のサンファーマーズは，高糖度トマト「アメーラ」のブランド管理，販売を行っている。アメーラは静岡県農業試験場との研究開発により，根域制限栽培を応用した養液栽培システム「ハニーポニック」によって栽培されたトマトである。ハニーポニックは安全や環境に配慮したクリーンな栽培方法で，安定した周年生産を可能にしている。独自の厳しい糖度基準や規格をクリアしたトマトだけがアメーラとして全国へ流通している。また，アメーラは 2019 年からトマトの本場，スペイン・アンダルシア地方で現地生産を開始している。その品質は現地で高く評価され，スペインを代表する百貨店の野菜売り場では，現地の普通のトマトよりも 10 倍以上高い値段で売られている。

　愛媛県西予市の赤坂水産は，自社で養殖したヒラメ，真鯛を遠方の市場や加工場へ自社の活魚運搬車で出荷している。同社は白ゴマを用いた独自の飼料により真鯛「白寿真鯛」を育成しており，これにより仕上がる真鯛は身に蓄積されたセサミンにより鮮度と美味しさと消費者の健康を保っている。また，同社では，魚粉をまったく使用せず，植物性タンパク質を原料とする餌で仕上げた「白寿真鯛 0」も上市している。真鯛は，1kg 大きくするために，約 4kg のカタクチイワシが飼料の原料として必要になる（魚粉歩留り 25%，飼料中の魚粉の割合 40%，増肉係数 2.5 で算出）。白寿真鯛 0 の飼料にも白寿真鯛同様白ゴマを使っており，白ゴマセサミンによる抗酸化力は維持されている。

　徳島大学発ベンチャー企業であるクラリスは，食用コオロギに関連する品種改良・生産・原料加工・商品開発・販売を一貫して国内で行っている。自社ブランドの「C. TRIA（シートリア）」の小売向け商品「C. TRIA プロテインバー」はビターチョコ味に加えてココナッツ味が販売されている。プロテインバーは，日頃のタンパク質補給はもちろん，小腹が空いた際の間食にも対応しており，コオロギパウダーを使用することでタンパク質だけでなく，鉄，カルシウム，ビタミン B_{12} などの栄養素も手軽に摂れることが特徴となっている。同社は，コオロギの自動飼育システムやゲノム編集技術を開発し，コオロギパウダーを配合したプロテインバーを開発した。

　カイコパウダーを研究，開発している企業には，Morus（食用カイコとカイコを使ったバイオ原料の供給と研究開発），エリー（京都大学や東京大学，大手食品メーカーと共同で，カイコから生み出した機能性昆虫食「シルクフード」を開発）。KAICO（九州大学発のバイオベンチャーで，カイコを使って医薬品やワクチンを開発）などの企業がある。エリーは敷島製パンと提携してシルクフードを使用したハンバーガー，ケーキなどを上市しており，KAICO は独自の「カイコ-バキュロウイルス発現法」により，難発現タンパク質を生産している。

143

5　海外のフードテックの動向

5.1　米国

　米国の DigitalFoodLab 社の調査によると，2023 年のフードテックへの投資は，2021～2022 年にかけての高水準の投資が一巡して落ち着いた水準に止まっている。2023 年は，米国のアップサイド社が FDA の承認を取得して，培養肉の市場化へ向けての一歩を踏み出したが，同年 4 月のウォール・ストリート・ジャーナル紙のコラムはじめとして，9 月のワイアード（Wired 誌），12 月には投資会社のブルームバーグ社までもが，培養肉に関する過大な期待に警句を発したため，熱狂的なブームにはならず落ち着きを取り戻している。

　細胞培養タンパク質関連へのスタートアップ企業に対する高水準の投資は，2021 年第 3 クォーターをピークから大幅に低下している。当時の高水準の投資はインポッシブル・フーズ社や上場を果たしたビヨンド・ミート社を含むユニコーン系スタートアップへの大型投資が投資額全体を引き上げていたものと考えらえている。FDA の承認は，メディア等には好意的に受け止められたものの，消費者を対象とした食品市場で培地をはじめとする高額な開発コストをどのように回収するのかというビジネスモデルが確立する見通しが立っていないことが改めて意識されている。また，多くのフードテック投資ファンドの新規投資は，プラントベースミートへの投資が一巡して，現在は新規投資へ向けて，資金調達して新たなファンドを組成するファンドレース中であることも一因となっているため，2024 年以降，投資額は増加傾向になることも予測されている。

　一方，米国の TD Cowen 社の調査によると，消費の面でも 2023 年は，味や価格に関する課題も改めて浮き彫りされている。米国では従来の動物性の畜肉と比べて，風味，食感，味覚に関する消費者の不満が顕在化しており，価格についても「支払うだけの納得する理由」がプラントベースミートには不十分である状態にある。そのため，米国におけるプラントベースミートの市場規模は，2020 年以降横ばいの状態となっている。

　また，2024 年に発表された代替タンパク質を推進する非営利団体の Good Food Institute（GFI）の年次報告書は，過去 2 年間で米国での植物性代替肉と海産物の売上げが 13％減少したことを明らかにしている。代替肉の価格は上昇しており，これは同時期における販売数が大幅に減少したことを示している。

5.2　欧州（EU）

　EU のフードテック投資をみると，2022 年と比べて 2023 年は食の生産者側に近い川上のアグリテックと川下の消費者寄りの部分にシフトしている。ドイツでは，インターネットを通じて食料品や日用品を購入するサービスである e-grocery 分野の Flink 社と Gorillas 社の 2 社が市場を牽引している。

　また，ヨーロッパ全体の投資額の 10％を占めているオランダは，2020 年以降かなりの伸びを示している。オランダは技術に焦点をあてている国で，市場の 30％近くは上流のスタートアッ

第2章 フードテックの現状

プ企業が占めている。また，それらの企業の多くは今後の成長が期待されている企業である。

　欧州では，細胞培養肉に関する投資額は，中心的な市場である米国に比べて10分の1程度であるが，培養肉開発に投資が集まっている状況にある。特にモサミート（MosaMeat）社が立地するオランダは，政府がスタートアップに積極的に支援を行っていることもあり，この分野で存在感を示している。モサミート社は，世界で初めて細胞培養肉ハンバーガーをつくった培養肉のパイオニア的存在で，2020年には三菱商事も20億円を出資している。

　2024年1月，同社はMeatable社（細胞培養肉），Upstream Foods社（サーモンの培養脂肪の開発）とともに，オランダ政府が培養肉のテイスティングを評価するための，毒物学者，微生物学者，医師，倫理専門家などをメンバーとする独立した専門家委員会に諮られることになった。この委員会は，管理された環境で培養肉やシーフードの試食を行うという企業からの要請を評価し，ヨーロッパでの試食を可能にするための重要な一歩となる。専門委員会の設置によってEUの新規食品承認よりも前に栽培食品の試食の事前承認が行われることになり，シンガポール，イスラエル，米国に次いで細胞培養肉の試食が可能になった。

　アップストリームフード（Upstream Foods）社は鮭から細胞を採取し，独自の細胞株成し，バイオリアクターで細胞を培養している。植物由来成分と脂肪を混合することで，シーフードのような味わいで健康上の利点をすべて備えた，手頃で高品質な製品を生み出すことを目標としている。

　イギリスでは，ペットフード向け細胞培養肉が人向けよりも先に認可を取得した。イギリス当局から販売認可を受けたミートリー（Meatly，旧社名：Good Dog Food）社は2024年7月，同国で培養肉を販売するための販売認可を取得している。年内にサンプル製品を発表し，3年以内に工業規模の生産の実現を目指して生産をスケールアップしていく。欧州では前年，Bene Meat Technologies社が欧州飼料材料登録局への登録を発表しており，ミートリー社は欧州で培養ペットフードを販売できる状態となった2社目の企業となる。承認プロセスを経て認可を取得した企業では，ミートリー社が欧州で最初の企業である。

　ミートリー社の生産プロセスでは，1個の鶏卵から採取した細胞を除き，ウシ胎児血清（FBS），動物血清など動物由来成分は使用していない。これまでに1リットルあたり1ポンド未満のタンパク質を含まない培地を開発し，生産コストを削減している。2024年3月には持続可能なペットフードを開発するオムニ（Omni）社と提携し，培養鶏肉を使用した培養ペットフード缶の開発を発表していることから，オムニ社の製品として今後販売される可能性がある。

　一方，現在，欧州をはじめとする先進国で大きな注目を集めているのはサステナブルの考え方であり，食品を選ぶ際も，リサイクル可能なパッケージであるか，食品をつくる工程で環境に大きな負荷を加えていないか，などをチェックしてから選ぶのが常識となりつつある。サステナブルな食品として欧州の主流になっているのが昆虫食である。欧州には動物の肉から摂っていたタンパク質を昆虫で代替する流れがあり，国によっては小学校の給食で食べられるほどメジャーな食材になっている。

5.3 アジア

アジアでは，食品メーカーの製造工程で発生する使用済み穀物を食品容器へアップサイクルする企業や，米国で廃棄される農作物を布製品に活用される繊維にアップサイクルする企業などが存在する。経済成長に伴って食品ロスが増えているアジアの国々では，さまざまな企業が食品ロスを減らすために研究開発を行っている。

特に，シンガポールはもともと食問題に取り組んでいなかったにもかかわらず，現在では世界屈指のフードテック先進国として生まれ変わっている。シンガポールは，従来約90％の食品を輸入に頼っていたが，政府が食品自給率を2030年までに30％に高める目標を制定した。しかしながら，同国の農業用地は国土の1％にも満たないことから，政府はフードテックやアグリテックを育成する方針を定め，スタートアップを育成して産業化し，周辺諸国に輸出もする戦略を採用している。シンガポール政府は植物・養殖の効率化に最大85％を支援するほか，IT導入時の支援，アクセラレータープログラムの運用など，ベンチャーをサポートする動きを行っている。それ以外にも政府系ファンドの運用や，グローバルで自国の地位を強化するための団体を発足するなど食品産業の高度化に向けた活動を行っている。また，資本力がないスタートアップを支援するため，政府が製造委託工場を用意して量産化を可能にするなど製品開発スピードを速める施策を展開している。

同国では食品ロスを原料にして新しい製品を開発する取り組みが積極的に行われており，工場で出荷されなかったパンを原料の麦芽の一部に使用するビールなどがつくられている。また，スマートフォンのアプリを使って食品ロスを減らすビジネスも生まれている。

さらに，シンガポールでは，米国のイート・ジャスト社が2020年12月，ニワトリ由来の細胞性食品を使ったナゲットのシンガポール国内での販売承認を取得している。同社は2021年12月には，ニワトリ胸由来の細胞性食品の販売承認も取得した。また，2022年3月には魚の脂肪を開発するインパクファット（ImpacFat）社が創業している。同社はシンガポール科学技術研究庁（A＊STAR）の分子細胞生物学研究所で主任研究員を務める日本人研究者の杉井重紀氏が立ち上げた企業である。同社は世界で初めて細胞培養により魚由来の脂肪を開発するスタートアップである。2024年に認可を取得し，2025年にはシンガポール，アメリカ，日本，中国等での市場参入を目指している。

タイでは売れ残りになりそうなパンをアプリに登録し，消費者から注文された商品を配達員がバイクで届けるというビジネスがはじまっている。このアプリには約200店が登録しており，立ち上げ後2年間で約2万5,000食の食品ロスを削減できた。

第3章　代替タンパク質の市場動向

1　植物性タンパク質

1.1　植物性タンパク質素材の種類

　タンパク質は，筋肉や皮膚，髪など，体の組織を作る重要な役割を担っている。さらに，酵素やホルモンの生成，免疫機能の維持など，さまざまな生命活動に関与している。タンパク質は20種類のアミノ酸で構成されている。タンパク質を形成するアミノ酸のうち11種類は体内で形成が可能であるが，必須アミノ酸と呼ばれる9種類は体内で形成することができない。ヒトの体は60％が水，15〜20％がタンパク質でできているといわれ，生命活動にとってタンパク質は重要な役割を果たしている。

　植物性タンパク質は，豆類（大豆，小豆，金時豆，ひよこ豆，レンズ豆，そら豆，枝豆など），穀類（玄米，雑穀，オートミール，キヌア，アマランサス，とうもろこしなど），ナッツ類（アーモンド，くるみ，カシューナッツ，ピーナッツ，ピスタチオ，マカダミアナッツなど）が代表的なものであるが，そのほかにもブロッコリー，カリフラワー，芽キャベツ，アボカド，ほうれん草，アスパラガス，チアシードなど多くの種類がある。

1.2　植物性タンパク質の長所・短所

　植物性タンパク質のメリットの1つは，健康的な体づくりをサポートすることである。植物タンパク質にはコレステロールや飽和脂肪酸が少なく，生活習慣病のリスクの低減が期待できる。また，食物繊維が豊富で，便秘解消や腸内環境改善効果もある。さらに，植物性タンパク質は，消化吸収がゆっくり行われること，代謝をあげるナトリウムやカリウム，抗酸化作用を促進させるサポニンやイソフラボンといった栄養素が豊富に含まれていることなども特徴的である。

　植物タンパク質には環境負荷が少ないこともメリットとなっている。動物性タンパク質の生産に必要な多量の水や広大な土地，大量の飼料などが必要なく，持続可能性の食生活に実現という面からも重要になっている。さらに，アニマルウェルフェア（動物福祉）の面では植物性タンパク質は動物倫理的な問題を気にせずに摂取できることもメリットとしてあげられる。

　一方，植物タンパク質のデメリットには，量の割にタンパク質の摂取量が少ないことがあげられる。「日本食品標準成分表（八訂）増補2023年」によると，納豆（糸引き納豆）100gと同量の若鳥むね肉でタンパク質量を比較すると，若鳥むね肉23.3gのタンパク質が含まれているのに対して，納豆に含まれているタンパク質は16.5gである。タンパク質を摂取するうえで，植物性の食品は動物性に比べてより多くの量を摂取する必要がある。

　また，タンパク質の成分であるアミノ酸においても，一部の植物性タンパク質では必須アミノ

代替肉の技術と市場

酸が不足している（例外的に大豆は必須アミノ酸の含有量が豊富である）。また，それ以上の課題は，植物性タンパク質が味や食感の面で劣ることである。動物性タンパク質と比べて脂質などが少ない反面，植物性タンパク質は味や食感に劣ると感じることが多い。また，完全植物性の食事をする場合，ビタミンB$_{12}$やビタミンDなどのビタミン類や亜鉛，カルシウム，鉄分などのミネラルなどの栄養素が不足しがちになる。そのため，植物性タンパク質を摂取する際には，異なる種類の植物性タンパク質を組み合わせることで，必須アミノ酸をバランスよく摂取する必要がある。

　そのほかにも，タンパク質の消化吸収を助ける味噌や納豆などの発酵食品を摂取する，植物性タンパク質は加熱することで消化吸収が早くなることから，調理方法を工夫する，サプリメントを取り入れることで不足する栄養素を補う，などさまざまな工夫を行うことも大切になる。

1.3　植物性タンパク質の動向

1.3.1　オーツミルク

(1) 概要

　オーツミルクとはオーツ麦（燕麦，オーツ麦）からつくられるミルクである。オーツ麦はオートミールやグラノーラの材料にもなっている穀物で，小麦やライ麦などと比べて，グルテンが含まれない，糖質が少ないといった特徴がある（表5）。オーツ麦は含有されているβ-グルカンの作用により，悪玉コレステロールの低下効果が報告されている。また，オーツ麦に含まれているポリフェノール（アベナンスラミド）には，皮膚の炎症やかゆみを抑える作用がある。オーツミルクは，オーツ麦と水をミキサーにかけ，濾した飲料で，シンプルな製法ながら，食材が持つ自然な甘みと濃厚でクリーミーな口当たりが特徴となっており，牛乳に近い味わいを楽しめる植物性ミルクである。

　オーツミルクは低脂肪であることから，ダイエットのために乳製品の牛乳に替えて飲用する人

表5　オーツミルクと牛乳，その他の植物性ミルクの比較

(200ml あたり)

種類	エネルギー (kcal)	タンパク質 (g)	脂質 (g)	糖質 (g)	食物繊維 (g)	カルシウム (mg)	成分出典元
牛乳	122	6.6	7.6	9.6	0	220	「日本食品標準成分表（八訂）増補2023年」
豆乳	105	8.3	6.5	3.3	0.4	34	キッコーマン「おいしい無調整豆乳」
アーモンドミルク	39	1.0	2.9	0.9	3	60	グリコ「アーモンド効果砂糖不使用」
オーツミルク	72	0.6	2.2	11.2	2.4	288	ダノンジャパン「たっぷり食物繊維オーツミルク砂糖不使用」

第3章　代替タンパク質の市場動向

も多い。また，乳糖不耐症や乳アレルギーの人とっては，オーツミルクは乳製品の代替品となる。加えて，ヴィーガンやベジタリアンなどにとって，牛乳の代替として栄養摂取の選択肢を増やしているというメリットもある。さらに，オーツミルクは，水，土地，エサなどの乳牛を育てるための資源が不必要で環境負荷が少ないという点も注目されている。牛乳を代替するため，市販のオーツミルクにはカルシウムが添加されているものが多い。

(2) 市場／開発動向

2020 年以降，日本のオーツミルク市場は急速に成長しており，2021 年には約 40 億円に達し，2024 年には 75 億円に達すると推定され，豆乳の 10 分の 1 程度の市場に成長している。2020 年以降，植物性ミルク市場全体が拡大しているが，特にオーツミルクの成長が顕著になっている。急成長の背景には，健康志向や環境意識の高まりが影響しており，低カロリー・低脂肪のオーツミルクは環境負荷も少ないため，多くの消費者に支持されている。

海外でのオーツミルク人気の高まりを受けて，日本のカフェやレストランでも徐々に導入がはじまっており，特にカフェチェーンは新メニューを開発し，オーツミルクを使用した独自のドリンクやデザートを提供するようになっている。さらに，オーツミルクを使用したプラントベースのクッキーなどの商品開発も進んで市場は多様化しつつある。

日本のオーツミルク市場は，現在トップシェアを誇るダノン社の「アルプロ」が 2020 年に発売されたのを契機として，シンガポール発の「オーツサイド（OATSIDE）」，スウェーデン発の「オートリー（OATLY）」（いずれも 2022 年の発売開始）など，海外のオーツミルク製品が発売されたことにより市場が形成されはじめた。スーパーによって取扱い製品は異なり，海外ほど導入が進んでいるとはいえないものの，日本国内においてもオーツミルクの選択肢は着実に増加している。

オーツサイド社のオーツミルクブランドであるオーツサイドは，2022 年の新発売後すでに 11 カ国に輸出されている。同製品は一般的な植物性ミルクより濃厚で香ばしい風味が特徴のオーツミルクで，保存料，香料，乳化剤，増粘剤は不使用である。厳選されたオーストラリア産のオーツ麦のほか，100％レインフォレスト・アライアンス認証と UTZ 認証を受けたカカオとヘーゼルナッツを使用している。オーツ麦の抽出作業と酵素加工・処理製法を自社工場で実施しており，オーツ麦の香ばしい味わいを引き出すためにスチーム処理はせず，オーツ麦を焙煎している。「バリスタブレンド」と「チョコレート」の 2 製品があり，国内では六甲バターが販売代理店を務めている。

2011 年 9 月に日本に上陸したオートリーは，首都圏を中心に発売されている。「オリジナル」，「チョコレート味」の 2 製品が販売されている。1990 年に設立されたオートリー社は，世界で初めてオーツミルクを開発した企業で，スウェーデンのルンド大学の Arne Danhlqvist 教授が研究をはじめ，Arne の生徒，Rickard Oste がオーツミルクの開発に成功した。現在では，欧米諸国やアジアをはじめ世界 20 カ国以上で飲用されている。

代替肉の技術と市場

　日本市場でトップシェアを占めるダノン社のアルプロは，すでに8製品を上市している。「バリスタシリーズ　オーツミルク」はコーヒーと相性抜群の味わいを有しており，ラテアートに最適な光沢のあるきめ細かいフォームミルクをつくることができる。そのほか，「たっぷり食物繊維　オーツミルク　砂糖不使用」や「たっぷり食物繊維　オーツミルク　オーツ麦の甘さだけ」やカカオ由来の鉄分とポリフェノールの含有する「食物繊維＆鉄分　オーツ＆カカオ　贅沢チョコレートの味わい」，香ばしいオーツミルクと相性の良い紅茶をブレンドした「おいしく食物繊維　オーツミルクティー　やさしい紅茶の味わい」などの製品がラインアップされている。

　日本企業では，豆乳で知られるマルサンアイが2021年3月，オーツミルク製品「オーツミルク　クラフト」を発売している。また，大塚食品は2022年4月，「スゴイオーツミルク」，「スゴイひよこミルク」を全国で発売，コカ・コーラシステムも国産の「おいしいオーツ麦ミルク by GO：GOOD」シリーズを2022年9月に発売している。

　2024年に入ると，明治，森永乳業も市場に参入している。明治は4月，全粒オーツ麦をまるごと使用した「明治まるごとオーツ　オーツミルク」を関東エリアで発売している（同年10月に全国販売開始）。森永乳業も同月に新製品を発売，オーツ麦，ひよこ豆，大豆，アーモンドなど5種の素材をブレンドした植物性ミルク「Plants & Me」シリーズを全国の市場に上市している。

　「明治まるごとオーツ　オーツミルク」は，同社の独自製法を採用して，全粒オーツ麦をまるごと使用することで，全粒オーツ麦由来の食物繊維である全粒穀物繊維とそれに含まれる水溶性食物繊維のβグルカンを含有している。βグルカンは，さまざまな健康課題への有用性が期待されている食物繊維であるが，飲料化にあたってはオーツ麦に含まれているβグルカンを残すことは難しいとされていた。同社では，長年にわたる乳素材の研究で培った知見をもとに独自の製法により残すことに成功した。また，表皮や胚芽などを含む全粒オーツ麦をまるごと飲料にしたことで，素材の味を引き立てたクリーミーでまろやかな味わいを実現しており，そのまま飲用するだけでなく，コーヒーなどの飲料に混ぜることも可能である。

　森永乳業は2024年4月，日本で初めて5種類の植物素材をブレンドした植物性ミルクのPlants & Meを発売した。同製品は5種類の植物素材がそれぞれ持つ栄養素がバランスよく摂れる植物ブレンド飲料である。「オリジナル」と「砂糖不使用」の2種類があり，いずれも動物性原料不使用で，ヴィーガン認証を取得している。温室効果ガス排出量は牛乳の3分の1で健康や環境への意識が高い消費者向けに，風味豊かで栄養価の高い選択肢を提供する。1本（200ml）で1日分のビタミンEおよび葉酸，食物繊維，カルシウムが摂取できる。

　また，同社2024年9月，チルドコーヒー売上げNo.1ブランドの「マウントレーニア」から，「マウントレーニアソイラテ」，「マウントレーニアオーツラテ」を，リニューアル発売している。マウントレーニアソイラテ，マウントレーニアオーツラテは，従来健康志向の人々をターゲットにしていたが，カフェショップでの調査の結果，ソイラテやオーツラテの飲用の契機は健康感が重視されているものの，飲用継続の理由はおいしさが重視されることが判明したため，製品設計を大きく方向転換して味わいのコク深さや味の厚みを追求するとともに厳選した原料を使用して

150

いる。また，豆乳やオーツ麦の素材感とコーヒーのバランスも見直し，しっかりとしたボディ感がありながら，まろやかでクセのない本格的なおいしさの実現を図っている。

2024年7月には，日本初のオーツミルク専業メーカーも登場している。東京を拠点とするMISOLA FOODSは，オーツ麦ミルク由来の自然な甘さを再現した植物性ミルク「塚越さんがつくったおいしいオーツミルク」の販売開始を発表している。同社は味の素グループの出身者が2022年に設立したオーツミルク事業に特化したスタートアップである。同製品は，甘味料を使用せずに素材から生まれる自然な甘さを再現している。大人も子どもも飲みやすい味わいを意識し，世界中のオーツ麦から取り寄せて試作品を作製，北米産オーツ麦を選定した。国内の工場で全プロセスを完結した国内産オーツミルクとなる。国内産のオーツミルクブランド立ち上げに向けて重視したのが「自然な甘さ」と「飲みやすさ」，「まろやかさ」で，オーツ麦に含まれるデンプンを酵素で分解することで，甘味料を使用せずに甘さを再現している。製造工程では原料の粉砕，酵素処理，調味，殺菌，包装まで，手作りの工程を再現することに努めている。同社によると，粉砕という1つの工程でも，乾式，湿式にするか，粉砕方法をミルと気流どちらにするか，粉砕粒度の程度など，検討すべき項目が多くある。子供にも飲んでもらえる味わいを実現するため，同製品では納得いくまで検証を続けて開発されており，オーツ麦，なたね油，食塩等の少量原料というシンプルな原料でつくられている。タンパク質含有量は2.3g／195gと，牛乳（6.6g／200g）には及ばないものの，カルシウムは215mg／195gと牛乳（220mg／200g）と同等量を摂取できるなど，特に子どものいる家庭が牛乳に期待する栄養素をカバーしている。カルシウム含有量が高いことから，子どもがおいしさ，飲みやすさを感じれば，乳糖不耐症やアレルギーの心配のないミルクとして家庭の新たな選択肢となることができる。

1.3.2 大豆タンパク

(1) 概要

大豆は100g中に34gのタンパク質を含んでいる。アミノ酸スコアは最高値の100であり，必須アミノ酸をバランスよく保持している。大豆タンパクは，大豆から動物性タンパク質とは異なり，コレステロールや飽和脂肪酸を含まないことが特徴の1つとなっている。また，9種類の必須アミノ酸をすべて含むため，植物性タンパク質の中では完全なアミノ酸プロファイルを持ち，動物性タンパク質と同等の栄養価を提供している。大豆タンパクは，乳糖不耐症の人々やヴィーガンやベジタリアンのための優れたタンパク質源としても重要な位置を占めている。

大豆タンパクには，心血管疾患のリスク低減，血中コレステロール値や血圧の低下，抗酸化作用，骨の健康維持，ホルモンバランスの調整など，さまざまな健康効果が期待されており，特に心血管疾患のリスク低減に関しては，多くの研究でその効果が示されている。大豆タンパクの血中コレステロール値低下効果は，動脈硬化の進行を遅らせ，心臓発作や脳卒中のリスクを低減することが期待されている。また，抗酸化作用には，体内の酸化ストレスを軽減し，細胞の老化を防ぐ効果が期待されている。そのほかにも，大豆タンパクはカルシウムの吸収を助けて骨密度の維持にも役立っており，大豆タンパクに含まれているイソフラボンは，女性のホルモンバランス

151

を整え，更年期障害の症状を軽減する効果がある。

　また，大豆タンパクは吸収率が95％と高く，体内でほぼ完全に利用できるタンパク質でありながら吸収速度が遅いことで，乳清タンパクであるホエイと比べるとゆっくり吸収される。これは消化に時間がかかるため腹持ちがよいともいえ，ダイエットには適した食材となる。

　大豆タンパクは米国食品医薬品局（FDA）に認可されて以降，健康効果が広く認知されるようになった。この認可により，多くの食品メーカーが大豆タンパクを含む製品を開発して，消費者に提供するようになり，大豆タンパクの摂取が一般的となった。

　大豆タンパクは，豆腐，納豆，豆乳など多くの食品に含まれている。豆腐は大豆タンパクを豊富に含み，低カロリーでヘルシーな食品である。納豆は大豆の発酵食品であり，プロバイオティクス効果も期待できる。また，豆乳は乳製品の代替品としての地位を確立しており，さまざまな料理に利用されている。そのほかにもスナックとして人気があり，簡単に大豆タンパクを摂取できる枝豆，インドネシアの発酵食品で，高タンパク質で栄養価が高いテンペ，肉の代用品（タンパク質源）として人気がある大豆ミートなどが徐々に日常生活に入り込んでいる。

(2) 大豆タンパクの種類

　一般的に，大豆から大豆油を抽出分離した脱脂大豆が大豆タンパクの主原材料として広く利用されている。大豆タンパクには濃縮大豆タンパク（コンセントレート），分離大豆タンパク（アイソレート），粒状大豆タンパク，繊維状大豆タンパクなどの種類がある（図2）。

① 濃縮大豆タンパク（コンセントレート）

　大豆の油分を原料の段階で取り除いた脱脂大豆は，糖類，灰分，細胞壁などの繊維（オカラ）とタンパク質とで組成されている。濃縮大豆タンパクは，脱脂大豆からアルコール洗浄法（含水エタノールに脱脂大豆を浸けて糖類と灰分を分離除去した後に，加熱によって残存したエタノールを除去）または酸洗浄法（タンパク質の等電点となる酸性水で脱脂大豆を洗浄することにより大豆ホエイ成分を溶解分離する方法）によって，糖類や灰分を脱脂大豆から除去しタンパク質を濃縮加工したものである。濃縮大豆タンパクは，約70％のタンパク質を含み，分離大豆タンパクよりも多くの栄養素を保持している。

② 分離大豆タンパク（アイソレート）

　脱脂大豆の組成であるタンパク質，糖類と繊維のうちタンパク質だけを取り出したもので，多くはタンパク質の含有率が90％前後である。脱脂大豆に水を加えて水溶性成分を抽出し，オカラを除いた脱脂豆乳に酸を加えることにより沈殿したタンパク質を遠心分離により回収し，再び水を加えてタンパク質を溶解して加熱殺菌を行った後，乾燥機で乾燥・粉末化する。

第3章　代替タンパク質の市場動向

③　粒状大豆タンパク
　脱脂大豆などの原料を2軸エクストルーダーに投入し，スクリューで搬送して容器内部で混合・加熱溶融する。その後，練り上げられた生地は開口部より吐出する際の圧力変化により膨化・組織化する。必要によりカッターなどで粉砕され，乾燥後に整粒し製品となる。

④　繊維状大豆タンパク
　分離大豆タンパクを水とともに高温・高圧で溶融状態にして，これを細いノズルから大気中に押し出して繊維状化する。

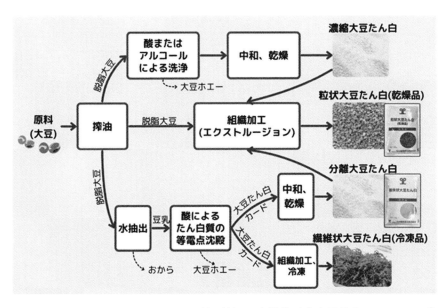

((一社) 日本植物蛋白食品協会ホームページ)

図2　大豆タンパクの種類

(3) 市場／開発動向
　インドの調査会社であるMordor Intelligence社によると，2024年の大豆タンパクの世界市場規模は104億9,000万米ドルと推定され，2029年までには132億6,000万米ドルに達すると予測されている。予測期間中（2024～2029年）のCAGRは4.80％で成長する見込みとされている。動物飼料，食品，飲料が3大用途であるが，わずかに動物飼料の需要が上回っている。動物飼料における大豆タンパクは，主に濃縮大豆タンパクの形で，動物，鳥類，魚類の飼料に広く使用されている。また，濃縮大豆タンパクは，食品・飲料分野では消化しやすい，保存性が向上する，タンパク質が濃縮されるといった特徴により利用が促進されている。

代替肉の技術と市場

　2022年は，濃縮大豆タンパクが大部分を占める動物飼料用途が大豆タンパク需要の約55％を占めている。一方，大豆タンパク質需要のもう一つの重要な用途である代替肉分野は約22％を占めるにいたっている。しかし，最も成長している用途分野はサプリメントで，予測期間中の年平均成長率は数量ベースで5.95％と予測されている。サプリメント分野では，ベビーフードや乳児用調製粉乳における需要の増加が期待されている。

　農研機構によれば，2022年の国内の大豆需要量は約390万トンで，このうち食品用には全体の26％の100万トンが使用されている。食品用大豆は米国などの一部の国からの輸入に依存しており，国内供給量は約23％の23万トンにすぎない。大豆はさまざまな食品に利用されているが，豆腐用が56％と大半を占め，粒大，外観が重視される煮豆用は8％程度となっている。かつては国産品と輸入品のすみ分けがあったが，現在は輸入品価格が上昇して価格差が縮小している。しかし，国内では主食用米からの作付け転換が容易な飼料用米などが優先され，大豆転作は進んでいない。日本は主要生産国と比較して大豆収量が極めて低いため単収の飛躍的な向上が求められている。

　国内の大豆タンパクは，健康志向の高まりやヴィーガンやベジタリアンの増加に伴い，食品や飲料，スポーツ栄養，医薬品などさまざまな分野で利用されており，特に機能性食品や肉の代替品としての需要が高まっている。

　アーチャー・ダニエルズ・ミッドランド（ADM，日本法人はAMDジャパン）は，米国のイリノイ州に本社を置く世界最大級の農産物加工・食品原料メーカーで，製粉，加工ならびに食品原料，飼料原料，健康・栄養素材などを市場に供給している。同社は2025年第1四半期を目指して，大豆タンパクをはじめとする代替タンパク質の供給を拡大するための拡張計画を展開している。同社は，イリノイ州ディケーターでの代替タンパク質生産を拡大するために約3億ドル（約400億円，2022年4月当時のレート）の投資を行うとともに，ディケーターに最新鋭のタンパク質イノベーションセンターを開設して代替タンパク質の生産・開発能力を強化する。同センターは技術革新を支援し，顧客のニーズに効率的に対応することを目的としている。同プロジェクトにより，ADM社の濃縮大豆タンパクの生産能力は従来のほぼ2倍になる。

　タンパク質イノベーションセンターは，既存の食品アプリケーションセンターと動物栄養テクノロジーセンターと併せて，ディケーターにあるイノベーション複合施設をさらに充実させるもので，顧客と密接に協力して優れたサービスを提供するためのカスタムソリューションを構築する能力を拡大することに重点を置いている。イノベーションセンターには，ラボ，テストキッチン，パイロットスケールの生産能力があり，多様な食材から持続可能性が高く効率的な加工，さらにユニークな食感，味，栄養にいたるまでのイノベーションを促進する。

　1988年に設立されたADMジャパンは，本社にアプリケーションラボを構え，原料サプライヤーとして，穀物，油糧，食品原料，香料，果汁，飼料，工業用製品などを提供するだけでなく，原料の豊富な品揃えと専門知識を生かしてプライベートブランドやフードサービス向けの製品開発から製造にいたるまで，顧客のあらゆるニーズに対応している。プラントベース製品・練り製

第3章　代替タンパク質の市場動向

品・スープなど加工食品では，分離，濃縮，粒状などさまざまなタイプの大豆タンパクを供給しており，製品のテクスチャーコントロールや，ジューシー感，保水性の付与などのソリューションを行っている。また，製品の機能や嗜好性を高めるためのクエン酸，天然由来の甘味料などの提案にも対応している。

デュポン社は，大豆タンパクの分野で世界的に有名な企業で，特に代替肉市場での成功が注目されている。デュポン社の大豆タンパクは，低カロリーで低コレステロールのため，健康志向の消費者に人気がある。同社は，米国での成功をもとに日本市場でも代替肉製品事業を展開しており，ベジミートハンバーグやベジミートジャーキーなどを製品化している。これらの製品はヴィーガンやベジタリアンだけでなく，健康やダイエットを気にする消費者にも受け入れられている。また，同社は大豆タンパクのみならず，エンドウ豆タンパクやカロブ豆タンパクなども有しており，それらを組み合わせることで製剤化し，メーカーでの商品開発の短縮に貢献している。筋肉増強目的で比較的消化スピードの速いホエイを使用する場合でも，消化スピードの遅いカゼインや大豆を混ぜて製剤化し，長時間にわたり血中のアミノ酸濃度を高め，より効果的な筋肉合成を促せるような工夫をするなど，高い提案力を有している。

カーギル（日本法人はカーギルジャパン）社は，米国ミネソタ州ミネアポリス近郊のミネトンカに本社を置く大手穀物商社である。現在は穀物だけでなく，精肉，製塩，食品全般，金融商品，工業品など幅広い分野で事業を展開している。同社は非公開企業で，主に創業家であるカーギル家とマクミラン家が株式を所有しており，世界70カ国以上で事業を展開している。カーギルは，世界中で大豆の供給と加工を行っており，特に大豆フレークや大豆分離物などの特殊原料の生産に力を入れている。カーギルジャパンは，食品メーカーや飲料メーカーなど多くの企業と協力し，大豆タンパクを含む製品を提供しており，同社の大豆タンパクは，さまざまな食品に添加されており，国内の大豆タンパク原料の供給と加工において重要な役割を果たしている。

スカラー（The Scoular Company）社は，米国ネブラスカ州オマハに本社を置く企業で，穀物，飼料，食品原料の購入，販売，保管，取り扱い，輸送を専門としている。スカラー社は北米を中心に60以上の拠点を持ち，世界中の食品，飼料，再生可能燃料市場に製品，サービスを提供している。日本市場でも30年以上の実績があり，信頼できる取引パートナーとして評価されている。同社は，アイデンティティ・プリザーブド（IP）大豆の供給に力を入れており，非遺伝子組み換えや有機大豆の高品質な製品を提供している。アイデンティティ・プリザーブド大豆は，遺伝子組み換えでない大豆を他の大豆と混ざらないように生産から流通まで一貫して管理された大豆で，この管理方法により消費者や顧客企業がその大豆が確実に遺伝子組み換えでないことを確認できる仕組みである。

同社の大豆タンパクは，EU基準を満たしていると認められたハードIPスキームで非GMO検証されている。厳選された大豆と加工助剤を使用して製造されており，純度と重金属レベルを維持している。また，すべての商品は英国小売業協会（BRC）が策定し，世界食品安全イニシアチブ（GFSI）が承認した食品安全のグローバルスタンダードの要件を満たしていると評価お

155

よび認証されている。さらに，完全に統合されたサプライチェーンは非 GMO サプライチェーン認証のすべての要件を満たしていると世界最大級の試験・検査・認証機関である SGS によって認定されている。

シンガポールのウィルマーインターナショナル（Wilmar International Limited，日本法人はウィルマージャパン）社は，アジアにおける植物油脂メーカー最大手の1社として，中国・インド・マレーシア・ベトナムなどを中心に大豆・菜種・落花生などのあらゆる油糧種子の搾油，精製および加工を行い，業務用および消費者用の植物油，マーガリン・ショートニングなどの加工油脂の製造を行っている。また，植物油製造の際に発生する脱脂大豆などの植物タンパク質素材や加工度を上げた大豆タンパク，豆乳などのタンパク製品と併せ，さまざまな食品用途，飼料用途の製品を製造している。同社は，1991 年にパーム油のトレーディング会社としてシンガポールに設立され，2007 年6月にクオック（Kuok）グループを合併し，アジア最大のアグリビジネスグループとなった。

ウィルマージャパンは植物油脂および加工油脂，オレオケミカル／スペシャリティケミカル，食品原料，飼肥料原料を取り扱っており，食品原料製品は脱脂大豆，分離大豆タンパク，濃縮大豆タンパク，粒状大豆タンパク，繊維状大豆タンパク，豆乳粉末などの大豆原料製品のほか，砂糖調製品，玄蕎麦，天然ビタミン E，d-α-トコフェロール，フィトステロール，タンパク加水分解物などである。また，飼肥料原料製品には大豆粕，菜種粕，パーム核粕，コーングルテンミール，コーングルテンフィード，濃縮大豆タンパク，大豆皮，ヒマシ粕などがある。

国内では，大豆タンパクをはじめとする原料では不二製油がトップシェアを占めている。同社は，日本を伊藤忠商事系の繊維商社から 1950 年に分離して創業した食品素材加工会社の老舗で，創業間もない頃から大豆の可能性を追求し，動物性タンパク源を補う植物性タンパク質素材を開発してきた。製品はタンパク質のみならず，油脂をはじめとする多様な植物性素材やその組み合わせにより生まれる製品に広がっている。取り扱っている製品はパーム油などの植物性油脂およびそれらを使用する業務用チョコレート原料のほか，乳化・発酵素材，大豆加工素材など業務用の食品素材も主力製品となっている。

また，同社は大豆ミートの素材である粒状大豆タンパクを抽出する技術を保有している。粒状大豆タンパクは牛肉，豚肉，鶏肉などに近い食感に仕上げた組織状の大豆タンパクで，同技術を使っている大豆ミート原料の「フジニックシリーズ」は国内の市場シェア第1位を占めている。

同社は，商品となるさまざまな加工品の研究に多額の投資をしており，大阪府泉佐野市の不二サイエンスイノベーションセンター，茨城県つくばみらい市のつくば研究開発センターという，2つの巨大な研究施設を有している。植物性油脂という無数の商品を生み出す原料を取り扱っている同社は，多岐にわたる製品の源流を押さえ，かつ商品を卸す企業からのさまざまな要望に合わせた細やかで丁寧なチューニング技術や 3,000 件以上といわれる特許を保有して，多くの食品メーカーのなくてはならないパートナーとしての地位を確立している。

熊本市の DAIZ は，独自技術で発芽させ，「穀物」から「植物」へ成長させた大豆（畑から採

れた大豆）をそのまままるごと利用した植物肉の「ミラクルミート」を製造している。同社の特許技術である「複合式発芽法」により，タンクの中で温度・酸素・水・二酸化炭素などを調節し，プレッシャーをかけられた大豆は，エネルギーを発動して大豆自体のうま味や栄養をアップさせる。発芽して植物になった大豆は通常の大豆に比べて，約5.5倍もうまみ成分がアップする。大豆はエクストルーダー（押し出し成型機）を用いて，独自技術で加工され，肉と同様の食感を実現している。

　同社は，日清食品，ニチレイフーズ，味の素，三菱ケミカルグループなど多くの国内大手企業やフランスのロケット社から資本調達しており，累計資本調達金額は130億円を超えており期待の高さがうかがえる。2024年1月には子会社のDAIZエンジニアリングがオランダのNIZO Food Research B. V.社と提携して，オランダにDAIZエンジニアリングヨーロッパ発芽フードテックセンターを開設，協業の第一ステップとして，主に動物性の乳製品と植物性タンパク質由来の乳代替製品を組み合わせたハイブリッド乳製品の開発を推進している。

　同社は現在，植物ツナも開発している。発芽大豆にエンドウ豆を混ぜてエクストルーダーにかけると，チキンのように縦に繊維ができ，細かくほぐすとツナフレークさながらの見た目，食感になった。

　同社は年間20,000トンのミラクルミート生産を見据えて新工場の建設を計画しており，第1期工事では年間8,000トンの生産能力を計画し，2025年2月からの操業開始を予定している。

　メイザーは，創業以来，大豆タンパク食品と素材開発専業メーカーである。主力製品のソイプロテインにさまざまな成分をプラス配合することで，独自性のあるソイプロテインをOEM生産している。また，代替肉としての大豆ミートやタンパク質を強化した菓子や食品の開発にも対応しており，大豆タンパク素材，大豆タンパク食品，大豆ペプチド，水溶性大豆多糖類など高機能食品素材および世界初のUSS製法によるプレミアム豆乳製品の製造などを行っている。

1.3.3　エンドウタンパク

(1) 概要

　エンドウ豆はマメ科植物で，世界中の多くの料理で一般的に使用されている食材である。タンパク質に加えて食物繊維やビタミンが豊富大量に含まれている。エンドウタンパクに使用する黄エンドウ豆は9種類の必須アミノ酸がすべて含まれているが，それらは動物性タンパク質に含まれるのと同じ割合で存在しているのではなく，多くのマメ科植物と同様にメチオニンの量が少なくなっている。一方，穀物にはエンドウ豆には不足しがちなアミノ酸であるリジンが豊富に含まれており，穀物との補完的な関係が米と豆，小麦パンとピーナッツバターなどの組み合わせを生み出している。

　エンドウ豆には，アミノ酸含有量以外にもさまざまな栄養上の利点がある。エンドウ豆は食物繊維が豊富で，消化器官の健康を促進し，体重管理に役立つほか，ビタミンK，マンガン，葉酸などのビタミンやミネラルも豊富である。また，脂肪とカロリーが低いので，あらゆる食事に健康的に加えることができるほか，コレステロール値を下げる化合物であるサポニンが含まれてい

るため心臓の健康にも有益である。ベジタリアンやヴィーガンの人々にとっては，エンドウ豆はタンパク質含有量と必須アミノ酸の存在が重要な成分となっている。

エンドウタンパクは，エンドウ豆に含まれるタンパク質を分離・精製した食品素材である。良好な乳化力および乳化安定性や製品の保水性を向上させるなどの特徴を持ち，各アミノ酸をバランスよく含み栄養価も優れている。エンドウタンパクは，従来にない新しいタイプの植物性タンパク質素材としてさまざまな加工食品に利用されている。エンドウタンパクの溶解性は，他のタンパクと同様，等電点付近（pH4.5〜4.7）で減少するものの比較的高い溶解性を示すことが特徴である。また，食塩共存下においても，エンドウタンパクの溶解度の低下はわずかで，広いpH域で一定の溶解性を維持することができる。

また，エンドウタンパクは，大豆タンパクなどとの比較で，乳化力に優れたタンパク素材である。乳化物の安定性にも優れ，エンドウタンパクを用いて調製した乳化物は耐熱性，耐塩性に富んでいる。また，エンドウタンパクは保水性にも優れており，食塩の影響を受け難く，冷凍解凍処理に強い。大豆タンパク，乾燥卵白などのゲルは冷凍解凍処理によりスポンジ状に固く変性して大量のドリップを生じるが，エンドウタンパクのゲルは見かけ上ほとんど変化することがなく，最も冷凍解凍耐性に優れている。

（2）市場／開発動向

インドのIMARC社の調査によると，世界のエンドウタンパクの市場規模は2023年に11億500万米ドルに達している。また，2024〜2032年の年平均成長率（CAGR）は11.6%で，市場は2032年までに30億5,700万米ドルに達すると予測している。エンドウタンパクは，ホエイやカゼインなどの動物性タンパク質の代替品として，特にベジタリアン，乳糖不耐症など特定の食事制限を持つ人々の間で人気が高まっている。

世界市場を牽引しているのは，栄養価の高い食事を維持することの重要性に対する消費者の意識の高まりで，加えて多忙なライフスタイルのため，バランスの取れた食生活を維持することが難しいことが多い人々に支持されている。現在ではプロテインサプリメントやプロテイン強化食品が便利な健康食品として利用されるようになっており，エンドウタンパクは消費者の健康と持続可能性への関心の高まりに沿った植物由来の代替食品の位置を確保しつつある。エンドウタンパクは，飲食品，植物由来の代替肉，栄養補助食品，焼き菓子など，多様な食品に使用されており，市場に浸透しつつある。

さらに，エンドウタンパクは乳糖，グルテン，大豆に対するアレルギー，不耐症，過敏症などに対して有用である。食物アレルギーは子供を中心に世界的に増加しているため，低アレルギー食品に対する需要は飛躍的に伸びている。エンドウタンパクはさまざまな食品や飲食品に簡単に取り入れることができるため，世界の多様な料理に適応できる。この特性により，エンドウタンパクは健康食品専門店だけでなく，スーパーマーケット，ファストフード分野にまで需要を広げている。それに加えて，糖尿病，心血管疾患，腎疾患などの健康状態の管理における治療用途に

第3章　代替タンパク質の市場動向

おいても，エンドウタンパクは市場地位を確立しつつある。

　フランスのロケット社（日本法人はロケットジャパン）は，植物由来の原材料の世界的リーダーであり，植物系タンパクのパイオニア，医薬品添加剤のトップメーカーである。同社は，顧客やパートナーと協力して，食品，栄養，健康市場に最適な原材料を提供することで現在および将来の社会的課題に取り組んでおり，多様な製品によりユニークで重要なニーズに応え，より健康的なライフスタイルを支えている。

　2024年2月，ロケット社は，植物由来の製品や高タンパク質の栄養食品の味，食感，またクリエイティビティを改善した4つの多機能性エンドウタンパクを発売し，植物性タンパク質市場の新境地を開拓している。4製品は「NUTRALYS Pea F853M（アイソレート）」，「NUTRALYS H85（加水分解）」，「NUTRALYS T Pea 700FL（繊維）」，「NUTRALYS T Pea 700M（繊維）」で，栄養バー，プロテインドリンク，植物肉や乳製品の代替品などの最終製品に洗練された味わいと高タンパク質な成分を提供している。ニュートラリスブランドの製品の種類は豊富で，ヨーロッパと北米の生産者から仕入れた原料を最先端の品質管理の下で保管し，世界最高水準のタンパク製造設備で製造されている。ニュートラリスの成分は小麦，米，ソラマメ，エンドウ豆などからつくられている。

　ETプロテイン社は，中国を拠点とする植物性タンパク質のトップメーカーで，オーガニックライスプロテイン，エンドウプロテイン，かぼちゃ，ひまわり，緑豆プロテインなど，さまざまな植物由来のプロテイン製品を提供している。エンドウタンパクにおいて，同社はニュートラルな味覚，風味を誇る加水分解クリアエンドウタンパクのプロバイダーであり，同社の製品は国際規模で入手可能な唯一の選択肢として存在している。

　また，同社はスポーツ栄養，減量，美容スキンケア，脳の活性化と睡眠の強化など，さまざまな健康ニーズに対応するための高品質栄養成分も提供しており，製品は100％ヴィーガン，アレルゲンフリー，遺伝子組み換え作物フリー，グルテンフリー，乳製品フリー，大豆フリーであることを特徴としている。製造施設はBRC，HACCP，オーガニック，コーシャ，ハラールの認証を受けており，米国，欧州，アジア，オーストラリア，中東，南米など世界の大手食品・飲料ブランドに対して，ユニークなヴィーガンプロテインパウダーを供給している。

　国内の第一化成は，食肉加工，水産加工，惣菜，製菓・製パン，冷凍食品，製麺，調味料，乳製品，農産加工，缶詰，飲料，健康食品，ペットフードなど，あらゆる分野での製造に最適な機能を有する食品素材，食品，食品添加物および応用製剤の開発と製造，販売を行っている。「プロテインGP」は黄色エンドウ豆から精製濃縮したエンドウタンパクで，青臭さが少なく，製品の風味を生かすことができる。高い乳化性を示し，製品の保水性，食感改善などの効果がある。また，特定原材料物質（アレルギー物質）を含んでいない。びわ湖，亀山など6つのプラントで原料受入れから製品出荷まで，独自のQRコードを利用して一貫した製造管理体制を構築している。HACCP導入型食添GMPおよび京（みやこ）・食の安全衛生管理認証制度を取得するとともに同社独自の厳しい製造管理基準を加えて製造している。

159

オルガノフードテックは，1993年からエンドウ関連製品の販売を開始している。同社は，食肉加工用をはじめとして高品質な各種製品を提供しており，時代のニーズに応える新製品開発を手がけている。主な素材製品にはリン酸塩，増粘多糖類，食品添加物製剤，食品素材，タンパク，食物繊維，糖類，調味料などの食品素材や健康食品素材がラインアップされている。タンパクではエンドウタンパクをはじめ，ソラマメタンパク，リョクトウ（緑豆）タンパク，ヒヨコマメタンパクなどの食品素材をラインアップしている。エンドウタンパクの「PP-CS」は，黄エンドウ豆に含まれているタンパク質を主成分としており，食肉加工品，惣菜類，魚肉加工品，調味料類，小麦粉製品などの品質改良，タンパク強化，乳化目的で利用されている。また，タンパク加工品の「オルプロテイン PG-3」は，エンドウタンパクに増粘安定剤を配合したタンパク加工品で，食肉加工品，惣菜類，魚肉加工品，調味料類，小麦粉製品などの品質改良剤として使用されている。乳化力および乳化安定性に優れており，低 pH 域においても一定の乳化力を発揮する。その他のエンドウ豆関連製品では，エンドウ食物繊維「オルプラス POF-C3」がある。同製品はエンドウ豆の外皮を有効活用したもので，食物繊維の強化，食品の保水性・保油性・保形性の向上，すりおろし食感やふんわり食感の付与などの目的で使用されている。

2018年に創業したリンクフードは，エンドウ豆製品の製造・輸入を主要事業としている企業で，カナダ産のエンドウ豆を発芽させ，発酵工程を経て分離されたパウダー状のエンドウタンパクの「BF-PP」を上市している。粉末状のプロテインパウダーのため，牛乳などにも分散しやすい特徴があるほか，タンパク質強化のために小麦粉や米粉の代替品としても使用することができる。BCAA（分岐鎖アミノ酸）が豊富で腹持ちがよいタンパク質で，アレルゲンや遺伝子組み換えなどの表示上の制限がないため使いやすい原料となっている。また，タンパク質原料として安価なため，コスト競争力が高い。アレルギー表示不要，バランスのよいアミノ酸組成，植物性といった特徴を生かして，乳タンパクや大豆タンパクなどのタンパク原料との組み合わせや一部置き換えとして使用できる。BE-PP には，タンパク質含有量80％品と85％品の2種類の製品がある。

三晶はカナダ産の黄エンドウ豆を原料としたエンドウタンパクを中国の Yantai T. Full Biotech 社から輸入，販売している。同製品はエンドウ豆特有の風味を抑えたタイプで，必須アミノ酸がバランスよく含まれており，アレルギーリスクが低く，さまざまなアプリケーションに利用できる。

1.3.4 ライスプロテイン

(1) 概要

ライスプロテインは，米から抽出されたタンパク質で，動物性プロテインと比較するとアレルギー反応が起こりにくいと一般的に認識されている。消化も容易で，体に負担をかけずに効率的に栄養補給を行うことができる。ヴィーガンやベジタリアン，動物性プロテインを避けたい人々に適したタンパク質である。また，ライスプロテインには筋肉の合成を促進するアミノ酸が豊富に含まれている。消化吸収が良好であるため，トレーニング前後に摂取することで筋肉の回復を

第3章　代替タンパク質の市場動向

促し，トレーニング効果を高めることが期待できる。また，吸収率が低く，低カロリーで満腹感を得やすいため，ダイエット中の人々にも適している。

ライスプロテインには，コンセントレートタイプとアイソレートタイプの2種類が存在する。コンセントレートタイプは，タンパク質の含有量がやや低いものの，他の栄養素（繊維，炭水化物，脂質など）も含まれているため，栄養バランスが豊かである。一方，アイソレートタイプは，タンパク質の含有量が高く，低脂肪，低炭水化物で，消化吸収がよいことが特徴としてあげられる。

ライスプロテイン　玄米または白米に由来し，通常は炭水化物からタンパク質を分離する酵素で米を処理することによってつくられる。このプロセスにより，高タンパク質，低炭水化物の製品が得られ，天然のグルテンフリーでもあるため，グルテン過敏症やセリアック病の人々に適した選択肢となる。

ライスプロテインには9つの必須アミノ酸がすべて含まれているが，動物性タンパク質に比べてリジンやバリンの含有量が少ない。そのため，他の植物性タンパクと組み合わせて摂取することが重要になる。特に，エンドウタンパクにはリジンが多く含まれているため，バランスの取れたアミノ酸プロファイルを構成できる。

ライスプロテインにはタンパク質のほか，消化を助け，腸内環境を整える食物繊維と，エネルギー代謝や疲労回復に役立つビタミン B_1，B_2 が豊富に含まれている。このことがライスプロテインの特徴であり，腸内環境改善，免疫力向上，美肌，疲労回復などの効果の背景となっている。

(2) 市場／開発動向

インドの Mordor Intelligence 社によると，ライスプロテインの市場規模は2022年に8.1億米ドルと推定され，2029年までに10.1億米ドルに達すると予測されている。予測期間（2024年〜2029年）中に4.09％の年平均成長率（CAGR）で成長すると推定されている。食品と飲料市場は，2022年のライスプロテイン消費量の82.82％を占めている。ライスプロテインは主に分離物の形態で，肉のタンパク質含有量に匹敵する能力を有しており，これがこのセグメントにおける需要を牽引している。ライスプロテインは，ヴィーガン，グルテンフリー，高タンパク食品を求める消費者などさまざまなニーズに応えており，チキンナゲット，ソーセージ，パテその他製品の製造において，肉の増量剤として使用されている。また，スポーツおよびパフォーマンス栄養市場の需要が顕在化しており，今後の予測期間中ではCAGR 5.99％を記録すると予測されている。

一方，プロテインパウダーや飲料，お菓子などを含めたタンパク補給食品の国内市場は，2011年から2021年の10年間で4倍に成長し，2026年にはさらに上昇して3,218億円になると予測されている。消費者の多様なライフスタイルに合わせて，さまざまな形状の製品開発が進んでおり，プロテイン製品のみならず一般食品のタンパク質強化のトレンド成長要因となっている。また，プロテインを摂取している人も男女問わず全年代で増加傾向にあり，プロテイン摂取人口も購買意欲も増加しているため 多様な需要に対応する必要が生まれている。プロテイン製品は筋トレ

161

をする人やアスリートが摂取するものから，今日では日常的に摂取し，健康や美容にも取り入れられる製品となっている。

フランスのロケット社は，「ニュートラリス（NUTRALYS）」ブランドで，ライスプロテイン原料を提供している。同社のライスプロテインは，アイソレートおよびコンセントレートタイプの両方で提供されており，高タンパク飲料，プロテインバー，その他のスナック，栄養ドリンクなどの用途の原料に使用されている。「ニュートラリス ライス I850XF」は，プレミアム品質のライスプロテインアイソレート（D. S. で 85％のタンパク質）の製品である。非遺伝子組み換え米からの製造された安全で身近なタンパク質源であり，「NUTRALYS エンドウ豆タンパク質」を補完して，高タンパク質飲料を中心に採用されている。同製品は極細粒子サイズの粉末で，不溶性および低粘度のタンパク質である。プロテインパウダーシェイク，プロテインレディドリンクシェイク，植物ベースの飲料，プロテイン生地バーとスナック，代替肉などでの使用が推奨されている。同製品のライスプロテインは，非遺伝子組み換えイネからの水性抽出により単離された植物性タンパク質である。

中国の ET プロテイン社はライスプロテインの「ライスプロ（RicePro）」を上市している。ライスプロテインは精米，分離，濃縮，乾燥などのプロセスによって米から得られるが，同社は製造技術を改良することで，異味やにおいがなくあらゆる種類の配合やレシピに適合する製品を製造している。同製品は，食事制限，アレルギー，過敏症のある人々やヴィーガンやベジタリアンにとって，ホエイプロテインの優れた代替品として機能するとともに，その優れた性能により，機能性食品素材や栄養補助食品として広く使用されている。同社のプロテインパウダーは非遺伝子組み換えの米からつくられている。

同社では，有機ライスプロテインの取引証明書（検査証明書）を発行するとともに，上流の有機米までのトレーサビリティを確保している。また，ライスプロは低価格を実現するとともに，多くの競合製品が 3～6 カ月保存すると異臭や異味が出るのに対して，より長い保存期間を確保している。加えて高リジン，低脂肪を実現しているほか，オプションではあるものの 300／500／600 メッシュの製品規格も用意している。

国内では，リンクフードが「ライスプロテイン」を上市している。タンパク質含量 80％と90％の 2 製品があり，中国から輸入している。原料生産地は中国およびその他の国々で，受注生産方式を採用している。

アミノ酸の総合商社であるサンクトは，中国産の玄米タンパクを取り扱っており，タンパク質含量 85％以上の製品を提供している。

フリーマンニュートラグループ（旧 上海フリーマンジャパン）は，アミノ酸各種や植物性タンパク質を取り揃えている。同社はクレアチンやアルギニンなど 20 種類以上のアミノ酸を取り揃えており，製品はドリンクやサプリメントなどのスポーツニュートリション商材に採用され，最近ではゼリー製品（三方スティック，パウチ）への採用も進んでいる。単体での販売に加えてBCAA や EAA などミックス製品も取り扱っている。

162

第3章　代替タンパク質の市場動向

　ミックス製品は，原料製造元のメーカーがアミノ酸各種を豊富に取り揃えているため，原料調達から混合まで行える。そのため他社より価格を抑えて提供できる点が大きな強みとなっている。

　同社ではアミノ酸のほかにも，大豆タンパクをはじめとする植物性タンパク質を取り揃えている。スポーツ製品への採用だけでなく食事の置き換えなど用途も幅広く，カナダ産エンドウ豆を使用したピープロテインやライスプロテイン，パンプキンシードプロテインなど豊富な植物性プロテインを取り揃えている。

　同社は，社名を「フリーマンニュートラグループ」に変更し，取扱原料のラインアップを拡充させている。これまでは中国産原料を主に取り扱ってきたが，欧米各国に拠点を持つ同社の強みを生かして，世界各国の原料を扱うグローバル企業として展開していく。

　三和商事は，ベトナム産のライスプロテインを輸入，販売している。白米由来のベトナム産のライスプロテインで，玄米とは異なり臭みが少ないため，プロテインバーなどの健康食品の開発に使われている。

1.3.5　ナッツタンパク

(1) 概要

　ナッツ類は，食事管理が重要なトップアスリートが間食として摂取するほどタンパク質が豊富で，良質な脂質やミネラルも同時に摂取できる食材である。また，ナッツの中でもアーモンドやカシューは脂肪酸や繊維が豊富で，筋肉の栄養補給に効果的である。ナッツ類のタンパク質含有率は15〜20％で，肉類と比べても引けをとらない割合である。

　ピーナッツ（落花生）は，100gあたり約26.5gのタンパク質を含んでおり，ナッツ類の中で最もタンパク質を含んでいる。ピーナッツは大豆と同じマメ科植物で厳密にはナッツ類ではないが，豆類の中では高脂肪でナッツに近い食べ物として認識されている。ピーナッツは約4分の1をタンパク質が占めている。タンパク質のほかにも不飽和脂肪酸，ビタミンE，ビタミンB群，マグネシウム，鉄分，亜鉛などのミネラル，食物繊維が含まれており，健康に必要なほぼすべての栄養素が含まれている。特に，抗酸化作用のあるポリフェノールや心臓病のリスクを下げる不飽和脂肪酸が豊富である。一方，脂質の割合が50％以下で，他のナッツよりも少ない。そのため，ダイエットにも効果的とされている。

　ピーナッツと同等のタンパク質含有量を持つのがパンプキンシード（かぼちゃの種）で，ピーナッツ同様，100gあたり約26.5gものタンパク質を含んでいる。パンプキンシードは，食用のイメージが薄いが，カリウム，マグネシウム，鉄分，亜鉛，葉酸などをはじめ豊富な栄養素を含んでいる。パンプキンシードは，欧米ではメジャーな食品となっている。

　アーモンドは，100gあたり約20.3gのタンパク質を含んでいる。日本では最もメジャーなナッツとなっているアーモンドは西アジア原産で，世界三大ナッツの1つとされている。ビタミンE，オレイン酸，食物繊維を多く含んでいるのが特徴で，健康効果が注目を集めている。香ばしさとリッチな味わいのあるアーモンドはそのままでも食べられているが，パンや菓子，料理の材料と

163

しても使用されている。また，水とともに粉砕し，固形分を取り除いたアーモンドミルクも注目
されている。

サンフラワーシード（ヒマワリの種）は，100g あたり約 20.1g のタンパク質を含んでいる。
サンフラワーシードは北アメリカを原産とするナッツで，その歴史は紀元前までに遡り，長く
人々に親しまれている。

カシューナッツは 100g あたり約 19.8g のタンパク質を含んでいる。カシューナッツは西イン
ドが原産で，おつまみだけでなく料理にも使われるウルシ科のナッツで，鉄分や亜鉛，銅といっ
たミネラルに加えてビタミンも豊富に含まれている。なめらかな舌触りと食感で人気がある。

ナッツ類のアミノ酸スコアは 80〜100 で，煎りごまや小麦よりも高いスコアを示している。一
方，ピーナッツ，アーモンド，カシューナッツなどはアレルギーの原因となる物質として加工食
品に表示をする特定原材料等 28 品目に含まれている。

ナッツは，スナックや間食としてそのまま食べられることが多い。特に，アーモンド，クルミ，
ピスタチオなどが人気となっている。また，料理の材料としても多く使われており，サラダに
トッピングしたり，炒め物に加えたりして利用される。そのほか，ナッツをペースト状に加工し
たピーナッツバターやアーモンドバターは，パンに塗ったりスムージー加えたりされるほか，プ
ロテインバーやエナジーバーでは主要成分として利用され，運動後の栄養補給や間食として利用
されている。また，アーモンドやカシューナッツなどは植物性ミルクも広く利用されており，特
に，乳製品の代替品としてヴィーガンや乳糖不耐症の人々に人気がある。

(2) 市場／開発動向

インドに本社を置く Mordor Intelligence 社によると，ピーナッツの需要はタンパク質が豊富
な食品に対する需要の増加によって世界的に高まっている。さらに，医薬品やパーソナルケア分
野ではピーナッツオイルの需要が高まっており，市場の成長要因の 1 つとなっている。ピーナッ
ツの主要輸出国はアルゼンチン，インド，米国，中国で，国際貿易統計に関するオンラインデー
タベースである ITC の「Trade Map」によると，2021 年にはアルゼンチンが 634,080 トン，2
位のインドは 563,268 トンのピーナッツを輸出している。また，米国では，南東部，南西部，バー
ジニア州，ノースカロライナ州で生産されており，輸出の大半を占めている オランダ，ドイツ，
イギリスの 3 カ国は，ピーナッツの大きな需要があり，生産国に大きなビジネスチャンスを提供
している。ヨーロッパ市場は動物性タンパク質の代わりに植物性タンパク質人気を集めているた
め，顧客の消費パターンの変化により成長すると予想され，ピーナッツは不飽和脂肪，食物繊維，
タンパク質，ビタミン，ミネラルの重要な供給源になると予想されている。

中国の ET プロテイン社は，高品質のピーナッツプロテインを提供している。同社は低脂肪で
非遺伝子組み換えの原料を取り扱っており，世界各国に輸出している。同社のピーナッツ プロ
テインパウダーは，動物性タンパク質を超える栄養プロファイルを誇る優れた植物性タンパク質
で，消化率が高く，人体に効率よく吸収される。大豆に比べて抗栄養因子の含有量が少ないのが

第3章　代替タンパク質の市場動向

特徴となっており，ゲル化，乳化，保水，吸油能力に優れており，栄養価を高めるためにさまざまな食品加工に利用されている。

　中国の西安市に本社を置くWanKon Biotech（万康源）社は設立以来，化粧品原料，植物抽出物，大豆ペプチド，トウモロコシペプチドなどのオリゴペプチドの研究，販売，サービスを展開している。同社の製品は，米国，ヨーロッパ，東南アジアなどの多くの国々輸出されている。製造はISO9001とGMPに適合しているボロブドゥール抽出センターで行われている。同社はピーナッツプロテインのほかにも，アーモンド，エンドウタンパク，スイカ種子タンパク，ミレー（キビ）プロテイン，高純度ルピナス種子プロテイン，オーツプロテインなど，多種類の植物性タンパク質を上市している。

　米国のAustrade社は，非遺伝子組み換え，天然，特殊食品原料の大手サプライヤーで，同社の高品質な原料は，クリーンラベル製品で構成されている。同社は25年以上にわたり，食品および飲料会社にオーガニック原料を提供してきた。クリーンラベル成分の分野におけるイノベーターとして認められている同社は，ブランチアーモンド（皮を取り除いたアーモンド），カシューナッツ，ヘーゼルナッツ，マカダミア，ピスタチオなどを市場に供給している。そのほかにも，同社はオーツ麦，エンドウ，カボチャ，ヒマワリなどのタンパク質を上市している。

　ドイツのAll Organic Treasures（AOT）社は，オーガニック原料のオイルやプロテインなどを提供している。AOT社は，オーガニックコスメ認証COSMOSやEUオーガニック認証を取得しており，高品質な製品を世界中に供給している。特に，アルガンオイルなどのオーガニックオイルは，化粧品や食品に広く使用されており，その品質管理には厳しい基準が設けられている。同社は，アーモンドタンパク，カシュータンパク，カボチャタンパク，ヒマワリタンパク，ココナッツタンパク，ソラマメタンパクなどの植物性タンパク質も市場に供給している。

　Blue Diamond Growers社は，100年の歴史を持つ農業協同組合であり，世界的な消費者向けパッケージ商品（CPG）企業でもあるユニークな組織である。協同組合のビジョンは，世界中の生産者の高品質なアーモンドの市場と革新的な使用を拡大することにより，アーモンドの利点を世界に提供することとなっている。同協同組合は，アーモンドを販売するために設立された最初の生産者所有の協同組合で，日本や中国など80カ国以上でカリフォルニアアーモンドの市場を開拓した最初の企業である。現在は，世界最大のアーモンド加工業者で，サクラメント，サリダ，ターロックにある3つの生産工場に250万平方フィート以上を展開している。また，サクラメント工場にはイノベーションセンターが併設されており，最先端の同センターでは，専門知識が豊富なR＆Dチームが新しいアーモンド原料アプリケーションのインキュベーターとして機能している。

　タバタは，内外産のピーナッツ，アーモンドをはじめ，製菓原料用各種ナッツ類の加工および製菓原料関連商品の卸販売と輸出入業務を事業としている。研究開発機能を担うナッツセンターを併設する千葉工場と土気工場を設置しており，国内各社に各種ナッツ製品を供給するとともに，系列会社の神戸フーズではリテール製品も製造している。食品素材はピーナッツ，アーモン

ド，ピスタチオ，ココナッツ，カシューナッツ，マカダミア，パンプキンシード，クルミ，ヘーゼルナッツ，サンフラワーシードをラインアップしている。

東海ナッツは，ナッツの加工と販売を専門とする明治グループの企業である。静岡県藤枝市に工場を持ち，高品質なナッツ製品を提供している。同社は，アーモンドをはじめ，ヘーゼルナッツ，マカダミア，カシューナッツ，ピスタチオなど，さまざまなナッツを加工し販売している。加工方法もさまざまで，アーモンドならローストしたホール品（丸粒），刻み品，ペーストのほか，パウダー，プラリネペースト，マジパン，コーティングとバリエーションも豊富に揃えている。ナッツ加工製品は，製菓や製パン，外食産業などに供給しており，明治の「アーモンドチョコレート」や「マカダミアチョコレート」などの製品に使用されるナッツ加工品も供給している。高い技術力と品質管理力を持ち，FSSC22000認証を取得して安心・安全な製品を提供することを目指している。

1. 3. 6　小麦タンパク

(1) 概要

米，トウモロコシ，小麦は世界の三大穀物といわれ，その中でも小麦は最も多く栽培されており主に小麦粉に加工されている。小麦粉のタンパク質にはグリアジンとグルテニンという成分が含まれており，小麦粉に水を加えてこねることで反応を起こして粘りのある塊になる。これを水洗いすると小麦粉をデンプンとタンパクに分離することができる。小麦タンパクはこの時できたタンパクの塊で，ガムのような粘弾性を特徴としている。この小麦タンパクはグルテンといわれている。

グルテンは，小麦粉の持つ2種類のタンパク質の性質からほかの穀類にはない特徴を持ち合わせている。グルテニンは弾力性があり伸びにくい性質を持ち，グリアジンは粘着力が強い性質をしており，グルテンは弾力性と粘着性を兼ね備えた粘弾性を特徴に持つ物質となっている。グルテンは，原料の小麦粉や練る時の水の分量によって性質の強度に違いがでてくる特徴があり，この特徴をいかしてパンやめん類，菓子，水産物のねり物などに利用されている。日本農林（JAS）規格では，小麦タンパク（グルテン）を粉，ペースト状，粒状，繊維状に分類している。

食物として摂取されたタンパク質は，胃，十二指腸，小腸の胃酸と消化酵素によって消化（分解）され，構成単位であるアミノ酸になる。アミノ酸は小腸の壁から吸収されて血管の中に入り，全身へ運ばれる。体内で再びタンパク質となって筋肉，臓器，皮膚，毛髪の構成成分になるほか，体の機能を調整するホルモン，酵素などの原料としても使われている。

小麦タンパクは人間の消化酵素で分解されにくいため，小腸で吸収されにくく，食べても筋肉がつかない。そればかりか，腹部膨満や腹痛，下痢の原因になる。また，アミノ酸スコアの数値が低く，他のタンパク質に比べて栄養成分が少ない。吸収率が低いのは，食べものとして摂ったタンパク質が小腸に到達するまでにアミノ酸にまで分解されず，ペプチドの状態で分解が止まっていることが理由となっている。

動物性タンパク質はいずれも摂取した量88〜98％が吸収される。一方，植物性タンパク質は

第3章　代替タンパク質の市場動向

動物性タンパク質に比べて吸収される比率が低く，大豆タンパクでは82％，小麦タンパクはそれよりも低く76％しか吸収されない。さらに，アミノ酸として体内に吸収された後，タンパク質などに再合成されて体に保持される割合をみると，動物性タンパク質のホエイや卵白が100％，大豆タンパクが74％であるのに対して，小麦タンパク54％と大きな違いがある。そのため，食物として同じ量のタンパク質を摂ったとしても，小麦タンパクでは41％しか体に残らないので，小麦タンパクを摂っても筋肉が付かないことになる。また，小麦タンパクは分解されにくくガスに変わりやすいので，おならの原因にもなる。

　一方，小麦タンパクによるアレルギーには，小麦タンパクに含まれる成分が体の免疫機能と過敏に反応することで引き起こされるグルテン過敏症，小麦タンパクに反応してしまう自己免疫疾患のセリアック病，小麦に対する免疫反応が原因となる小麦アレルギーなどがある。日本では2011年に食物アレルギー患者を中心としたアレルギー表示制度が導入されている。小麦タンパクは特定原材料の8品目に含まれており，表示が義務づけられている。

(2) 市場／開発動向

　インドのMordor Intelligence社によると，小麦タンパク質の世界市場は，2021年に25.2億米ドルとなった，2019～2029年の予測期間には年平均成長率（CAGR）6.84％で成長すると予測されている。背景には新興国における菜食主義者の人口増加や植物性の栄養食に対する需要の増加があげられる。そのほか，人口の高齢化，所得水準の上昇，都市化の進展なども小麦タンパク製品に対する需要を促進している。食品市場以外にも化粧品産業における技術の進歩や，インドや中国のような国々における天然有機代替品への需要の高まりの市場の成長に結びついている。

　一方，1980年以来，肥満のレベルは世界的に倍増しており，多くの国々で体重管理は常に国民の間で問題視されている。ここ数年，肥満に対する意識は急激に高まっており，世界の小麦タンパク質市場にとってプラスの要因となっている。

　小麦タンパク市場は北米地域のシェアが高くなっている。米国とカナダを中心とした地域で多忙なライフスタイルと仕事のスケジュールにより，RTE（(Ready To Eat)）食品の消費が多くなっており市場の成長を支えている。一方，欧州市場では，ビスケット，ケーキ，パンその他のベーカリー製品における製品用途の拡大が，小麦タンパク質市場の成長に結びついている。ドイツ，フランス，英国などの国々では，オーガニック製品の普及が進んでおり，小麦タンパク市場の拡大に貢献している。

　小麦タンパク市場は，濃縮物（特に小麦グルテン）が市場をリードしている。小麦グルテンは吸水性と構造構築特性によりさまざまな用途に使用されており，食料，飲料分野では，強度，柔軟性，卓越した効率性，高タンパク質含有量などの機能性により利用が増大している。また，非遺伝子組換え，有機，クリーンラベルを訴求する天然製品向けの加水分解小麦（小麦グルテンを酵素や酸，アルカリを使って加水分解し，タンパク質を細かく切断したもの）の生産が増加している。

代替肉の技術と市場

　ADM（Archer Daniels Midland Company）社は2020年9月，「Prolite MeatTEX テクスチャード小麦タンパク」を発売している。この高機能タンパク質製品は，代替肉の食感と密度を改善する新たな素材として期待されている。また，同年6月にはブラジルのマルフリグ（Marfrig）社と合弁会社を設立している。この提携により，ADM 社は大豆粉，濃縮大豆タンパク，分離大豆タンパク，テクスチャードタンパク，小麦タンパク分離物などの植物性製品を北米および南米市場に供給することを目指している。同社は2022年1月，栄養と健康産業における高品質な発展を確立するために，中国で初の科学技術センターを開設すると発表した。

　カーギル社（カーギルジャパン）は，小麦粉由来のタンパク質である活性小麦グルテン製品の「グルビタル（Gluvital）」を上市している。同製品は小麦粉のつなぎや生地の機械加工性を改善し，最終製品の賞味期限を改善することができる。パスタやパン製品が用途などに採用されている。

　ドイツのイベンビューレンに本社を置くクレスペル＆デイターズ（Crespel & Deiters）社は，欧州の小麦デンプンおよび小麦タンパクの大手メーカーの1社である。同社は，高品質の小麦ベースの製品を革新的なプロセスで加工しており，段ボール，紙，技術用途の接着剤，焼き菓子，小麦の天然原料からつくられた動物用の乾燥飼料や液体飼料などの結合剤を製造している。

　「ロリマ（Loryma）」は，同社グループの食品産業向けのブランドで，小麦タンパク質や小麦デンプン，エクストルデート（押出成形品）などを提供するブランドである。ロリマは，小麦タンパク質，小麦デンプンなどの小麦ベースの原材料と，肉製品，魚製品，ベジタリアン製品，ヴィーガン製品，焼き菓子，コンビニエンス製品，菓子の安定性や食感，味覚を最適化する小麦ベースの機能性ブレンドで構成されている。

　2022年10月，クレスペル＆デイターズグループは，代替肉のための革新的な押し出し物（エクストルデート），小麦デンプン，機能性ブレンドを発表している。同社は，機能性小麦原料に基づく肉製品やヴィーガン，ベジタリアン向けの製品は，ハイブリッドおよび植物ベースの代替品向けの Lory Tex シリーズの革新的なテクスチャーや加水分解小麦タンパクによって構成されている。

　フランスのロケット社（ロケットジャパン）は，小麦タンパク製品として，「ニュートラリス（NUTRALYS）」シリーズを上市している。このシリーズは，持続可能な栄養を提供し，さまざまな用途に対応できるエンドウ豆，ソラマメ，米，小麦などの高品質な植物性タンパク質で構成されている。小麦タンパクは穀物タンパク質の優れた供給源であり，エンドウ豆やソラマメなどのマメ科植物タンパク質との相乗効果を発揮し，アミノ酸組成と消化プロファイルを向上させている。「ニュートラリス W」は可溶性小麦タンパクで，アクティブなライフスタイルをサポートするための手頃な価格の穀物タンパク質源を提供している。低粘度であるため，食感を維持しながらさまざまな植物ベースの肉やシリアルの焼き菓子をタンパク質で強化できる。アミノ酸組成と消化の速いプロファイルは，エンドウ豆やマメ科植物のタンパク質と相乗効果を発揮し，スポーツや痩身食品などのダイエットのニーズを満たしている。

168

第3章　代替タンパク質の市場動向

2　乳タンパク質

2.1　概要

　乳タンパク質には，全体の20％を占めるホエイタンパク（WPC）と80％を占めるカゼインの種類があり，体内でつくることができない必須アミノ酸をすべて含んでいる（表6）。ホエイタンパクもカゼインもチーズ製造の副産物である。チーズの製造では，加熱した牛乳に特殊な酵素や酸を加える。これらの酵素や酸によって，牛乳の中のカゼインが凝固し，液体から分離して固体に変化する。この液体物質がホエイ（乳清）タンパクである。残ったカゼインは洗浄・乾燥し，プロテインパウダーにしたり，カッテージチーズなどの乳製品に添加したりして使われている。これらのタンパク質は消化吸収のスピードや機能性などが異なる。牛乳は，この2つのタンパク質の働きによって，豊かな栄養分が最大限に利用されて仕組みになっている。

表6　ホエイタンパクとカゼイン

項目	ホエイタンパク	カゼイン
物性	・水溶性タンパク質	・不溶性タンパク質
吸収速度	・吸収速度が速く，消化吸収が早い。摂取してから90分程度で血中濃度が下がる。	・不溶性で，消化吸収が遅い。摂取してから4〜5時間は血中濃度が高いままである。
アミノ酸プロファイル	・アミノ酸スコアが優れている。 ・分岐鎖アミノ酸（BCAA）のロイシン，イソロイシン，バリンを多く含む。	・アミノ酸スコアが優れている。 ・ヒスチジン，メチオニン，フェニルアラニンなどを多く含む。
機能性	・免疫系を高める免疫グロブリンと呼ばれるいくつかの活性タンパク質が含まれている。 ・細菌やウイルスなどに対する殺菌作用や抗菌作用がある。 ・ビタミンAなどの重要な栄養素を体内で運搬したり，鉄などの他の栄養素の吸収を促進する。 ・病原菌の感染予防，腸内環境の改善，骨の強化，がん発症予防への寄与	・免疫系と消化器系に効果があるとされるいくつかの生物活性ペプチドが含まれている。 ・血圧を下げたり，血栓の形成を抑えるなど，心臓によい影響を与える。 ・カルシウムやリンなどのミネラルと結合して運搬し，胃の中での消化率を向上させる。 ・牛乳中にカルシウムを安定して保持し，カルシウムの吸収を助ける。
使用タイミング	・トレーニング直後や朝食時など，素早くタンパク質を補給したいときに適している。	・就寝前や長時間食事を摂れないときに摂取するのが効果的である。

2.1.1　ホエイタンパク（ホエイプロテイン）

　ホエイタンパクは，カゼインよりも筋肉をつくるのに適している。ホエイタンパクの一種であ

169

るWPC（ホエイプロテインコンセントレート）は，タンパク質含有量が70〜80％で，他の栄養素としてビタミンやミネラルも含まれている。そのほか，ホエイタンパクにはWPI（ホエイプロテインアイソレート）とWPH（加水分解ホエイプロテイン）がある。WPIは高純度のタンパク質を含むため，アスリートやフィットネス愛好者に人気がある。また，WPHは，特にプロのアスリートや本格的にトレーニングを行っている人などに人気がある。さらに，吸収速度を重視する場合や乳糖不耐症の人には特に適している。

また，ホエイタンパクには，免疫系を高める免疫グロブリンやラクトフェリンなどの生理活性タンパク質が含まれており，病原菌の感染予防，腸内環境の改善など機能性がある。また，カルシウムが豊富に含まれており，骨の健康をサポートする効果が期待できる。さらに，ホエイタンパクが持つ抗酸化作用（特にグルタチオンの生成を促進）は，がん発症予防に役立つ可能性があると示唆されている。

2.1.2　カゼイン

カゼインは胃の中の酸にさらされると凝乳を形成するため，体内の消化・吸収のプロセスが長くなる。そのため，カゼインは体内でアミノ酸をゆっくりと安定的に放出し，睡眠などの絶食状態になる前に摂取すると効果が上がる。また，カゼインに含まれるいくつかの生物活性ペプチドは，血圧を下げたり，血栓の形成を抑えたりするなどの機能性がある。これらのペプチドは，血圧をコントロールするために処方される一般的な薬剤であるアンジオテンシン変換酵素（ACE）阻害剤と同様の働きをしている。また，カゼインは，カルシウムやリンなどのミネラルと結合して運搬し，胃の中での消化率を向上させる。ホエイタンパクが分岐鎖アミノ酸（BCAA）のロイシン，イソロイシン，バリンを多く含んでいるのに対して，カゼインはヒスチジン，メチオニン，フェニルアラニンというアミノ酸を多く含んでいる。

2.1.3　ミルクタンパク（MPC）

ミルクタンパクは，牛乳から得られるタンパク質成分である。限外ろ過や透析ろ過といったろ過処理を通じて製造され，カゼインとホエイタンパクを含んでいる。MPCのタンパク質含有量は製品によって異なり，一般的に40〜85％の範囲で提供されている。タンパク質含有量が高いほど乳糖の含有量が低くなる。MPCは，プロセスチーズ，クリームチーズ，アイスクリーム，ヨーグルト，食事代替飲料など，さまざまな食品の製造に使用されている。

2.2　市場／開発動向

インドの調査会社であるStraits Research社によると，世界の乳タンパク質市場規模は2023年に132億7,000万米ドルと評価され，予測期間（2024年〜2032年）中に5.2％のCAGRで成長し，2032年には209億5,000万米ドルに達すると予想されている。乳タンパク質（ホエイタンパク，カゼイン，ミルクタンパク）の用途は，さまざまな食品の調理において，ゲル化剤，増粘剤，担体，発泡剤，テクスチャー調整剤として使用されているほか，用途分野は動物飼料，パーソナルケア，栄養，繊維などに広がっている。

第3章　代替タンパク質の市場動向

　ホエイタンパクとカゼインは消費者が最も好むタンパク質サプリメントの供給源であり，乳タンパク質市場を牽引する製品の1領域を構成している。健康意識の高まりやフィットネス志向などの要因により，栄養価の高い乳タンパク質をはじめとするプロテインへの需要は高まっているが，一方で消費者の健康的な食生活への嗜好は変化しつつあり，乳タンパク質に変わって植物性タンパク質が存在感を高めつつある。このような状況の中で，ホエイタンパクはパーソナルケアおよび化粧品業界で広く使用されている。アスリートやボディビルダーなどには筋肉増強を促進するために伝統的に用いられているほか，スポーツ栄養製品の需要の急増が基盤を支えている。一方，カゼインは栄養補助食品の需要の急増やプロテインバー，タンパク質入り飲料消費の増加や消費者の多忙による健康上の問題の増加を背景に微増傾向にある。ミルクプロテイン濃縮物は，主に食品・飲料，パーソナルケア，化粧品業界で使用されているほか，最近では栄養業界でも使用されるようになっている。

　フランスのイングレディア（INGREDIA）社は，フランス北部の酪農組合を母体とする乳製品メーカーである。1949年に設立され，現在では世界最大級の乳タンパク質メーカーとして知られている。同社の「ミセルカゼイン」は，カゼインとミセルカルシウムが豊富な乳タンパク質で，テクスチャライジング特性で食品および飲料業界で，牛乳を濃縮するためのチーズ製造で広く使用されている。ミセルカゼインは，同社の製造プロセスによりミセルカゼインとカルシウムを本来の形で濃縮して，非常に付加価値の高い乳タンパク質となっており，効率的かつ機能的および栄養的タンパク質が得られる。ミセルカゼインは消化が遅いタンパク質なので，血流中のアミノ酸の放出が長い。スポーツ栄養学では，このユニークな消化プロファイルにより，消費者は運動後に最適な筋肉を回復できる。また，ミセルカゼインはバイオアベイラビリティの高いミセルカルシウムが豊富に含まれているため，体内の脂肪蓄積を減らし，骨量を強化するという健康効果を有している。

　一方，「ROMILK」は膜分離によって新鮮な牛乳から抽出される総乳タンパク質（Total Milk Protein）である。総乳タンパク質はバランスの取れた栄養プロファイルを持ち，非常に優れたアミノ酸スコアを備えている。カゼイン80％，天然ホエイタンパクの比率20％により，徐放性タンパク質と速放性タンパク質の両方で最適な供給が行われる。

　膜分離に由来する可溶性タンパク質は，天然のホエイタンパクである。「PRODIET」はネイティブのホエイプロテインで，高レベルの分岐鎖アミノ酸（そのうち約50％がロイシン）と高速消化プロファイルという2つの特徴がある。また，PRODIETの乳タンパク質加水分解物は，天然のホエイタンパク質またはミセルカゼインのいずれかで，非常に特殊な栄養ニーズを満たすように設計，最適化されたタンパク質プロファイルを備えている。カゼイン由来か天然ホエイタンパク由来かにかかわらず，同製品は優れた栄養プロファイルを持つタンパク質で，タンパク質鎖は，栄養価を維持しながら酵素によって加水分解されている。

　同製品は，主に乳児の栄養，臨床栄養，スポーツ栄養の3つの栄養市場で使用されている。乳タンパク質加水分解物は，乳幼児の栄養要件に対応し，乳タンパク質の消化率を改善し，頻繁な

代替肉の技術と市場

吐き出しを減らす効果がある。また，臨床栄養分野では，乳タンパク質加水分解物はアミノ酸の迅速な供給を促し，高齢者などの筋肉合成を促進することを可能にしている。一方，スポーツ栄養分野では，血流中のアミノ酸の非常に速い放出に役立っている。

米国のパーフェクトデイ（Perfect Day）社は，精密発酵技術を用いて乳タンパク質を製造しており，代替タンパク質の分野で注目されている。同社は，微生物に乳タンパク質を生成させることで，牛を使わずに乳製品をつくっている。この技術を使って，同社はアイスクリームやクリームチーズ，プロテインパウダーなどの製品を市場に投入しており，アニマルフリーの牛乳を市販化して乳製品業界に新風を吹き込んでいる。

ニュージーランドのフォンテラ（Fonterra）社（日本法人はフォンテラジャパン）は，世界最大級の乳製品輸出企業の1社である。2001年に設立され，ニュージーランド国内の多くの酪農家が出資する協同組合形式で運営されている。同社は，バター，チーズ，ミルクパウダーなど，さまざまな乳製品を製造販売している。同社は，130カ国以上に乳製品を輸出しており，ニュージーランドの輸出総額の約25％を占めている。また，生乳取扱量は世界全体で約2,000万トンであり，日本国内の総生乳生産量の約3倍の規模の生乳を取り扱っている。フォンテラジャパンの取扱量は年間約13万トンで，日本への輸入シェアは，チーズが約25％，乳タンパク質が約40％を占めている。

アイルランドのグランビア（Glanbia）社（日本法人はグランビアジャパン）は，乳タンパク質や植物性タンパク質，種子と穀物，チーズ，プレミックスソリューション，バイオアクティブ，フレーバー，可食フィルム，ベーカリー材料，機能最適化材料，無菌飲料処理などの幅広い分野で事業を展開している世界的なメーカーである。

乳タンパク質では，「アボンラック（Avonlac）」，「プロヴォン（Provon）」，「ソルミコ（Solmiko）」などのブランドを展開している。アボンラックは濃縮ホエイタンパク製品のブランドで，栄養価に優れ，心地よいクリーミーな食感を提供している。広範なpH域で完全に溶解する。タンパク質の含有量は34〜80％であり，レギュラーとインスタントタイプが用意されている。アボンラックは，早期の生命栄養，乳製品，乾燥混合パウダー，インスタント粉末飲料，焙煎製品などのタンパク質強化の用途で使用されている。

プロヴォンは，高純度の分離ホエイタンパクで，ローファット，ローラクトースで，天然ホエイ中のタンパク質組成を保っている。まろやかな食感で，広範なPHで溶解することができる。タンパク質の含有量は90％に達し，レギュラーとインスタントタイプが上市されている。また，同ブランドには，「Truly Grass Fed（草飼い）」バージョンも製品化されている。プロヴォンはインスタント粉末飲料，栄養スティック，ミルク，冷たい飲料やデザートなどの用途で使用されている。

ソルミコは，濃縮牛乳タンパク質と分離牛乳タンパク質が混合した乳タンパク質で，優れた食感，溶解度と熱安定性を提供し，微生物，機能性，食感に対する要求が高い中性pH値の応用に対応している。同製品は，インスタント粉末飲料，インスタント液体飲料，栄養スティックと新

第3章　代替タンパク質の市場動向

鮮な乳製品に対応する原料となっている。

　森永乳業は，早くからDIAAS（消化性必須アミノ酸スコア）を取り入れ，取り扱うさまざまなタンパク質素材について，その評価を行っている。評価データは育児用ミルクのタンパク質粗製の設計など，製品開発に生かされている。同社は，ドイツにある子会社のミライ社でさまざまな乳タンパク質原料を製造し，世界中の多くの育児用ミルクメーカーや流動食メーカーなどに供給している。ミライ社は，機能性素材である生理活性ペプチドのラクトフェリンの生産量において世界最高級のシェアを誇っており，2021年にはラクトフェリンの生産体制をさらに強化すべく，製造能力を2倍以上に増強，製造能力を170トンに高めている。

　ミライ社では，ラクトフェリンだけでなく，「ミライプロテイン」を製造している。「Milei 80」は，ホエイタンパク濃縮物で，栄養価や風味に優れた粉末原料である。一方，「Milei TMP」は，牛乳に含まれるタンパク質を濃縮した粉末原料で乳風味を特徴としている。また，「Milei MC80」は，ミセラーカゼインを濃縮した粉末原料で，熱安定性や栄養価に優れている。さらに，同工場で生産されているホエイプロテインの「WPC80」は，タンパク質含有率が79.5％で，酸性飲料向けに適している。これらの製品は，日本国内でも食品加工や健康食品の製造に広く利用されている。

　第一化成は食品加工用の乳タンパク質素材を提供しており，さまざまな機能性食品素材を開発している。「ジェネシスA／H／HC」は，独自に開発したSLAWP技術を用いて製造した液状（アセプティック充填品）のホエイタンパク濃縮物で，従来のタンパク質にはないさまざまな物性や機能を持っており，加工食品全般に利用されている。「ウイニング・シリーズ」は，高い耐塩性とゲル化性を示すホエイタンパク濃縮物素材で，食肉加工品をはじめ製品の保水性向上，食感改善などに効果がある。用途に合わせて各種タイプを取り揃えている。「ダイイチラクト・シリーズ」は，高いゲル化性と乳化性を示す栄養価の高いホエイタンパク濃縮物で，フィリング製品などの乳化安定，保形性向上に効果がある。「プロテインK」は，低ゲル化性で栄養価の高い酸性のホエイタンパク濃縮物で，酸性域でのタンパク質に特有の収斂味がない。溶液は透明性を示すので飲料やゼリーなどの酸性食品のタンパク質強化として利用されている。「プログレス-AWF／プログレス-AW」は，高い耐塩性，ゲル化性，保水性を示すアルカリ性のホエイタンパク濃縮物およびホエイタンパク加水分解物である。特にリン酸塩不使用食肉加工品の結着，保水性，食感改善の効果がある。「Dプロテイン-95」は，ゲル化させたタンパク質を微粒化したホエイタンパク加水分解物で，熱安定性に優れ，物性や粘性に影響を与えることなく，タンパク質を補強できる。乳製品に濃厚感を付与することができ，広いpH域（2～10）で安定した効果を発揮する。

　そのほか，「エルプロテインS」は，牛乳に含まれるタンパク質を濃縮した乳タンパク質食品素材である。食肉加工品，製菓・製パン製品などの食感や風味の改善，保水性向上などの効果がある。また「エルプロテインCH」は，クリームチーズタイプのアナログチーズ用の乳タンパク質食品素材である。

ラクト・ジャパンは，乳原料・チーズ・食肉製品を核とした食品原料を安定供給する商社である。農畜産物，農畜産物加工品，食品添加物，食品加工用機械，医薬品，医薬部外品，酒類その他の飲料・食品の輸出入および販売などを主要ビジネスとしており，世界中に拠点を構えている。同社の機能性食材部門では，乳タンパク質をはじめ，ゼラチン・コラーゲン，プラントベースフード原料などの機能性製品を販売している。同社では高品質の乳タンパク質素材を取り扱っており，プロテイン製品の主原料として使用されている。

3　昆虫タンパク質

(1)　概要

　昆虫食（Insect eating）は，ハチの幼虫やイナゴなど，昆虫を食べることである。食材には幼虫や蛹（さなぎ）が比較的多く用いられるが成虫や卵も対象となっている。昆虫食は現在もアジア，中南米，アフリカなど100を超える国々で一般的な食品とされており，20億を超える人々が2,000種類以上の昆虫を食べている。昆虫は動物性タンパク質が豊富であり，牛肉や豚肉に代わる環境負荷が少ない食物として期待されており，国連食糧農業機関（FAO）は，食糧危機の解決策として昆虫食を推奨し，世界経済フォーラム（WEF）も，気候変動を遅らせることができる代替タンパク源として注目する報告書を発表している。

　また，昆虫食はSDGsの一環として推進されている。さらに，昆虫を食用家畜として捉えた場合，少ない飼料で生育可能なことなどから，資源が限られる宇宙などでも得られる動物性食物として優れており，人類が宇宙ステーションに長期滞在する際や火星などへ移住する際の食糧として研究が行われている。

(2)　市場／開発動向

　インドのFortune Business Insights社によると，2021年の昆虫タンパク質市場は1億5,392万米ドルで，2029年までに8,560億8,000万米ドルに達し，期間中の年平均成長率は24.1％に達すると予測されている。昆虫タンパク質は食品，飲料メーカーで採用する企業が増加しており，代替タンパク質として活用されている。一方，昆虫は低コストで調達できるものの昆虫タンパク質の製造コストは依然として高く，しかも大量生産するためには現在の設備と生産方法をスケールアップする必要がある。

　人間の食料として利用されている昆虫は，コオロギ，ミールワーム，アメリカミズアブ，カイコなどである。コオロギは高タンパクで，粉末状にして食品に添加されることが多く，クッキーやプロテインバーなどに利用されている。同様にミールワームも高タンパクで，粉末にしてパンやパスタなどに利用されている。一方，アメリカミズアブは幼虫がタンパク質源として注目されており，サプリメントやプロテインシェイクとしての利用が多い。カイコはフィブロインやセリシンというタンパク質が注目されており，日本でも食品として複数利用されている。

174

第3章　代替タンパク質の市場動向

　昆虫タンパク質は動物飼料としても活用されている。昆虫タンパク質は粉末または液体の動物飼料添加物として利用され，筋肉の構築に必要なアミノ酸，ビタミン，ミネラルなどのさまざまな栄養成分を提供しており，混合飼料に添加することで動物の体重増加率の改善，病気やビタミン欠乏症の予防，飼料の消化と変換の改善などに役立っている。昆虫タンパク質は，家禽飼料のほか養豚，養魚，ペットフードなどの用途で利用されている。

　昆虫タンパク質のメーカーには，ミールワームを原料とし，畜産，水産養殖，ペット用，食用，肥料用に製品を製造，販売している世界最大のメーカーであるフランスのインセクト（Ÿnsect）社やミールワームを利用したタンパク質を製造し，環境に配慮した生産プロセスで有名なスウェーデンのテブリト（Tebrito）社，シンガポールのニュートリション・テクノロジーズ（Nutrition Technologies）社などの企業がある。

　インセクト社はフランス，オランダ，米国の3つの生産拠点を運営しているのに加えて，2023年にはフランスで新たに世界最大の昆虫由来タンパク生産拠点を開設，また，同年3月には，丸紅との間で日本進出における協業に向けた基本合意書を取り交わしている。両社は粉末タンパクの「Ÿnmeal」および昆虫由来油脂の「ŸnOil」の日本国内での販売を共同で行う。Ÿnmeal は，食用および水産飼料，ペットフードなどを用途とするタンパク質含有量約70％の粉末である。また，ŸnOil は，オメガ6とオメガ9を含有しており，養殖魚の飼料などの用途に使用される。丸紅は，主食となる穀物，畜産・水産物等の良質なタンパク源の確保を通じて，食の安定供給に貢献すべく，水産飼料製造等の多角的な事業・トレーディングを行っており，中期経営戦略「GC2024」においてはグリーンのトップランナーになることを目標に環境配慮型食料に注力している。両社は，食用魚介類の消費量が世界的にも多い日本において，持続可能な水産養殖業，ひいてはフードサプライチェーンの構築に貢献すべく取り組んでいる。

　テブリト社は，ミールワームを使用して，高品質なタンパク質粉末を生産しており，製品は食品，ペットフード，肥料など多岐にわたる用途で利用されている。同社は，持続可能な食料生産を目指し，AIを活用した垂直式生産工場で効率的にタンパク質を生産している。また，環境への負荷が少ない生産プロセスを採用しており，温室効果ガスの排出量や水の使用量を大幅に削減している。

　ニュートリション・テクノロジーズ社は，2015年にシンガポールで設立され，2020年からマレーシアでアメリカミズアブ（BSF）を養殖・加工するアジア最大規模の昆虫由来代替タンパクの工場を運営している。BSFは繁殖の容易さ，豊富なタンパク質量，病原菌の媒介リスクの低さを特徴としており，同社は近隣の工場やプランテーションから出るヒト用食品の残渣や副産物を原料としてBSFを養殖している。2022年4月には，住友商事から出資を受けて，戦略的パートナーシップを結んでいる。住友商事は，日本での独占販売店として，当面は供給不足・価格高騰が懸念されているカタクチイワシなどの養食魚用飼料（魚粉）の一部をBSFに置き換え，国内の養殖業者に供給していくが，将来的には加工過程で生成されるオイルを利用した化粧品や化学品などの分野においても開発に取り組み，2030年までに日本市場において年間約3万トンの

代替肉の技術と市場

昆虫由来代替タンパクおよびオイルの取り扱いを目指している。

マレーシアのエントマルバイオテック（Entomal Biotech）社は，アメリカミズアブの幼虫を活用して，生ゴミなどの廃棄物を食料や肥料へと変える事業を運営している。同社は，スーパーやレストランから生ゴミなどの廃棄物を回収し，ハエの幼虫によって処理した後，ハエの幼虫自体をペットフード・健康食品として生産・販売している。また，ハエの幼虫が出したフンは肥料として活用されている。食料廃棄物や有機廃棄物を高付加価値の資源にアップサイクルすることで，持続可能な経済システムを構築している点が同社の最大の特徴となっている。小さじ1杯のアメリカミズアブの幼虫は，7〜10日間で1トンの食品廃棄物を100kgの動物向け飼料と200kgの肥料に変換する高ゴミ処理能力を有している。一般的に食料廃棄物はゴミ焼却場で処理されるが，その際ゴミ1トンあたり2.5トンのCO_2を排出する。世界中で10億トン以上も食料廃棄物が排出されていることを考慮すると，地球温暖化への影響は非常に大きい。同社は現在，マレーシアだけでなく，インドネシアや台湾，韓国などのアジア諸国でも事業を展開している。特に，マレーシアでは州政府と協力して，大手小売店舗から排出される食料廃棄物を回収しており，この中には日本のイオンモールも含まれている。

日本国内では，エリーがバイオテクノロジーを活用して高機能繊維と健康食品を両立する独自の養蚕技術を開発している。同社は，日本が世界的な競争力を持つカイコの高付加価値な繊維と食品を創出可能な養蚕を実現している。同社は，カイコを用いた加工食品用の原料を，養蚕からカイコタンパクの製造，販売までを一貫して手がけており，パウダーだけでなく，ペーストや液体，繊維状のものなど用途に応じた形態の原料を上市し，アプリケーション開発も受託している。「シルクフードチップス」は，山形県の酒田米菓が製造，販売する「オランダせんべい」とコラボレーションしたノンフライのチップスで，米とカイコパウダーを使用しており，香ばしくパリッとした食感が特徴の製品となっている。「シルクフードプロテインスムージー」は，大正製薬との共同研究で開発されたプロテインスムージーで，1食分の野菜や果物が摂れるバリエーションがある。「シルクバーガー」はカイコパウダーを使用したパテを挟んだハンバーガーで，深いコクと甘味が特徴である。また，「まゆの便りシリーズ」は敷島製パンとのコラボ商品で，カイコパウダーを練り込んだクロワッサンやマドレーヌなどの製品が上市されている。

宮崎県西都市のスーパーワームは，「スーパーワーム」と呼ばれる昆虫を活用して，タンパク質危機や地球温暖化といった社会課題を解決することを目指し，昆虫由来のタンパク質やバイオ燃料を開発している企業である。同社は，飼料やペットフードに適したスーパーワーム由来の高品質なタンパク質粉末の「スーパーワームパウダー」や栄養価が高く，成長を促進する機能性飼料原料の「スーパーブースト」，再生可能エネルギー源として利用できるバイオ燃料の「スーパーオイル」，農業の持続可能性を高める有機肥料の「スーパーフラス」を手がけている。

スーパーワームはツヤケシオオゴミムシダマシの幼虫で，主にペットの餌や釣り餌として使われているが，高いタンパク質含有量と生産効率の高さから，持続可能な飼料や有機肥料，さらにはバイオ燃料の原料としても注目されている。

第3章　代替タンパク質の市場動向

特に，注目すべきはスーパーワームの高い養殖効率で，同社のデータによると，1ヘクタールの土地で生産されるタンパク質量は，スーパーワームの場合約 1,680 万 kg にも達している。これはトウモロコシの 998kg と比較すると，約 17,000 倍もの生産効率となる。このため，スーパーワームを使うことで環境への負荷を大幅に減らせるだけでなく，昆虫タンパク質の普及において最大の課題となっている高コストの解決が期待できる。

スーパーワームは 2024 年 7 月，Partners Fund1 号投資事業有限責任組合をリード投資家とした第三者割当増資により，総額約 1 億円の資金調達を実施した。資金調達により，同社はスーパーワーム由来の高いコスト競争力と優れた脱炭素効果を誇る製品開発をさらに推進していくと発表している。同社は，独自技術を用いた効率的な養殖プロセスの構築や，エビデンス構築に向けた企業・大学との共同研究の強化を予定しており，より高タンパク質なスーパーワームの開発に向けて，ゲノム編集技術の研究も進めていくとしている。

信州大学発のスタートアップである Morus は，カイコの研究技術をいかし，カイコをバイオ原料として量産し，海外にも展開している。現在は食料分野に注力しながら，原料供給，機能性成分の受託研究，食製品の開発，OEM 事業の 4 事業を展開している。原料供給事業ではカイコ原料の「MorSilk Powder」製造，食品メーカーに提供している。カイコ原料は優れた味のほか独自の機能性成分を有しており，同社ではさまざまな製品形態に合わせて提案している。機能性成分の受託研究では，カイコ原料中には独自の機能性成分が多く含まれていることから，独自の健康効果を訴求し，消費者の実益に沿った製品開発を支援する。同社の有する栄養学研究のリソースを提供し，機能性成分の研究を受託する。食製品開発ではカイコ原料を含有した食製品の共同開発，販売，さまざまな商品形態の開発を目指す共同開発も実施している。OEM 事業ではカイコタンパクのみならず，さまざまなタンパク質を使用し目的に合わせたオーダーメイドプロダクトを製造している。同社は，「Forbes Asia 100 To Watch 2024」に選出されている。また，2024 年 6 月，シンガポールが食用昆虫の輸入規制および販売を解禁するのに合わせ，カイコを代替タンパク質源として，シンガポールはじめ東南アジア地域への進出を目指している

4　微生物タンパク質

4.1　微生物タンパク質素材の種類

微生物タンパク質は，微生物の菌体に含まれるタンパク質である。従来は菌体のまま乾燥して飼料や食料とされてきたが，今日では菌体を破砕してタンパク質を抽出し，食品などの素材とすることもできる。素材としては酵母や細菌のような単細胞微生物がおもに用いられる（単細胞タンパク，SSP）または微生物発酵タンパクともいわれている。微生物タンパク質は，糖類・デンプン・炭化水素類などを原料にし，これらの微生物を培養して得る。

微生物は増殖が早く，タンパク質含量が高いので，タンパク質の生産効率が大きい。また地域，天候に左右されず大量集約生産が可能である。微生物タンパク質には，酵母，細菌のほか糸状菌，

担子菌, 藻類, 放線菌も利用でき, それらが生育できる原料も多様である。デンプン, 糖類はよい原料であるが, 油脂やデンプンかす, バガス, チーズホエイ, かんきつ加工かすなど, 農林畜産廃棄物からの単細胞プロセスが開発されている。

石油系の原料としてはノルマルパラフィンを用いたカンジダ属 Candida 酵母の SCP がイギリス, ソ連, ルーマニアで工業化され, メタノールからの細菌タンパクがイギリスで, エタノールからの食用酵母タンパクがアメリカで製造されている。石油以外にもメタンや酢酸も利用可能である。

二酸化炭素を固定する独立栄養微生物も資源として注目される。クロレラやスピルリナなどの光合成を行う藻類が生産されている一方, 水素を酸化してそのエネルギーで二酸化炭素を固定する水素細菌 SCP の開発も行われている。SCP の乾燥菌体中には細菌で 60〜80%, 酵母で 50〜70%, 糸状菌で 40〜50%, 藻類や担子菌も 50〜60% の粗タンパク質を含んでいる。SCP のアミノ酸組成は, 一般に含硫アミノ酸がやや不足とされているほかはよくバランスがとれており, リシンも大豆タンパクよりも多く豊富に含まれている。菌体には B_2, B_6, β-カロチン, エルゴステロールなどのビタミンのほか, リン酸, カリウムも豊富に含まれており, 栄養価を高めている。したがってメチオニン, ビタミン B_{12}, カルシウムを補えば, ブタ, 産卵鶏などの飼料や魚の餌料に添加して魚粉と同等の栄養を提供できる。

4.2　微生物タンパク質の長所と短所

微生物タンパク質は, 畜産業よりも生産に費やす温室効果ガスの排出量が少なく, 水や土地の使用量も大幅に削減できる。また, 高品質のタンパク質を多く含んでおり, 必須アミノ酸も豊富であるうえ, ビタミンやミネラルも含まれていることが多い。微生物タンパク質は持続可能な生産ができる食糧として注目されており, 気候変動や病気の影響を受けにくく, 安定供給が期待できる点も評価されている。

一方, 現状は生産コストが高く, 商業化にはまだ時間がかかる点が短所とされており, 味や食感も本物の肉とは隔たりがある。さらに, 新たな技術に対する消費者の心理的抵抗も壁になっている。新しい食品技術であるため規制や安全性に対する基準も未だ確立されておらず, 将来的に商業化の障壁になることも考えられる。微生物タンパク質の安全性については, 発癌性芳香族化合物, 重金属, マイコトキシン, 菌の病原性, 感染性, 催奇性, さらに核酸のプリン塩基, 奇数炭素数脂肪酸, 残留パラフィンなどが問題とされている。

4.3　微生物発酵タンパク質の動向

微生物発酵プロテインは, 微生物を発酵して生成したタンパク質を人工肉に加工したものである。海外ではマイコプロテインといわれる土壌の糸状菌を培養して加工したものが広く知られている。また, 遺伝子組み換え技術により, 任意のプロテインを生成することもでき, 乳製品を代替した事例が多数みられる。

第3章　代替タンパク質の市場動向

4.3.1　藻類タンパク質

(1) 概要

　藻類食とは，藻類を錠剤化したり，粉末化したり，成分を抽出したものである。CO_2 の吸収効率が高く，少ない資源で培養可能なので，環境負荷が低い点に注目されている。藻類食として利用されている藻類は，ミドリムシ，クロレラ，ヘマトコッカス，ワカメ，昆布などである。これらの藻類はタンパク質だけでなく，ビタミンやミネラルなどを豊富に含むので，健康食品としての需要がある。また，ベジタリアンなどの食の多様性が広がる中で，藻類プロテインなど植物性の栄養源としても利用されている。また，藻類は食品だけでなく，バイオ燃料，バイオ医薬品，バイオプラスチックなどの分野でも期待されている。

(2) 市場／開発動向

　インドの Mordor intelligence 社によると，世界の藻類タンパク質市場は，2022〜2027 年の間に 6.74％の年平均成長率（CAGR）を示すと予測されている。天然由来の食品や健康補助食品の人気の高まり，健康志向の消費者の増加などが藻類タンパク質市場の成長を支えているほか，世界中で菜食主義者の人口が拡大していることも市場の推進要因となっている。それに加えて，ヴィーガン食のさまざまな健康上の利点に関する意識の高まりに伴い，ヴィーガンライフスタイルを採用する人が世界中で増加していることも追い風となっている。

　シンガポールとオランダで活動するスタートアップのソフィーズ・バイオニュートリエンツ社は，2021 年に世界ではじめて微細藻類からつくられた 100％植物由来の代替タンパク質パウダーを開発している。この代替タンパク質パウダーは，乳製品やその他の新しい食品の原材料として活用でき，微細藻類のほかにビール醸造所から出る穀物の粕と豆腐メーカーから出るおから，製糖工場から出る糖蜜を原材料としてアップサイクルしてつくられている。2021 年には，微細藻類から生産された代替タンパク質を原料にハンバーグ（パテ）を製造している。ヒスチジンとロイシンなど 9 つの必須アミノ酸すべてを含むタンパク質が 25g 含まれており，牛肉や市販されている魚の 2 倍のタンパク質を含んでいる。微細藻類からつくられたタンパク質の安全性については，シンガポール食品庁と欧州食品安全機関（EFSA）が承認済みである。ハンバーグのほかにも，同社は微細藻類由来の代替ミルクや代替チェダーチーズなどの開発にも成功している。

　2023 年 10 月，ニュージーランドのニューフィッシュ（NewFish）社は，微細藻類由来の「Marine Whey Protein」のプロトタイプを発表している。Marine Whey Protein はスポーツや栄養補給のためのタンパク質 80％を含む濃縮粉末で，牛由来のホエイタンパク質に近い栄養特性を備えている。同社はソフィーズ・バイオニュートリエンツ社と提携している。

　カナダのノーブレゲン社（2023 年米国のソーラー・バイオテック社に買収された）は，微生物学および生物製造における強みを生かし，食品グレード認証（SQF9）を取得したバイオ製造・研究開発拠点として活動している。同社は，ユーグレナグラシリスという藻類を利用して，動物性タンパク質と同じ栄養と機能を持つタンパク質代替物を生産している。また，同社を買収した

ソーラー・バイオテック社は精密発酵のプラットフォーマーで，2024年9月の経営が破綻し，元ノボザイムズの幹部ピーター・ロザムにより設立されたピクター・バイオテック社に買収されている。

4.3.2　酵母プロテイン

(1)　概要

　酵母市場では最大のシェアを占める酵母エキスがよく知られている。酵母エキスは酵母から抽出されたアミノ酸，ペプチド，ビタミン，ミネラルなどを含む原料で，酵母の細胞壁を破壊し，内部の成分を抽出して濃縮または粉末化したものである。酵母自体は真菌類に属する微生物であるが，酵母エキスは植物性タンパク質と同様に使用されることがあり，主に調味料として旨味成分を食品に加えるために使われており，スープやソース，スナック菓子などに広く利用されている。

　一方，酵母プロテインは，高タンパク質を含み，特にBCAA（分岐鎖アミノ酸）などのアミノ酸バランスに優れている。環境に配慮した次世代のプロテインとして，動物性，植物性タンパク質の代替品として注目されている。酵母プロテインは，主に栄養補助食品として使用され，トレーニング後の栄養補給やダイエットサポートに利用されている。

(2)　市場／開発動向

　世界のイースト原料市場は，2019年からの10年間に年平均成長率（CAGR）7.8％で成長すると予測されている。この市場を牽引しているのは，加工食品や飲料需要の増加である。酵母市場では酵母エキスが最大のシェアを占めている。用途別では食品・飲料に次いで医薬品が続いている。

　米国のサンフランシスコに本社，マレーシアに拠点を置き，アメリカミズアブを利用して，主にペットフードや畜水産物用の昆虫タンパク質を製造しているザ・エブリカンパニー社は，酵母を使って非動物由来の卵白を製造しており，動物性卵白の代替品として注目されている。同社は，酵母を遺伝子操作してプロテインを生成しており，製品は環境に優しく，動物福祉にも配慮したものとなっている。2022年3月には米西海岸のパティスリーと連携し，非動物由来の卵白を使ったマカロンの限定販売予約をはじめている。

　Nextferm社はイスラエルのヨクネアムに拠点を置くフードテックスタートアップで，酵母プロテインの「ProteVin」を開発している。同製品は革新的なヴィーガンタンパク質で，栄養，味，性能を損なうことなく動物由来のタンパク質を置換できる高消化性，非遺伝子組み換えのタンパク質である。その栄養価は，他のヴィーガン向け製品と比べて最小限のタンパク質摂取でより速い筋肉量の再生を可能にするため，ホエイプロテインの代替品として提供されている。

　中国の大手酵母メーカーのAngel Yeast社は，酵母と酵母派生物の専業メーカーで，パン酵母，酵母エキス，栄養酵母，酵素など，酵母を使ったさまざま製品を製造，販売している。酵母プロテイン製品の「AngeoPro F80」は，ヴィーガンフレンドリー，アレルゲンフリーの天然由

来プロテインで，タンパク質含有量が75％以上で栄養価が非常に高い。必須アミノ酸が豊富に含まれており，特にリジンやロイシンなどが多く含まれている。また，消化吸収がよく，体に効率的に栄養を供給することができる。生産過程での炭素排出量が少ないため，持続可能なプロテイン源として注目されている。同製品はプロテインバー，飲料，焼き菓子，ヴィーガンミートなど，さまざまな食品に利用されている。

　同社は，湖北省宜昌市に新しい専用の酵母・バイオテクノロジー研究開発センターをオープンし，酵母と酵素，健康成分，非酵母関連バイオテクノロジーなどの研究開発で世界をリードする技術研究プラットフォームを構築しつつある。

　国内では，健康食品，食品原材料の輸入商社の中原（さいたま市）が，2021年12月，酵母プロテインの取扱いを開始している。同社の製品は，アレルゲンフリーで高いタンパク質含有量を誇り，健康食品として広く利用されている。多様な製品展開が期待できることも同素材の特長で，ドリンクやスープにすることでより手軽で摂取しやすくなるほか，プロテインバーや食品（パン，ハンバーグ），菓子（グミ，アメ）との相性にも優れている。さらにアレルゲンフリーであり，子どもから高齢者まで，ニーズや嗜好に合わせた柔軟で多様な商品展開が可能となっている。また，ペットフードへの提案も可能で多種多様な展開に期待できる。

　機能性の研究も着々と進められており，臨床試験では摂取後の筋肉増加への影響が調べられている。臨床試験以外では，酵母タンパク質の栄養評価や腸内フローラ調節機能とサルコペニア抑制機能が検証されている。

4.3.3　マイコプロテイン

（1）概要

　マイコプロテインの原料は，Fusarium venetum という糸状菌である。この糸状菌をビールやパンをつくるときと同じような発酵プロセスを用いて，マイコプロテインを製造する。さらに，出来上がったマイコプロテインを加工して，多様な代替肉製品をつくることができる。

　マイコプロテインは，1980年代にイギリスのクォーン社によって開発された。クォーン社は，1985年にイギリスの大手食品会社のマーロウ・フーズ社と大手パンメーカーのホービス社，化学品メーカーのICI社のジョイントベンチャーとして設立された。同社はそれ以降，30年以上ヨーロッパでヴィーガン向けの代替肉を販売している。マイコプロテインは特許を持つクォーン社が開発を独占していたが，特許の期限が切れた現在では，他社もマイコプロテインの研究・開発を進めている。

　マイコプロテインは鶏肉に似た食感を持ち，100g中にタンパク質が12～14g含まれている。これは同量のささみ肉の約半分のタンパク質にあたるが，卵や豆腐のタンパク質の含有量よりは高い。したがって，マイコプロテインには大豆食品などの植物性タンパク食品よりも多くのタンパク質が含まれている。

　また，マイコプロテインには他の代替タンパク食品と比べて多くの食物繊維が含まれていることも特徴となっている。食物繊維には整腸作用だけでなく，血糖値上昇の抑制，血液中のコレス

テロール濃度の減少などさまざまな健康効果がある。クォーン社のマイコプロテインのひき肉には，100g あたり 7.5g の食物繊維が含まれており，一般的に食物繊維が多いといわれている食品と比べても遜色ない含有量を示している。さらに，マイコプロテインの構造は肉類と似ているため，肉の食感を出すための加工が植物肉と比べると少なくてすみ，製造コストを抑えることができることもメリットとなっている。そのうえ，クォーン社製のマイコプロテインを使用した製品は，通常の牛肉と比べるとカーボンフットプリントが 1/40 であり，環境に非常に優しいタンパク源となっている。一方，マイコプロテインには独特の酸味やにおいがあることが短所となっており，味付きのステーキ肉やソーセージとして販売されている。

(2) 市場・開発動向

　マイコプロテインを使用した製品は現在のところ，ほとんどがクォーン社の製品である。同社は，マイコプロテインを 17％含んだヴィーガン対応のひき肉や 81％含んだベジタリアン対応のステーキ肉などを販売している。同社のほかには，2017 年にスウェーデンで設立されたマイコレナ（Mycorena）社がマイコプロテインの代替タンパク質「プロミック（Promyc）」を開発し，食品廃棄物をアップサイクルして持続可能なプロテインを生産していた。同社は 2024 年 8 月，経営難に陥ったため，ベルギーの VEOS グループ傘下のナプラソル（Naplasol）社に買収されたが，事業は継続されて主力製品の生産も続けられている。マイコルナ社の製品は，ニュートラルな味わいと強い繊維質の食感が特徴で，他の植物性タンパク質に比べて環境負荷が少ないと評価されている。

　オランダのフードテック企業であるプロテインブルワリー（The Protein Brewery）社は 2024 年 3 月，発酵由来の真菌バイオマス成分「ファーモテイン（Fermotein）」がシンガポール食品庁（SFA）から製造・販売・輸入に関する認可を取得したことを発表している。同社は米国で GRAS 認証を取得しており，シンガポール当局による承認後，シンガポールでも事業を拡大する計画である。

　カーギル社は 2024 年 2 月，マイコプロテインを開発するイギリスのイナフ（ENOUGH）社との提携拡大を発表し，同社のマイコプロテインを使用，販売するための契約を締結したと発表している。これにより，カーギル社はイナフ社のマイコプロテイン「アバンダ（ABUNDA）」を使用した栄養価の高い代替タンパク質製品を顧客企業と共同開発していく。

　マイコプロテインを開発するフィンランドのエニファー（Enifer，旧称 EniferBio）社はマイコプロテインの商用工場の建設をフィンランド南部のウーシマー県に予定している。本格稼働すると年間 3,000 トンのマイコプロテインを製造できる。マイコプロテイン 3,000 トンは，牛 3 万頭の肉タンパク質にほぼ匹敵しながら，炭素排出量を最低でも 20 分の 1 に抑えることができる。同社は 2025 年末までに建設を完了し，2026 年の稼働開始を予定している。

　2024 年 6 月，オタフクソースで知られるお多福醸造と販売会社のオタフクソースはマイコプロテイン事業に参入することを発表している。同社は国内の Green Earth Institute（GEI），

第3章　代替タンパク質の市場動向

Agro Ludens（AL），XPJP の3社とマイコプロテインの製造開発・販路開拓で契約を締結した。各社は米から抽出されたタンパク質で麹菌を固体培養し，マイコプロテインを生産する製法の開発に取り組む。お多福醸造は AL 社の特許技術を活用し，同社の技術指導のもと商用生産を見据えた製法の開発と試作サンプル製造を行う。一方，GEI，XPJP の2社はマイコプロテインを原材料とした新たな需要や販路開拓など，オタフクソースはマイコプロテインの自社商品への展開および販路開拓などの役割を担い，マイコプロテインを事業化する。米麹菌からつくるマイコプロテインの「製法開発および試作品製造」は，「広島県令和5年度新たな価値づくり研究開発支援補助金（カーボンニュートラルに掛かる新分野展開）」事業に採択されており，新規開発設備をお多福醸造大和工場内に設置している。

　GEI は，持続可能なバイオエネルギーとグリーン化学品の開発に取り組む日本の企業で，食料と競合しない植物の茎や葉などの非可食バイオマスを利用して，アミノ酸やカーボンニュートラルなバイオ燃料などを生産している。GEI のコア技術は，公益財団法人地球環境産業技術研究機構（RITE）で開発されたもので，非可食バイオマスの効率的な利用を可能にし，低コストでグリーン化学品を製造することができる。同社では同技術により，CO_2 による地球温暖化の問題や化石燃料の限界，人口増加による食料不足などの課題解決に貢献している。

　Agro Ludens は，東京とカンボジアでバイオマスに関する研究開発およびバイオマス製品の製造・販売を行っている。特に，米を原料としたマイコプロテインの開発に力を入れており，麹菌を用いた発酵プロセスで新しい代替タンパク質を生産している。

　XPJP は，「未来を好転させる価値をデザインする」ことを企業理念に掲げる企業で，気候変動や地方創生，SDGs などの社会課題を解決するために，日本政府や地方自治体，企業と連携してソーシャル・プロジェクトを開発している。

4.3.4　バクテリアタンパク質

（1）概要

　バクテリアプロテインは，バクテリア（細菌）を利用して生成されるタンパク質である。バクテリアプロテインは，バクテリアを利用することで，土地や水の使用量を大幅に削減できる。また，バクテリアは非常に速く増殖するため，短期間で大量のタンパク質を生産できる。そのうえ，動物飼育に伴う温室効果ガスの排出を減らすことができる。

（2）市場／開発動向

　ソーラーフード（Solar Foods）社は，2017 年に設立されたフィンランドのスタートアップで，空気を原料にしてつくられるタンパク質の「ソレイン（Solein）」を開発している。同社が開発したタンパク質の主な材料は CO_2 と電気で，大気中の CO_2 および水，電気，バクテリアを使って単細胞タンパク質を生成させる。バクテリアが CO_2 と水の電気分解によって生成された水素を取り込むと，バクテリアが成長して単細胞タンパク質が生成される。

　最大の長所は，CO_2 が地球に無尽蔵に存在するため原料がなくなることはないことである。ま

た，農業のように灌漑，殺虫剤，肥料，土地を使用せず，天候にも左右されないため，環境に優しく，サステナブルなタンパク質である。季節的な価格変動や供給変動がないことも強みとなっている。ソレインをつくるのに消費する水の量は牛肉のわずか1／500，植物の1／100である。同社によると，ソレインの生産プロセスは苛酷な環境下にも耐えることができ，砂漠，北極，おそらく宇宙でも可能である。

　同社はこれまでにソレインを使った20種類の食品を開発している。この中には，ミートボールやバーガー用パテなどの代替肉，ヨーグルトやチーズなどの代替乳製品が含まれている。ソレインのタンパク質は60〜75％と，タンパク質を豊富に含んでいる。炭水化物は10〜20％，脂肪は4〜10％，ミネラルは4〜10％で，タンパク質含有量が最も高い食品である肉類との比較では，牛肉のタンパク質は17％，豚肉は14％であり，ソレインのタンパク質含有量が非常に多い。アミノ酸レベルでも，大豆，牛肉，マイコプロテインに匹敵する。

　ソレインの生産工場はフィンランドに建設中で，2024年の完工以降商業生産を開始する予定としている。また，ソレインを使用した製品は現在，シンガポールで限定的に販売されている。製品開発では味の素が協力して，2024年8月からシンガポールの商業施設で月餅やアイスクリームサンドなどが期間限定で販売されている。同社では，将来的にBtoC以外にもBtoBの販路を想定しており，ライセンス契約によりタンパク質の使用権利を提供する可能性もある。同社は最終的に，タンパク質の生産プロセスから農業システムへの依存を完全に取り除くことを目指している。また，味の素は2023年5月，同社と戦略的提携に関する基本合意書を締結している。

　米国のスタートアップのエアープロテイン（Air Protein）社は2022年，空気中の二酸化炭素とバクテリアを培養して代替肉をつくり出すことに成功している。同社は，温室効果ガスであるCO_2から肉汁がほとばしるステーキや繊細な歯触りのサーモンフィレを生み出している。このプロセスには，ヨーグルトをつくるときと同じような手法が用いられている。水素と栄養微生物を発酵タンク内で培養し，CO_2と酸素，ミネラル，水，窒素を混ぜたものを与えている。これによって肉のタンパク質と同じアミノ酸組成を持つタンパク質が豊富な粉末が生成される。2021年の初頭，同社はADM Venturesやバークレイズ，GV（旧Google Ventures）といった機関投資家から3,000万ドル以上の資金を調達している。

　米国のデラウェア州に本社を置くスーパーブリュードフード（Superbrewed Food）社は，腸内細菌由来のタンパク質を利用した代替プロテインの開発に注力している。同社は，嫌気性発酵プロセスを用いて「ポストバイオティクスタンパク質」と呼ばれる新しいタンパク質を生産している。このタンパク質は，アレルゲンフリーで非遺伝子組み換えかつ栄養価が高いことが特徴である。

　また2024年8月，同社は，ニュージーランドの大手乳業メーカーのフォンテラ社と提携した。同社は，腸内細菌のClostridium tyrobutyricum strain ASM#19を用いたバイオマス発酵で，ポストバイオティクスタンパク質を開発し，2024年4月に米国食品医薬品局（FDA）からGRAS認証を取得している。同社の製品は，ニュージーランドの乳製品メーカーのフォンテラ社から高

第3章　代替タンパク質の市場動向

く評価され，食品用途の乳製品に使用する補完的原料として使用される予定である。この発酵タンパク質は，植物を摂取することで大きく成長するゴリラなどの草食動物に着想を得たもので，成分の85％以上がタンパク質であり，スポーツ飲料，一般飲料，焼き菓子，代替肉，代替乳製品など幅広い食品に使用できる。

　両社は今後，乳製品の製造工程で生じる副産物であるパーミエイトなどを原料とした発酵ソリューションの開発にも取り組む予定としている。パーミエイトは，ホエイからタンパク質や固形物を除去した後に残る乳糖を多く含む成分で，スーパーブリュードフード社の技術を用いて，これを高品質かつ持続可能なタンパク質に変換することを目指す。

5　精密発酵タンパク質

(1) 概要

　精密発酵技術は，微生物を活用してタンパク質，脂肪，着色料など目的成分を生成する技術で，近年，参入企業が急増している（表7）。精密発酵は，特定の遺伝子を挿入した微生物を利用して，目的とする成分を生成する技術であり，ビタミン，酵素，天然の香料などの一部は従来から精密発酵技術を用いて生産されている。ビタミン，酵素，香料，タンパク質などをはじめ，この技術を使うことで天然色素，油脂など多くの機能性原料を効率的に製造できる。

　市販されている精密発酵由来のプロテインには，パーフェクトデイ社のホエイタンパクや，ザ・エブリカンパニー社の卵白タンパクなどがあり，乳タンパク質を中心にアメリカおよびシン

表7　精密発酵プロテインの主要企業

企業名（国名）	主要ターゲット	最終用途
パーフェクトデイ（米）	β-ラクトフェリン（乳ホエイタンパク）	乳製品
リミルク（イスラエル）		
Vivici（オランダ）＊		
イマジンデイリー（イスラエル）		
Zero Cow factory（インド）	A2βカゼイン	
ニューカルチャー（米）	カゼイン	チーズ
Formo（独）		
Better Dairy（英）		
チェンジフーズ（米）		
ザ・エブリカンパニー（米）	卵白タンパク（オボムコイド）	卵製品
ワンゴバイオ（フィンランド）	卵白タンパク（オボアルブミン）	

＊ Vivici は，DSM とフォンテラの合弁会社
（三井物産戦略研究所「次世代の食料生産技術「精密発酵」とは―業界団結で加速する市場開発―」より抜粋）

ガポールで上市が進んでいる。精密発酵は，牛や鶏を育てて乳タンパク質，卵白タンパク質を収穫する代わりに，必要な成分だけをボトムアップ式に生産できる点で非常に柔軟性があり，環境負荷の軽減効果も確認されている。

(2) 市場／開発動向

　米国のシンクタンクの Rethink X 社は，2030 年には牛由来の乳タンパク質の生産コストは精密発酵タンパク質の約 2〜3 倍になり，アメリカの乳製品需要の 9 割が精密発酵由来になると予想している。Rethink X 社は，社会に大きな影響を与える可能性のある破壊的イノベーションを特定することに焦点を当てているシンクタンクで，交通，エネルギー，食料システムなど，さまざまな分野を対象としている。

　精密発酵は，業界のリーディングカンパニーを中心に普及へ向けた活動が活発化しつつある。2023 年 2 月には，パーフェクトデイ，チェンジフーズ，ザ・エブリカンパニー，モティーフフードワークス，ニューカルチャー，ヘライナなどの米国企業，フィンランドのオネゴビオ，イスラエルのイマジンデイリー，リミルクの 9 社が精密発酵組合を設立している。同組合は，「精密発酵産業のための業界の声とグローバルな呼びかけ人」として機能することを目的としている。

　精密発酵組合は，食品用の精密発酵製品・技術に関連する規制が，科学に基づいた意思決定と確かな情報に基づいた公共政策によって規定されるよう重点的に取り組むとしており，精密発酵産業に関連するグローバルな課題を議論するフォーラムも開催するとしている。さらに，同組合は精密発酵に関する明快なコミュニケーション，十分に考えられた政策，一貫した規制，利害関係者の関与の推進を目指すとしており，精密発酵が直面している規制，政策，消費者受容の課題に向けて，業界が取り組む必要性を強調している。

　カリフォルニアのスタートアップであるパーフェクトデイ社は，乳タンパク質であるホエイタンパクとカゼインの遺伝子コードを微生物に与え，牛と同じ乳タンパク質を生成し，それを水や植物性油脂，ビタミンやミネラルなどと発酵させ，牛乳と同じ特性を持ちながらラクトフリーの製品を開発している。同社は 2022 年夏，植物由来のホエイタンパク製品を販売しているベターランドフーズ社に原料を提供して精密発酵由来の牛乳を発売している。パーフェクトデイ社は従来，精密発酵による乳タンパク質を使ったアイスクリーム，クリームチーズ，ケーキミックス，スポーツ製品などを販売してきたが，精密発酵由来の乳タンパク質を使用した牛乳の市販は世界で初めての事例となった。

　また，同社は遺伝子組み換えピキア酵母のコマガタエラ・ファフィを使用して，西アフリカの植物ペンタディプランドラ・ブラゼアナに含まれる甘味タンパク質ブラゼインを開発している。すでにブラゼインは米国食品医薬品局（FDA）に GRAS 通知を提出済みで，現在 FDA の回答待ちの状況である。遺伝子組み換え微生物を使用するブラゼインの開発は，米国を拠点とするオーブリ（Oobli）社，スウィージェン（Sweegen）社も行っている。特にオーブリ社はパーフェクトデイ社と同じコマガタエラ・ファフィを用いた精密発酵ブラゼインですでに FDA の GRAS

第3章　代替タンパク質の市場動向

認証を取得しており，日本航空の一部国際線では，オーブリ社の甘味タンパク質を使用したチョコレートが提供された。このチョコレートは，従来のチョコレートよりも砂糖の量が70％少なく，健康志向の消費者にとっては魅力的な製品となっている。

シリコンバレーのスタートアップであるザ・エブリカンパニー社は2021年，高い溶解性を備えた動物由来の卵タンパク質と同等の可溶性卵白タンパク質粉末「クリアエッグ」を開発している。卵タンパク質のDNAを酵母に挿入し，砂糖を与えると，酵母は糖から卵タンパク質をつくるようになる。ビール，ワインの生産では，酵母は発酵により糖を分解してアルコールをつくるが，DNAを挿入された酵母はアルコールの代わりに卵タンパク質を生産する。クリアエッグは，タンパク質が不足するドリンクの用途に適しており，高タンパク質なプロテインビールや牛乳よりもタンパク質を多く含むプロテインミルクなどの用途が考えられる。ビール，ミルクのほかにも，温かい飲み物や冷たい飲み物，炭酸飲料，エネルギードリンク，透明ドリンク，スナック，栄養バーなどにほぼ味のないタンパク質を加えることができる。製品はコーシャ，ハラールに対応している。タンパク質の生産には遺伝子工学を使用しているが，最終製品に酵母は含まれないため，非GMOな製品となる。同社の製品は，シカゴを拠点とする素材大手のイングレディオン（Ingredion）社を通じて販売されている。

チェンジフーズ社は，精密発酵により乳タンパク質，脂肪，フレーバーをつくり出した後，伝統的な製造技術を利用して，チーズを製造している。同社は，単糖と栄養素で発酵させるとカゼインを生成するように設計された微生物を使用し，発酵の終わりに乳タンパク質をろ過して牛がつくるものと同等の動物性を含まないカゼイン微粉末を得ている。2022年，同社は精密発酵企業がシードラウンドで調達した金額としては，過去最大規模となる1,200万ドル（約13億円）を調達した。これにより，シードラウンドの調達総額は1,530万ドル（約17億円）となった。同社は，95カ国以上で販売される有名な植物性バター・チーズブランド「ビオライフ（Violife）」や「フローラ（Flora）」を展開しているオランダのアップフィールド社と戦略的パートナーシップを結んでいる。

モティーフフードワークス社は，植物肉に旨味，肉らしい風味をもたらす酵母由来のヘムタンパク質「HEMAMI」を開発して，米国FDAからGRAS認証を取得している。HEMAIは遺伝子改変を行った酵母を用いて開発された，食肉の風味成分であるヘム（鉄ポルフィリン）とグロビン（球状のタンパク質）からなる色素タンパク質（ミオグロビン）であり，肉の赤色はこのタンパク質の色に由来している。同社では，HEMAMIを植物性代替肉向けの食品添加物として販売している。2023年5月には，HEMAMIと食感・ジューシーさを改善する代替脂質「APPETEX」を配合したフードサービス向けの植物性パテの上市を発表し，業界での存在感を強めている。

ニューカルチャー社は精密発酵により，アニマルフリーなモッツァレラチーズを開発している。乳汁を凝集させるキモシン（レンネットに含まれる酵素）は以前，屠殺した牛など反芻動物の胃から抽出されていた。現在，レンネットの大部分は，レンネットを生産する遺伝子を酵母へ挿入することで，微生物発酵により生産されている。同社は，レンネットで実現した生産技術を

カゼインの生産に適用し，カゼインをつくる遺伝子を挿入された微生物を使って，牛に頼ることなくカゼインを生産している。同社のモッツァレラチーズはコレステロール，乳糖を含まないため用途も広いという特長を有している。同社はカゼイン依存度の高いモッツァレラチーズに注力し，ピザレストランなどを通じて市販化を推進している。

精密発酵を利用してアニマルフリーなチーズを製造する企業は，同社のほかにもチェンジフーズ社，イスラエルのイマジンデイリー社，ドイツのフォルモ（Formo）社，エストニアのプロプロテイン社，ニュージーランドのデイジーラボ（Daisy Lab）社など複数あり，同社およびプロプロテイン社，デイジーラボ社はガゼインに特化して開発を行っている。

2022年にイスラエルで創業したイマジンデイリー社は，遺伝子組み換え酵母を活用して乳タンパク質（ホエイ，カゼイン）を開発している。イスラエルに近接した非公開の場所に工業規模の精密発酵生産ラインを整備している。ほとんどの企業がCMO（受託製造企業）で生産能力を確保しているのに対して，同社は自社工場を保有することでリードタイムや費用を節約できる体制を構築して競争力を確保する。同社の工場は100,000リットルの発酵能力を持ち，1～2年先には3倍に増やす計画である。VCファンドが大規模な設備投資プロジェクトへの資金提供に消極的であることに加え，銀行が市場でまだ証明されていない技術への資金提供に消極的であることから，精密発酵メーカーは社内でのスケールアップにも苦労している状況であるが，同社は同じように自社生産工場を計画しているパーフェクトデイや同じイスラエルのリミルクに先行して生産能力を充実させることになる。

同社は2023年8月，米国FDAからGRAS認証を取得しており，2024年中に米国でホエイタンパクを含む製品を発売する。また，2023年，同社はフランスのダノン社のコーポレートベンチャー部門から少数株主の投資を確保しており，乳製品大手メーカーとの戦略的コラボレーションプロジェクトに取り組んでいる。

イマジンデイリー社と同じイスラエル企業であるリミルク社は，イマジンデイリー社に先立って2022年6月に米国のGRAS認証を取得している。同社はコマガタエラ　ファフィーyRMK-66という酵母株を使用して，アニマルフリーのカゼインを生産している。米国の食品大手のゼネラルミルズ社が同社の原料を使用したクリームチーズ「Bold Cultr」を発売している。ゼネラルミルズ社は「ハーゲンダッツ」ブランドでよく知られている企業で，2021年より自社ブランドに精密発酵タンパク質を採用している。同社が精密発酵タンパク質を採用するのは今回が2回目で，リミルク社にとっては米国でGRAS認証を取得して以降初の上市となった。Bold Cultr は，ミネソタ州で先行販売されているが，今後は販売が全米に拡大すると予想される。製品にはリミルクのロゴが表示されているため，消費者はリミルクの原材料を含む製品であると確認できる。製品にはアニマルフリーなホエイタンパクとエンドウタンパクが使用されている。リミルク社は，デンマークに世界最大の精密発酵施設を氷の上に建設する計画を立てている。

2023年5月，米国のヘライナ（Helaina）社は，精密発酵によるラクトフェリンの生産について，研究開発フェーズから大規模な商用化に向けて移行する準備ができていると発表している。

第3章　代替タンパク質の市場動向

同社が開発したラクトフェリンは，ウシ由来のラクトフェリンではなく，酵母を活用した精密発酵技術で生成されたアニマルフリーな成分のヒトラクトフェリンである。2019年の設立以来，同社は母乳タンパク質で乳児用調製粉乳市場に変革を起こすために取り組んでおり，現在では母乳タンパク質による乳児用調製粉乳に加え，免疫強化を求める消費者の需要に応え，機能性食品事業へと取り組みを拡大している。

　同社は2024年9月，シリーズBラウンドで4,500万ドル（約65億円）を調達した。精密発酵でラクトフェリンを開発する企業でシリーズBラウンドに進んだのはヘライナ社が最初の企業で，今回の資金調達によって同社の累計調達総額は8,300万ドル（約120億円）となり，2024年内のヒトラクトフェリン「エフェラ（effera）」の商品化を予定している。同社によると，エフェラは女性の健康や栄養をサポートする生物活性成分であり，臨床・非臨床試験により，ウシラクトフェリンよりも効果が高いことが示されている。粉末状のため汎用性と保存性が高く，非常に低い含有量で効果を発揮するため，メーカーはプロテインパウダー，ドリンクミックス＆シェイク，乳製品，フルーツジュース，エナジードリンクなどさまざまな製品に組み込むことが可能である。米国では，「Kroma Wellness」，「Levelle Nutrition」，「The Feed」，「Healthgevity」といった消費者向けブランドが，機能性食品，飲料，サプリメントなどに同製品を使用する予定である。また，Mitsubishi International Food Ingredients（三菱商事の北米における事業会社）などの流通パートナーを通しても販売を行うほか，粉ミルクメーカーと共同で乳児用粉ミルクを発売する計画もある。

　2019年にニューヨークで設立されたヘライナ社は，希少成分であったラクトフェリンを精密発酵プラットフォームで生産する方法を開発，同じ精密発酵企業のザ・エブリカンパニー社やリミルク社が活用しているのと同じ酵母株を使用している。

　フィンランドのオネゴビオ社は，フィンランドと米国に拠点を置くバイオテクノロジー企業で，精密発酵技術を用いて鶏を使わずに卵白タンパク質の「バイオアルブメン」を開発している。同社は，フィンランド技術研究センター（VTT）のスピンオフベンチャーとして2022年に設立され，トリコデルマ・リーセイという糸状菌を活用し，卵白タンパク質を生成する技術を保持しており，この技術により従来の鶏卵生産に伴う環境負荷を軽減することが期待されている。

　バイオアルブメンは，卵白の最も重要なタンパク質であるオボアルブミンであり，同社は卵の栄養的および機能的品質を信頼性と持続可能な方法で提供することができる。同原料は，完全な機能，完璧なタンパク質品質，おいしいニュートラルフレーバーを備えた非動物性卵タンパク質粉末で，卵を置き換え，焼き菓子や菓子からスナック，飲料，ソース，肉の代替品など幅広い食品の食感，味，性能を向上させるための理想的な工業成分である。

　2024年4月，精密発酵による卵白タンパク質の商用化と生産拡大に向けて，同社はシリーズAラウンドで4,000万ドル（約61億円）を調達している。今回のラウンドは，日本と北欧のベンチャーキャピタルNordicNinja社が主導している。調達資金にはフィンランド政府傘下の公的機関Business Finlandからの1,000万ドル（約15億円）の非希薄化資金が含まれており，同社

の調達総額は5,600万ドル（約86億円）となった。同社では最初のターゲット市場である米国進出に向けて，精密発酵による卵白タンパク質で2024年のGRAS認証の取得，2025年市場導入を目指している。

2024年2月，オランダの精密発酵企業ヴィヴィシ（Vivici）社が，精密発酵由来ホエイタンパク質についてGRAS認証を取得し，米国で販売可能になったことを発表している。同社は，ニュージーランドの大手乳業メーカーであるフォンテラ（Fonterra）社とオランダの大手化学メーカーDSM社によって設立された企業で，本社はオランダのデルフトにあるバイオテクノロジーセンター，Biotech Campus Delftにある。販売可能になった成分は，ホエイタンパク質の1種であるβ-ラクトグロブリンで，米国のパーフェクトデイ社，イスラエルのリミルク社，イマジンデイリー社に次いで4番目の取得となった。同社は，欧州に拠点を置く企業のなかで，米国において精密発酵タンパク質で認可を取得した最初の企業となった。同社がGRAS認証を取得したことで今後，精密発酵でβ-ラクトグロブリンやカゼインを開発する欧州企業が，規制プロセスが確立した米国進出を加速させることが予測されている。

同社がこれまでに認可を取得した企業と異なる点は，同社がニュージーランドの大手乳業メーカーフォンテラ社とオランダの大手化学メーカーDSM社によって設立されていることである。フォンテラ社は130カ国以上にブランドを展開する世界的な乳業メーカーであり，DSM社は精密発酵の専門知識を有している。精密発酵の技術，乳製品の製造・販売網という強みを掛け合わせて設立されたヴィヴィシ社は，2022年末の設立からわずか1年強で，GRAS認証の取得まで到達した。2023年10月にはβ-ラクトグロブリンのスケールアップに成功しており，2024年にもさらなるスケールアップを予定している。

ヴィヴィシ社は想定クライアントとして，持続可能で倫理的に製造された機能性タンパク質を自社製品に使用したいと望む食品・飲料メーカーをあげており，持続可能性と影響力に関するメディアプラットフォームのGreen queen社の報道によると，同社は2024年後半にも精密発酵ホエイを使用した最初の製品をアメリカで発売する予定とされている。

同社は現在，GRAS認証に向けてFDAに書類の提出をする段階にあるほか，数カ月以内にシンガポールと欧州でも申請を予定している。

スイスのネスレ社も精密発酵ホエイを使用したプロテインパウダー製品を発売している。同社は2022年12月に最初の試験販売を実施しており，今回が2回目である。精密発酵製品が市場シェアを獲得するか否かは，ネスレ社など大手企業の本格導入に大きく左右されるため，フォンテラ社の技術・ネットワークを有するヴィヴィシ社は有利な立場にある。フォンテラ社の主要市場はオセアニア，中国，インドネシア，マレーシアであるが，同社製品はアメリカでも流通している。子会社のフォンテラアメリカ社のブランドには「アンカーデイリー（Anchor Dairy）」，「アンカーフード（Anchor Food）」，「プロフェッショナルズ（Professionals）」，B2Bソリューションの「NZMP」があり，これらのブランドに使用されて市場へ流通していく可能性がある。

ヴィヴィシ社は，2023年11月にバイオテック企業のギンコバイオワークス社と乳タンパク質

第3章　代替タンパク質の市場動向

の範囲拡大で提携しているため，今後はβ-ラクトグロブリンを超えて，他のタンパク質にも着手していくことが予想される。

精密発酵で動物油脂を開発するオーストラリアの Nourish Ingredients 社もフォルテラ社と提携している。同社は精密発酵で肉らしい風味をもたらす「Tastilux」，乳製品らしい口当たりをもたらす「Creamilux」を開発している。これらの製品は B2B 向けで，2025 年までの市場投入を目指している。両社は，チーズ，クリーム，バターなどの乳製品カテゴリーで製品への適用を目指すと同時に，従来の乳製品だけでなく，ベーカリーなどこれまで乳脂肪に依存していた非乳製品カテゴリーでも付加価値を提供する機会を探っている。

6　代替肉の動向

6.1　植物肉

(1) 概要

植物肉は代替肉の 1 つで，大豆やエンドウ豆，小麦などの植物性原料からつくられており，動物性タンパク質に代わる栄養価の高い選択肢として注目を集めている。

米国では，消費者の植物肉への需要が続いている。2020 年の新型コロナウイルスのパンデミック中には，食肉供給の問題が発生し，植物肉の売り上げが急増した。その後も市場は拡大を続けており，2022 年には培養肉，微生物発酵肉を含む代替肉の小売売上高は過去 3 年間より 5 割以上増加し，約 74 億ドルに達している。中でも植物肉は，2030 年にかけて年間成長率 17.8％の割合で成長し続けると予想されており，植物肉は大豆由来の肉が 40％以上を占めている。一方，エンドウ豆由来の植物肉がそれまでの成長速度の 3 倍の速さで拡大しているほか，小麦由来の植物肉は大豆に次ぐ原材料として成長している。

米国では植物肉の品質改良と価格の低下が進んでおり，一般消費者にも広く受け入れられるようになりつつある。このトレンドは，環境や動物福祉に対する意識の高まりとともに，今後も続くと予想されている。米国では国をあげての SDGs 達成へ向けた取り組みがみられず，世界の先進国の中で達成度は最下位に留まっているほか，肥満と健康問題については政府介入が十分に行われていなかった。2022 年 6 月に医師などからなる団体が，学校などでの植物由来食品の取り扱い拡大などを含む嘆願書を議会に提出しており，議会は検討に入ってはいるものの，いまだ大きな動きは見られないというのが現状である。消費者はすでに植物肉への関心を高めているので，国の政策が植物由来食品へ舵を切れば欧州以上の成果を生み出すのではないかと期待されている。

ビヨンド・ミート社は，バイオテクノロジー的なアプローチにより植物肉を開発している。MRI など使用して牛肉の分子構造を解析し，その分子構造をエンドウ豆などの植物由来の成分を使って再現している。同社は，大手スーパーでの販売網とマクドナルドなどのレストランへの提供の 2 つの販売チャネルを展開しており，いずれの販売チャネルも 2019 年から 2020 年にかけ

191

代替肉の技術と市場

て大幅に売り上げと利益を伸ばした。製品の中でもハンバーガーパテやナゲットなどの挽肉を使った植物肉は完成度が高く，価格も手ごろになっている。半面，ステーキ肉やジャーキーなどはいまだに畜肉製品との格差が大きいとみられている。同社は現在，米国，カナダ，ヨーロッパ，中国，日本など世界70カ国以上で事業を展開している。

日本では一度市場から撤退したものの，2022年にユナイテッド・スーパーマーケット・ホールディングス（U.S.M.H）と独占販売契約を締結して再参入し，傘下のマルエツ，カスミ，マックスバリュなどのスーパーで同社の製品を使った商品を展開している。U.S.M.H は自社植物工場「THE TERRABASE」でサステナブル志向のレタス「Green Growers」を生産・販売しており，ビヨンド・ミート社の製品も Green Growers ブランドで販売されている。

インポッシブル・フーズ社の植物肉の特徴は，血液のヘモグロビンに含まれているヘム鉄という化学物質を使っている点にある。これを培養するのに遺伝子組み換えをした酵母を使用しているため，販売許可が下りていない国や地域が存在する。同社の植物肉も普通の肉に比べ，生産時の環境コストが非常に小さい。ハンバーガーパテであるインポッシブル・バーガーで使用する水を92％，土地面積を96％，排出する温室効果ガスを91％削減することができる。また，肉のジューシーさを再現するために，健康によいココナッツオイルを使っているため，ヘルシー＆サステナブルミートとして人気を集めている。ハンバーガーパテのほか，ソーセージ，ミートボール，ナゲットなどを販売している。ネット販売やカリフォルニア州のスーパーマーケットの販売も好調で，2021年には豚肉の代替肉も発売を開始している。また，植物性ミルクの開発もはじめている。米国ではバーガーキングやスターバックスで販売されており，植物肉（代替肉）の認知度を高める商品として広く知られるようになった。

ボカ（Boca）社は，1979年創業の老舗代替肉会社である。当時は Boca Foods Company という会社名で，ベジタリアン向けの冷凍植物肉入りハンバーガーを販売していた。2000年初めに，米国最大の加工食品会社であるクラフト・フーズ社によって買収され，現在もイリノイ州シカゴにボカ・バーガー社として本社を設置している。クラフト・フーズ社による買収で全米のスーパーマーケットで購入が可能となっており，現在はハンバーガーパテとナゲット，ひき肉が主力商品となっている。植物肉といっても原料にはクリームやチーズなどが含まれている。製品の中には，遺伝子組み換えの大豆を使っていないと明記されたものがあり，インポッシブル・フーズ社などの製品との差別化を図っている。

モーニングスター・ファーム（Morningstar Farms）社は，米国の有名な胃薬であるアルカ「セッツァー」やビタミン剤の「ワンスアデイ」などを製造，販売していたマイルズ・ラボラトリー社の一部門として設立された。1975年には，大豆由来の植物肉（ハンバーガーパテ）をすでに販売していた非常に歴史のある代替肉販売会社である。その後，1999年に総合食品会社のケロッグ社に買収されている。ケロッグ社の傘下に入っても社名や商品開発理念は変えず，モーニングスター・ファーム社の代替肉をケロッグ社の販売網に乗せて全米展開している。最大の特徴は朝食用・昼食用・夕食用など，商品ラインアップが豊富であることである。2019年には販

第3章　代替タンパク質の市場動向

売されている全製品をヴィーガン向けにすると発表したが，2022年現在，商品の中には卵やチーズなどを含むものがみられる。最先端の代替肉には程遠いが，ファストフードで提供されているようなものに近い味と食感がある。

ノーエビルフーズ（No Evil Foods）社は，2014年にノースカロライナ州の小さな町のファーマーズマーケットから出発した植物肉メーカーである。他のメーカーと同様に，SDGsの実現を企業理念としている。製品の傾向は，TEXMEX（テキサス料理やメキシコ料理）を土台にしたものが多い。本物の肉に近づけるためさまざまな科学的研究を行っているが，同社は自分達のできる範囲で植物肉をつくっており，すべての製品に原材料を細かく表示している。ハンバーガーパテは製造しておらず，チョリソーなどのソーセージが主力商品である。ほとんどの商品は小麦粉を主体とした植物肉で，それぞれの商品で独特のスパイス調合がなされている。

プランテッド社は，植物由来の代替肉を製造・販売するチューリヒのスタートアップで，動物性食肉と添加物を一切使用せずに，同レベルの栄養価を保ちながら価格引き下げに取り組んでいる。同社では特に鶏肉の代替肉に力を入れており，植物由来の鶏胸肉を発売している。また，ブランテッド社は，バイオストラクチャリングという独自の技術を用いて，複雑な構造や食感を再現している。製品は，健康的で持続可能な食生活をサポートすることを目指しており，欧州全域で販売されている。

ベジタリアンブッチャー（The Vegetarian Butcher）社は，オランダの植物由来の代替肉を提供するメーカーで，動物性食肉に代わる高品質な植物肉を製造しており，世界中で注目を集めている。同社は製品に大豆タンパクや小麦タンパク，海藻など多種多様な植物由来の原料を使用しており，環境への配慮や健康的な食生活をサポートすることを目指している。同社の「LikeMeat」ブランドは，植物性の原料を使いながらも，肉のような食感や調理の幅広さを追求しており，バーガーキングやドミノ・ピザなどの大手チェーン各社とコラボレーションして広く普及している。

香港のスタートアップのグリーンマンデー（Green Monday）社は，カナダの研究チームと共同で「オムニミート（Omni Meat）」を開発，2018年から販売している。同製品は植物由来の代替肉で，特にアジア市場向けに開発された。オムニミートは，エンドウ豆，大豆，しいたけ，米などの植物性タンパク質をブレンドしてつくられており，ひき肉に似た食感と風味を再現しており，コレステロールゼロ，飽和脂肪酸96％減，カロリー70％減といった健康効果も有している。日本でも2020年から販売が開始され，ヴィーガンレストランや一部の小売店で購入できる。

一方，日本では米国や欧州ほど市場が成長していないが，じわじわと市場拡大傾向にある。イトーヨーカドー，マルエツやセブンイレブン，ローソンなどの一部のスーパーやコンビニではすでに植物肉が販売されており，取り扱い店舗も徐々に拡大している。しかし，日本企業が開発している植物肉はまだ成長段階であり，植物のみで構成された植物肉は数が少ないのが現状である。

国内の植物肉製造企業は，ネクストミーツ，大塚食品，マルコメなど多数存在しており，多く

193

は大豆ミート製品を中心に扱っている。ネクストミーツは，サステナブル，バイオとメカトロジーの2つのテクノロジーを活用する研究開発ネットワークのスピード，味と食感を生み出す発想力などを強みとする企業である。世界の優秀な研究者が集結してオープンイノベーションを行い，生命科学・食品工学・遺伝子工学などをマッシュアップし，そこから生まれるアイデアとテクノロジーを駆使して，次世代の代替肉を日々進化させている。

　同社は，世界初の植物性焼肉をはじめ，牛丼，チキン，バーガー，ポーク，ツナタイプをラインアップして，EC，スーパー，外食を通じて世界展開を進めている。製品は随時バージョンアップし，有名シェフとのコラボで代替肉ならではのレシピを開発するなど進化を続けている。同社は「NEXT 焼肉シリーズ」を上市しており，「NEXT ハラミ 1.1」は，世界で初めて開発されたハラミタイプの植物性焼肉である。主な原料は大豆，化学調味料は無添加で，子供でも食べられる。同製品のほかにも，「NEXT2.0 カルビ」，「NEXT 牛丼 1.2」，「彩り野菜とカリふわ植物肉でつくられた酢豚」や，「シチュー，豆乳と米粉でできたベシャメルソース」，「ホウレン草と粗挽き封植物肉などを重ねたラザニア」などで構成される「NEXT EATS」などの製品が上市されている。

　大塚食品の「ゼロミート」は，肉の代わりに大豆加工食品を使った植物肉製品である。リバースエンジニアリングを応用し，肉みたいな食感を実現しながら，植物性のおいしさを活かした味わいに仕上げている。レンジで温め，そのまま食べられる。「ハムタイプ」，「ソーセージタイプ」，「ハンバーグタイプ」の製品があり，カレードリアや乳製品不要のレモンクリーム風パスタ，デミグラスハンバーグなどの食品をつくることができる。

　マルコメは，「ヘルシーを，もっと美味しく」をコンセプトにした「ダイズラボ」シリーズを上市している。同シリーズは，脂質や糖質，カロリーや栄養バランスなど，現代人が抱える栄養面の課題に向き合い，肉や小麦粉の代わりとして大豆ミートや大豆粉を食生活に取り入れやすい形にして製品化している。「大豆のお肉」は，普通の肉に比べて低脂質，低コレステロール，高タンパクで食物繊維も豊富に含まれている。同製品は，湯戻しが不要でそのままフライパンなどで炒めて調理できる。そのため，肉を切る手間が省け，誰でも簡単に時短料理が可能になる。ミンチ・スライス・ブロックの3種類があり，さまざまな料理に使用できる。また，レトルトタイプ，冷凍タイプのほか，サラダチップタイプ，乾燥タイプ，味付けタイプなどの製品もある。そのほか，「大豆のお肉（肉みそ・そぼろ）」は，味付き肉みそとそぼろで，卵焼きや野菜炒めのトッピングをはじめとして手軽にさまざまな料理に使用できる。また，「惣菜のもと」は，下味のついた大豆の肉とたれがセットになっており，具材と一緒に調理するだけで，簡単に本格的な料理を楽しむことができる。

　日本ハムの「ナチュミート」シリーズは，大豆ミートを使用した植物肉のブランドである。同社独自の水戻し製法により，大豆特有の青臭さを軽減すると同時に，大豆臭の軽減に効果的な成分を抽出したオリジナルフレーバーを開発して添加，さらに味つけの面でも美味しさが引き立つように製造されている。製品には，フィッシュフライ，メンチカツ，から揚げ，ハムカツ，ハン

第3章　代替タンパク質の市場動向

バーグの5製品がラインアップされている。同社の「Vision2030」では，安全・安心，おいしさに加え，常識にとらわれない自由な発想でタンパク質の可能性を広げることが「2030年におけるありたい姿」として表現されている。

伊藤ハムは，大豆ミートを使用した「まるでお肉！」シリーズの各製品を上市している。新製品の「まるでお肉！植物生まれの豆乳クリームソース入りメンチカツ」は，肉のようなおいしさの食感・味・香りにこだわった大豆ミート製品で，まろやかな豆乳クリームソースを大豆ミートミンチで包んだ衣がサクサクのメンチカツである。食肉の代わりに大豆タンパクを使用している。そのほかにも，「まるでお肉！植物生まれのナゲット」，「まるでお肉！植物生まれのハムカツ」，「まるでお肉！植物生まれのからあげ」，「まるでお肉！植物生まれの肉だんご甘酢あん」などの製品がある。いずれの製品も大豆ミート使用製品であるが，動物由来の原料（卵，乳）も使用しており，生産設備も食肉を使用した設備で製造している。

プリマハムは2022年8月，植物肉製品の「FIELD GOOD（フィールドグッド）」シリーズ3製品を発売した。「FIELD GOOD 植物由来のチキンナゲット」は，鶏肉のようにジューシーかつ味わい深いナゲットで，衣にもしっかり味付けをした食品である。また，「FIELD GOOD 植物由来のポップンチキン」は，食べやすい一口サイズのフライドチキンタイプで，サクサクとした仕上がりになっている。「FIELD GOOD 植物由来のチキンカツ～ガーリック＆ハーブ～」は，ガーリックとハーブを効かせた食べ応えのある衣付けカツ製品である。一方，「Try Veggie（トライベジ）」は，食肉の代わりに大豆ミートを使用した食品ブランドで，「大豆のお肉で作ったドライカレー」と「大豆のお肉で作ったそぼろ」の2製品がある。

2016年よりプラントベース食品（植物性食品）に特化したウェブサイト「Vegewel Marché」を運営してきたフレンバシーは，2021年「Good Good Mart」にリニューアルしている。同サイトで販売されているパスタソース「たかきびと香味野菜が出会ったドキドキボロネーゼ」には，プチッとした弾力のたかきびが贅沢に使われており，ひき肉さながらの食べ応えが評価されている。たかきびはソルガムともいわれ，マクロビレストランでよく見かけられる食材である。「Good Good シリーズ」は，Good Good Mart のオリジナル商品で，無添加，プラントベース，化学調味料不使用，アレルギー28品目不使用，砂糖不使用にこだわった健康派レトルト5商品をラインアップしている。また，同社は製品を障害者の就労支援施設で製造しており，社会福祉への貢献も目指している。

高知市の豆腐製造業のタナカショクは，素材にこだわった豆腐ジャーキーを製造，販売している。グルテンフリーのしょうゆや，ヴィーガン対応の砂糖を使ったものもあり，個々のニーズに合わせて買うことができる。山椒やハバネロ味などのおつまみ系や，業務用サイズの非常食バージョンも取り扱っている。

モスバーガーは，ハンバーグのパテに大豆由来のタンパク質を使用した「ソイパテ」シリーズを上市している。「ソイモスバーガー」，「ソイテリヤキバーガー」など数多くの製品が上市されている。モスバーガーはもともと野菜にもこだわっているが，さらにソイパテという顧客の選択

195

肢を増やして付加価値を提供することで競争力の向上を図っている。

6.2 培養肉

　培養肉は動物の細胞を体外で増殖させてつくるため，動物の肉と同じ成分や食感を再現できる。一方，微生物の発酵プロセスを利用してつくられるため，異なる栄養プロファイルや食感を持つことも多い。

　米国ではアップサイドフーズ（Upside Foods）社とイート・ジャスト（Eat Just）社の2社が政府から培養チキンの販売許可を得ている。両社はシンガポールでも販売が承認されており，イート・ジャスト社が2021年に提供した培養チキンパスタの消費者価格は約13.70米ドルであった。先行した2社に続いて，イスラエルでは2023年12月にアレフ・ファームズ社が世界で初めて培養牛の販売許可を取得している。同社は2018年に世界ではじめて牛の細胞から製造した培養肉ステーキを開発した。2021年には，三菱商事との間で，アレフ・ファーム社が培養肉の培養に必要な製造プラットフォーム「バイオファーム（BioFarm）」を提供し，三菱商事がバイオテクノロジープロセス，ブランド食品製造，日本での流通に関する専門知識を提供する契約を結んでいる。両社は，東京に拠点を置くルール形成戦略研究所の下で政策提言を行う「細胞農業研究会」のメンバーである。同研究会は，細胞性産物の定義と構築に関する専門家を集めて日本の製品や技術に関する政策提言を行っている。日本政府は，2050年までに温室効果ガスの排出量をゼロにするという目標を掲げており，アレフ・ファーム社は2025年までに食肉生産に伴う排出をなくし，2030年までにサプライチェーン全体における排出量ゼロを達成することを約束している。日本との協業は，アレフ・ファームズ社がアジア太平洋地域，ラテンアメリカ，ヨーロッパで展開している「BioFarm to Fork」という戦略的パートナーシップネットワークの取り組みの一環である。

　日本国内では日清食品ホールディングス，ダイバースファーム，島津製作所などの企業が培養肉の開発に取り組んでいる。日清食品ホールディングスは，培養ステーキ肉の研究に取り組んでいる。培養肉をミンチ状や薄いスライス状に成形する企業が多いなか，同社は東京大学との共同開発により厚みのある肉らしい食感を追求している。2019年にはサイコロステーキ状のウシ筋組織の生成に世界で初めて成功しているほか，研究用ではなく食べられる素材での作製もはじめ，2022年3月には研究関係者が実際に試食している。

　ダイバースファームは，バイオベンチャー企業であるティシューバイネット（埼玉県比企郡ときがわ町）と，ミシュラン一つ星の懐石料理店「雲鶴」が設立したスタートアップで，経営には鶏の生産者である阿部農場が加わっている。同社は機能面や安全性を高めた培養肉を提供する事業者として，タネ細胞用の動物の飼育，再生医療の技術を用いた培養肉の製造，顧客への販売まで一貫して行うことを目指している。

　ヤエガキ醗酵技研は2023年5月，タンパク質を含む食品加工技術を研究しているオランダの食品研究機関のNIZO Food Research（NIZO）社との間で，日本の伝統的な麹菌をはじめとし

第3章　代替タンパク質の市場動向

たキノコ菌糸体と呼ばれる食品原料をベースとした代替肉の研究開発を行うことを合意している。MIZO社は，食材ごとに適合する微生物を特定し，発酵技術を使って植物由来タンパク質の不快な味を取り除いたり，食感や口当たりを改善したりする研究を行っている。

また，MIZO社は2024年1月，大豆由来の植物肉原料を開発・製造する熊本市のスタートアップ企業のDAIZ（ダイズ）とオランダに研究拠点を開設している。DAIZの子会社のDAIZエンジニアリングがNIZO社と協業して，動物性の乳製品と植物性タンパク質由来の乳代替製品を組み合わせた「ハイブリッド乳製品」の開発を進める。

そのほか，2021年11月には日揮ホールディングスが培養肉の商業生産を目的に新会社を設立し，2022年3月には味の素がイスラエルの培養肉ベンチャーであるスーパーミート社への出資を発表している。

6.3　高タンパク食品

国内の高タンパク食品市場の拡大は，2015年以降に各種メディアで増加したタンパク質摂取に関する情報発信によって火がついたプロテインブームによってもたらされている。同時期に起こった筋トレブームと相まってタンパク質への関心の裾野がライトユーザーまでを巻き込む構造に変化したことから，高タンパク質市場は2020年以降2,000億円を突破した。さらに，新型コロナの流行によりコロナ太りの解消へ向けた需要が発生し，テレビやインフルエンサーを通じた情報発信が増加すると，新規ユーザーが増加した。

最近では，一部ライトユーザーが離脱する傾向がみられる一方で，リピーターも増加しており，市場は依然拡大傾向が続いている。

6.3.1　サラダチキン

サラダチキンは手軽にタンパク質を摂取できる食品として早くから市場が形成されている。サラダチキンは，健康維持や筋肉の増強，ダイエットなどさまざまな目的で利用されており，調理済みでそのまま食べられるため，忙しい日常でも簡単にタンパク質を摂取できる食材として重宝されている。サラダチキンの特徴は高タンパク質であることに加えて，低脂肪であることからダイエット中の人にも適しており，低カロリーであることから食事の一部として取り入れやすいことが長所となっている。そのほか，サラダチキンにはエネルギー代謝を助けるビタミンB群が豊富に含まれていることも長所となっている。

サラダチキンは，食肉メーカーを中心に多くのメーカーから上市されており，セブンイレブンなどの大手コンビニエンスストアなども各社独自のサラダチキンを発売している。また，自宅でサラダチキンをつくる専用の調理家電も発売されており，ボタン1つでサラダチキンをつくることも可能になっている。

セブンイレブンはサラダチキンのブームを牽引した企業で，プレーン，ハーブ，スモークなど多彩なフレーバーを提供している。また，ファミリーマートも3種のハーブ＆スパイスなど独自のフレーバーが人気となっている。一方，食肉企業の米久は，しっとりとした食感が特徴の「しっ

197

とり仕立てサラダチキン」が人気で，高評価を得ている。アマタケは南部どりを使用したタンドリーチキンなど，本格的なスパイスが効いた製品が人気である。また，イオンのプライベートブランドである「トップバリュ」は純輝鶏シリーズなど，抗生物質を使わずに育てた鶏肉を使用した製品が特徴となっている。

6.3.2 高タンパクヨーグルト

高タンパクヨーグルトは，一般のヨーグルトよりもタンパク質を多く含んでいるヨーグルトで，脂肪ゼロの製品も上市されている。高タンパクヨーグルトも多くの乳業メーカーが製品化しており，競争状況は厳しくなっている。

ダノンジャパンの「オイコス」は，プロテインヨーグルトの市場シェア No.1 の製品である。オイコスには高吸収タンパク質が 10g 以上含まれており，脂肪ゼロ，低 GI を特徴としている。GI（グリセミック・インデックス）は，食品が食後の血糖値に与える影響を示す指標で，食品に含まれる糖質がどれだけ速く血液中に吸収されるかを数値化している。低 GI は，食後の血糖値が穏やかに上がり，ゆっくり下がることを示しており，最も血糖値が上がりやすいブドウ糖と比較して 55% 以下（AUC 比）の上がりやすさを低 GI と呼んでいる。同製品は，低 GI であることを国際標準化された手法により，日本での臨床試験で実証している。

森永乳業の「パルテノ」は，ギリシャ伝統の水切り製法を踏襲し，ゆっくりと丁寧につくられたギリシャヨーグルトである。こだわりのひと手間によりおいしさに加えてプロテインを豊富に含んでいる。高プロテインなヨーグルトでありながら濃厚かつクリーミーな味わいが同製品の特徴となっている。プレーンのほかクリーミーバニラ味，はちみつ付き，ブルーベリーソース入りイチゴソース入りなどの製品がある。

トップバリュの「ギリシャヨーグルト」は，水切り製法により約 3 倍に濃縮したヨーグルトで，通常のヨーグルトの約 2 倍のタンパク質を含有している。濃厚＆クリーミーな味わいがあり，プレーン，マスカット，みかん＆和柑橘などのフレーバーの製品がある。

日本ルナの「イーセイ スキル（Isey SKYR）」は，アイスランドの健康的な国民食として，厳しい環境の中で暮らす人々の健康を支えてきた伝統的なスキルヨーグルトである。アイスランドのオリジナルレシピに基づいてつくられており，高タンパク・脂肪 0 なのにねっとりした濃厚な味わいが特徴となっている。プレーン加糖，バニラなどの製品がある。

6.3.3 高タンパクスナック

高タンパク質スナックは，主に高いタンパク質含量を持つ食品のことを指し，筋肉量の増加や回復を促進するのに役立っている。タンパク質は体を構成する重要な栄養素である。特に運動を行う際には不可欠であり，高タンパク質スナックはタンパク質を豊富に含み，手軽にエネルギーを補給でき，食事の合間に気軽に摂取できるので，筋力アップや体力向上を目指す人にとって優れた栄養源となっている。

高タンパク質スナックにはさまざまな種類があり，一般的にはナッツ類，プロテインバー，チーズスティック，鶏肉や魚などの加工品などがあげられる。これらは，空腹感を満たすだけで

第3章　代替タンパク質の市場動向

なく筋肉の修復や成長を助ける効果がある。ナッツ類，特にひよこ豆やレンズ豆を使ったスナックは，植物性タンパク質を補給するのに適している。そのほかナッツ類にはビタミンやミネラルも多く含まれている。また，最近では，手軽に食べられ，エネルギーを補給できるプロテインバーやプロテインスナックも人気を集めている。

米国のクエストニュートリション（Quest Nutrition）社の「クエストバー」は高タンパク質で低糖質のプロテインバーとして人気がある。1本あたり約20gのタンパク質が含まれており，筋肉の修復や成長をサポートする。食物繊維も豊富に含まれており，消化を助ける効果がある。また，砂糖の代わりにエリスリトールやステビアなどの甘味料を使用しているため，低糖質で糖質制限をしている人にも適している。チョコレートチップクッキー，バースデーケーキ，ピーナッツバターブラウニーなど，多様なフレーバーが揃っている。クエストバーは，運動後のリカバリースナックや忙しい日の間食としても摂取されており，特にフィットネス愛好者やダイエット中の人々に人気がある。

米国のケラノバ社（旧ケロッグ）の子会社であるインサージェントブランド社は「RXBAR」を製造している。同製品は，シンプルで自然な材料を使用したプロテインバーで，デーツ，卵白，ナッツ，フルーツなど，少数の自然な材料のみを使用している。人工甘味料やフィラーは使用しておらず，1本あたり約12gの卵白由来のタンパク質が含まれている。グルテン，砂糖は無添加で，乳製品や大豆，遺伝子組み換え作物も使用していない。チョコレートシーソルト，ブルーベリー，ピーナッツバターチョコレートなど，さまざまなフレーバーが揃っており，健康志向の消費者やフィットネス愛好者に人気がある。手軽に高タンパク質を摂取できるスナックとして広く利用されている。

森永製菓は2024年9月，「inバープロテイン」シリーズから，タンパク質危機という社会課題に向けた新しいタンパク質を使用した次世代のプロテインバー「inバープロテインNEO＜酵母＞」と「inバープロテインNEO＜スピルリナ＞」をAmazon限定で予約受付を開始した。「inバープロテインNEO＜酵母＞」に使用している酵母では，製造過程の副産物を肥料として次の酵母の原料となる作物の栽培に循環利用している。同製品はタンパク質を10g配合しており，総タンパク質中18%が酵母由来のタンパク質となっている。クリーム内のタンパク質に酵母由来タンパク質を使用したほうじ茶味のウェファータイプの商品である。現在の品質はSTAGE1と位置づけられており，今後も酵母由来タンパク質の含有率アップを目指すとしている。

6.3.4　高タンパクパスタ

高タンパクパスタは，健康志向の消費者の間で人気が高まっている。市場では，ひよこ豆やレンズ豆，エンドウ豆などの豆類を代替食材として使用したパスタが増加しており，グルテンフリーや低炭水化物のパスタの選択肢が増えている。また，タンパク質をはじめビタミン，ミネラル，繊維質など強化したパスタが人気を集めている。高タンパクパスタはバランスの取れた食事を求める消費者の心を捉えつつある。そのほかにも，高タンパクパスタは環境に配慮した包装材料やリサイクル可能なパッケージの採用，エキゾチックなフレーバーの採用などが進んでおり，

消費者ニーズを積極的に喚起している。

　パスタメーカー各社は，デュラムセモリナ（デュラム小麦のセモリナ）を原料とするパスタ製品（乾麺）を上市している。デュラムセモリナは日本の硬質小麦の粉で，乾麺にはタンパク質が多く含まれている。乾麺の一般的な製法は，デュラムセモリナを20〜30％の水分と小麦に含まれるデンプンが水に溶け出さないようにグルテンでしっかり包むように混ぜ合わる。ちょうどよい硬さにこねられた後にパスタ用の型に通してパスタをつくり，最後は温かい空気で乾燥させる。

　フードライナーが輸入販売しているバリラ社の「ヴォイエッロ」は，ナポリの貴族の間で愛好されたブランドとして地位を確立したパスタである。同ブランドは種苗会社と共同開発した100％イタリア産のハイプロテインのアウレオ小麦を原料に使用している。アウレオ小麦はイタリア産の最高級デュラム小麦の一種で，パスタにしっかりとしたコシと豊かな風味を与えている。また，同社は伝統的な製法を守りながら製造しており，ブロンズダイスを使用してパスタを成形しているため，表面がざらざらとした仕上がりになり，ソースがよく絡むパスタとなっている。デュラム小麦の高いタンパク質含有量と低いグリセミック（GI）指数により，栄養価が高く，健康的な食事の一部として適している。

　明治屋はイタリアの老舗パスタメーカーのガロファロ社の「ガロファロ グラニャーノ IGP パスタ」を輸入販売している。製品名にもある「グラニャーノ IGP パスタ」とは，EU の厳しい規定をクリアしたパスタにのみ与えられる証である。同製品は高級なセモリナ小麦を使用し，豊かな小麦の香り，絶妙な歯切れと弾力，ソースとの絡みやすさのすべてを兼ね備えている製品で高い人気がある。

　国内の大手パスタメーカーの日清製粉ウェルナは，「マ・マー」ブランドで，デュラム小麦100％のパスタを販売している。定番商品の「マ・マースパゲティ」のほか，「マ・マーペンネ」，「マ・マーフェットチーネ」，「マ・マーリングイーネ」などの製品がある。

　日本製粉の「オーマイスパゲッティ」は，1955 年に発売されたロングセラーブランドである。また，デュラル小麦100％の製品には「オーマイプレミアムパスタ」，「オーマイ GOLD」などの製品がある。

　はごろもフーズの「ポポロスパ」は，カナダとアメリカ産のデュラムセモリナ小麦を使用しており，しっかりとしたコシと豊かな風味を特徴としている。結束タイプの製品のほか，ミートソースとの相性抜群の太さ 2.1mm のスパゲッティの「ミートソースによく合うポポロスパ」，「ナポリタンによく合うポポロスパ」などの製品がラインアップされている。

　横浜市のエボフードは，本格的な生食感のおいしさにこだわった体づくりをサポートする生パスタ「EVO PASTA」を上市している。パスタのように調理する必要がある食品は調理の過程で熱により栄養素が破壊されたり，茹でることで栄養素が流出したりすることが弱点となっているが，同製品は茹でた後の栄養価を第一に考えしっかりと摂取できるように設計されている。

　同パスタの主原料はピープロテイン（エンドウタンパク）で，筋肉の修復・生成・疲労回復に

第3章　代替タンパク質の市場動向

期待ができる必須アミノ酸や貧血予防・滋養強壮にかかせない鉄分，亜鉛を豊富に含んでいる。低アレルゲンのプロテインとして注目を浴びているエンドウタンパクを配合することにより，体内で合成できない必須アミノ酸を1食あたり9,350mg摂取できる。特にBCAA（ロイシン，バリン，イソロイシン）は豊富に含まれており，理想的な黄金比である2：1：1に近い数値となっているうえ，非必須アミノ酸であるアスパラギン酸やセリン，アルギニンも豊富に含まれている。さらに，熱に弱く，パスタのような茹で上げる食品には不向きといわれているオメガ3脂肪酸に関しても，同社は独自製法により茹であげ後に残すことに成功している。同社（同製品）は2021年12月，関東学院大学陸上競技部とのスポンサー契約を交わすなど多くの支持を集めている。生パスタ本来のモチモチ食感のおいしさにこだわっており，ボディメイクをサポートする目的以外にも，普段のパスタの代用としても購入する人が増加している。

　ミツカングループは，10年後の人と社会と地球の健康のために新たな食のプロジェクト「ZENB（ゼンブ）」を始動している。同プロジェクトでは，おいしさと体にいいを一致させることで，ウェルビーイングな新しい未来の食生活を提案している。「ゼンブマメロニ（250g）／豆マカロニ」は，黄エンドウ豆を100％使用し，つなぎを使わずつくられたマカロニである。同製品はグルテンフリーで，もちっとした食感，食べ応えがあり，ご飯がわりだけでなく，サラダ，炒め物，スープの具材としても使える製品である。同製品は黄エンドウ豆をうす皮までまるごと使用しており，ご飯をゼンブマメロニに代えるだけで糖質58％OFFを実現できる。そのほかにも，タンパク質はご飯の2.4倍，食物繊維は3.4倍含まれており，低GIである。

　ベースフードは，完全栄養食のパイオニアとして知られている。同社の製品は，1食で1日に必要な栄養素の1/3をバランスよく摂取できるように設計されており，全粒粉や大豆，チアシードなどの自然由来の原材料を使用し，栄養バランスとおいしさを両立させている。主な製品には，「BASE BREAD」，「BASE PASTA」，「BASE Cookies」などがある。同社の「BASE PASTAボロネーゼ」は，電子レンジで簡単に調理でき，タンパク質が豊富に含まれている。たっぷりの肉が入った素材の味を生かした豊かなソース，じっくり煮こんだ香味野菜のうまみとゴロゴロ感のある肉が麺によくからむ濃厚で贅沢な味わいの冷凍パスタで，タンパク質，食物繊維，ビタミン・ミネラルなど，からだに必要な33種類の栄養素をバランスよく含んでいる。

6.3.5　酵母サプリメント

　植物性のプロテインサプリメント市場は急速に成長している。大豆タンパクのみが植物性のタンパク質であった時代は終わり，サプリメント市場はエンドウ豆や米から酵母など微生物にいたるまで，タンパク質源が多様化する傾向にある。同時に消費者は機能性成分の組み込みを求めはじめており，タンパク質の量に加えて，ビタミン，ミネラル他の利点をあわせて求めるようになっている。これに対応して，メーカーはタンパク質を提供するだけでなく，消費者の健康全体に貢献する製品を意識して開発するようになっている。

　健康食品，食品，衛生用品，化粧品等の製造，販売を行っている医食同源ドットコム（さいたま市）は，2022年4月より全国のドラッグストアやホームセンター，医食同源ドットコム公式

通販サイトなどで酵母由来の次世代プロテイン「酵母PROTEIN」を販売している。同製品は，ホエイプロテインに代わる発酵テクノロジーから生まれた酵母プロテインを採用し，同時に11種類のビタミンを配合している。必須アミノ酸を含有し，従来から利用されているホエイプロテインやソイプロテイン，ライスプロテインなどを代替するプロテインとして利用できる。酵母プロテインは，糖蜜を活用して製造されており，さらに，製造過程で生じる残渣は有機肥料として活用されている。甘味系の「きな粉バナナ味」と，塩味系の「コーンポタージュ味」の2種類の製品が上市されており，普段の食生活の一部として取り入れやすい風味を選択することができる。また，水だけではなく牛乳や豆乳に混ぜても美味しく摂取することができる。

　コーセーは，ウェルビーイング領域の取り組みとして新インナービューティブランド「Nu⁺ Rhythm（ニューリズム）」を立ち上げ，酵母プロテインを主原料に森永製菓が独自開発した健康素材「パセノール」などを配合した美容プロテイン「イーストプロテイン アソートセット」を，「Maison KOSÉ」（直営店・オンラインサイト）で販売している。同社では，従来の化粧品領域にとどまらない革新的な価値を提供するため，健康や医療領域に関わるウェルビーイングの取り組みを推進しており，2019年には皮膚科学領域をリードするマルホと合弁会社を設立し，ビューティヘルスケアブランド「カルテHD」を立ち上げた。また，若返り研究においては，山中伸弥博士が主宰する研究室に研究員を派遣し，ともに研究を推進している。2024年5月には，顧客自身のiPS細胞からの抽出成分「iPSF」を配合したパーソナライズ美容商品の開発・提供を事業として進めることを発表した。

7　スポーツプロテイン

　スポーツプロテインは，主に運動やトレーニングを行う人々が筋肉の成長や回復を促進するために摂取する栄養補助食品である。スポーツプロテインはタンパク質を効率的に摂取する手段であり，筋肉の修復や成長に必要な必須アミノ酸を豊富に含んでいる。スポーツプロテインの主要な役割は，トレーニング後に摂取することで，筋肉の修復と成長を促進することである。最近ではトレーニング以外にも日常的なタンパク質の補給にスポーツプロテインを摂取する人も現れている。筋肉の回復を助けるために，運動後30分以内に摂取するのが効果的であり，吸収速度が速いホエイプロテインがスポーツプロテインの主流を占めている。

　スポーツプロテイン市場は，プロテインパウダー市場とエナジーバー市場に区分できる。インドのFortune Business Insights社によると，プロテインパウダーの世界市場は，2023年に約228億3,000万米ドルで，2031年までに369億5,000万米ドルに達すると予測されている。健康意識の高まりやスポーツ，フィットネス活動の普及，手軽にタンパク質を摂取できる利便性の増大を背景として，ホエイタンパク，カゼイン，大豆タンパク，エンドウタンパクなど，さまざまな種類のプロテインパウダーが市場に出回るようになっている。プロテインパウダーはスポーツ用，医療用，日常のタンパク質補給用など，用途に応じた製品が提供されている。一方，需要層

第3章　代替タンパク質の市場動向

は若年層や女性の新規ユーザーが増加しており，トレーニング目的から健康，美容目的での利用
が広がっている。

　エナジーバーは，アスリートやフィットネス愛好家がトレーニング前，トレーニング中，ト
レーニング後に必要なエネルギーを摂取できる便利で持ち運び可能な方法である。保存が簡単
で，外出先でも消費できるため，忙しいライフスタイルに適しており，今後の成長が期待されて
いる。

　日本国内では，健康のためスポーツを行う人が増加している。令和4年度のスポーツ庁の調査
によると，週1日以上スポーツを行う人は52.3％と前年の56.4％から減少したものの過半数を超
えて推移する。そのうち，スポーツを行う理由を「健康のため」と回答した人は79.4％に上って
いる。スポーツを行う人は，競技出場するコア層からウォーキングやヨガなどを行うライト層へ
広がりを見せている。

　スポーツプロテインの摂取は，「疲労回復」，「エネルギー補給」，「筋力増加」などを主要な目
的としており，既存の機能性原料をエビデンスに基づいてスポーツ向けに提案したり，新素材を
開発，提案したりする動きが活発化している。スポーツプロテイン市場は，新規利用者がリピー
ターとして定着する傾向がみられるため，一時のブームから安定成長へ移行する中で，各社は活
発に新製品の開発と差別化を進めている。

　米国のオプティマムニュートリション（Optimum Nutrition）社（日本法人はオプティマム
ニュートリションジャパン）は，1986年に設立された世界中のアスリートに愛用されているブ
ランドである。同社は高品質の原料のみを使用して，筋肉の成長と修復を一貫してサポートする
さまざまなプロテインパウダーを提供しており，特に「ゴールドスタンダード100％ホエイ」は
非常に人気がある。同製品は世界売上げNo.1のプロテインパウダーで，主にホエイプロテイン
アイソレートを使用した高品質ホエイプロテイン24gが含まれており，余分な炭水化物，脂肪，
ラクトースは高度なろ過技術によって分離されている。また，天然由来のBCAAも1回分あた
り5.5g含まれている。このパウダーはコップとスプーンだけで簡単にミックスできてすぐに飲
用できる。天然のフレーバーを含む数種類のフレーバーの製品がある。そのほかにも同社は，「シ
リアスマス」，「ゴールドスタンダードプレアドバンスド」，「マイクロナイズドクレアチンカプセ
ル」など多くの製品を上市している。

　シリアスマスは，スプーン2杯で1,250カロリーとタンパク質50gを摂取できるシェイク用パ
ウダーで，ワークアウト後と食間に摂取する製品である。タンパク質のほかに1回分あたり
252〜254gの炭水化物，3gのクレアチン水和物，25種類のビタミンと必須ミネラルが含まれて
いる。

　ゴールドスタンダードプレアドバンスドは，同社の主力製品であるゴールドスタンダード
100％ホエイを強化，向上した製品で，健康な成人が健康的でバランスのとれた食事や運動プロ
グラムの一環として使用することを目的としている。1回分あたり天然由来のカフェインを
300mg，L-シトルリンを6g，βアラニンを3.2g含有している。

203

マイクロナイズドクレアチンカプセルは，カプセル2粒あたり2.5gのクレアチン水和物を配合している。一方，カロリーと炭水化物は含まれていない100%のクレアチン水和物である。

マイプロテイン（MyProtein）社は日本国内で，「Impactホエイプロテイン」，「Impactホエイアイソレート」，「ウエイトゲイナーブレンド」などのプロテインを上市している。同社は欧州で売り上げNo.1をあげているメーカーで，リーズナブルな価格と高品質で知られている。マイプロテイン社は，2004年に英国のチェシャーで設立されたスポーツ栄養メーカーで，2011年にThe Hut Group（THG）に買収され，現在はその一部となっている。同社は，プロテインサプリメント，ビタミン，エッセンシャルサプリメントなどの幅広い製品をオンラインで提供しており，世界中で高い評価を受けている。マイプロテイン社は，健康とフィットネスをサポートするための製品を提供することを目指しており，「世界で最もエンパワーリングな健康運動」を実現することを理念として掲げている。

Impactホエイプロテインは，世界の売上数が240万個を突破しているプロテインで，1食あたりタンパク質を21g配合している。1食あたりのカロリーは114kcalと低カロリーで，40種類以上のフレーバーから選べる。1日中，いつでも，手軽にタンパク質を補給できる混ぜやすいシェイクで，やる気を高め，最大限のパフォーマンスを発揮できるよう毎日のエネルギーチャージをサポートしている。

Impactホエイアイソレートは，タンパク質純度にこだわったプロテインで，きめ細かくろ過することで，純度の高いプロテインに仕上げている。高タンパクで，低糖類なだけでなく脂質が0.5g以下，炭水化物が0.6g以下であり，純度を最大限に高めている。プロテインシェイクは，タンパク質を1食あたり23g含有しており，タンパク質を補給したいときに即時にチャージできる。同製品は，スポーツ栄養製品の品質管理において世界基準となる認証である「インフォームドチョイス」を自主的に取得している。

ウエイトゲイナーブレンドは，ウエイトトレーニングや筋力トレーニングに適したプロテインサプリメントである。1食あたりのタンパク質を31g，炭水化物を50g含有，388kcalで高タンパク質の摂取をサポートし，筋肉の修復と成長を促進する。また，筋肉に必要なアミノ酸をバランスよく含み，効率的な筋肉の回復を促進する。グルテンフリーであるため，消化吸収がよく，消化器系に負担をかけずにタンパク質を摂取できるほか，カロリーと炭水化物が少ないので，ダイエット中でも安心して摂取できる。

BSN（Bio-Engineered Supplements and Nutrition,Inc.）社は，「Syntha-6」などの製品で有名な米国企業で，BSNは2001年に設立されたスポーツ栄養ブランドである。同社は科学的に設計された製品を提供し，アスリートやフィットネス愛好家のパフォーマンスを向上させることを目指している。BSNの製品ラインには，プロテインサプリメント，プレワークアウトサプリメント，ビタミンサプリメントなどがあり，多くの製品が市場で高い評価を受けている。特に「N.O.-XPLODE」などの製品は，プレワークアウトカテゴリーをつくり出し，多くのユーザーに支持されている。同社は革新を重視し，独自性を持った製品開発に尽力することで，世界中に

第3章　代替タンパク質の市場動向

多くの愛用者を獲得している。

　同社の製品は，日本国内でも人気のスポーツ栄養ブランドとなっており，多くのフィットネスショップやオンラインストアで取り扱われている。「SYNTHA-6」は，多源性の高品質なプロテインサプリメントで，トレーニング後に摂取することで筋肉の成長と修復をサポートするために設計されている。同製品は，ウシ，牛乳，卵，大豆，米，トウモロコシと異なるタイプのタンパク質を組み合わせており，バランスの取れたアミノ酸プロファイルを提供している。1食あたり約22gのタンパク質を含んでおり，低カロリーでダイエット中でも安心して摂取できる。自然な成分のみを使用しており，添加物や人工甘味料を含まないため健康志向の人にも適している。

　「N.O.-XPLODE」はプレワークアウトサプリメントで，トレーニング中のパフォーマンスを向上させる。プレワークアウトサプリメントは，トレーニングや運動前に摂取することを目的としたサプリメントで，同製品にはエネルギーを増加させてトレーニング中の疲労を軽減したり，トレーニングの集中力の向上や持続力の強化を図ったりするためにカフェインやβアラニン，L-シトルリン，クレアチンなどの成分が配合されている。

　また，「True Mass」は，カロリーとタンパク質を多く含むサプリメントで，筋肉増量を目指す人に適しており，アミノ酸サプリメントの「AMINOx」は，筋肉の修復と回復をサポートするサプリメントである。

　マッスルテック（MuscleTech）は，1995年に設立されたスポーツ栄養ブランドで，米国のカリフォルニア州に本社を構えている。同社は，アスリートやフィットネス愛好家向けに高品質なサプリメントを提供している。「NITRO-TECH100％WHEY GOLD」は高品質なウェットプロテインサプリメントで，トレーニング後に摂取することで，筋肉の成長と修復をサポートするために設計されている。3種類の異なるタイプのウェットプロテインを使用しており，速やかに体内に吸収されるほか，低脂肪・低糖質で，健康的な食事に組み込みやすいことも特徴となっている。また，水溶性で迅速に消化，吸収されるため，筋肉に素早くエネルギーを供給できる。

　「CLEAR MUSCLE」は，筋肉の増強と回復をサポートするサプリメントで，HMB（ヒドロキシメチルブチルカルボン酸）が含まれている。そのため，筋肉の分解を減少させて回復時間を短縮する，筋肉の合成を促進してより速く筋肉を増加させるなどの効果がある。同製品をトレーニング後に摂取することで，筋肉の回復を助け，より頻繁にトレーニングを行うことが可能になる。

　一方，「HYDROXYCUT HARDCORE SUPER ELITE」は，高品質のサーマルサプリメント（熱産生）で，カフェイン，C.canephora robusta（コーヒーの成分），独自成分の「Zynamite」，アラビノキノン（ALA），グレインズオブパラダイス（ギニア生姜）などの成分が含まれている。C.canephora robustaは，科学的研究で健康的な体重管理をサポートすること認められている。Zynamiteは同社が特許を取得しているマンゴスチンを60％含む成分で，集中力とエネルギーをサポートするカフェインと組み合わせることで独特の感覚効果をもたらす。また，抗酸化物質のアラビノキノンは炭水化物，脂質，タンパク質の代謝を助ける働きがある。ブレインズオブパラダイスは伝統的に使用されている種子で，6-パラドールという刺激物質を含んでいる。同製品は，

エネルギーとパフォーマンスを爆発的に向上させることを目的としており，あわせて体重管理をサポートする機能を有している。

　国内のプロテインメーカーでは，ザバス（SAVAS）を発売している明治がトップメーカーの地位を維持している。ザバスは日本で最も有名なプロテインブランドの1つで，幅広い製品ラインアップと高品質で知られている。

　ホエイプロテインは加工処理方法によりさまざまな種類があり，市場に多く流通しているホエイプロテイン製品は，チーズ製造工程で発生するチーズホエイを濃縮・粉末化した「チーズホエイプロテイン」を使用している。一方，脱脂乳を酸処理しカゼインとホエイに分離させたホエイは，アシッドホエイ（酸ホエイ）といわれており，アシッドホエイプロテインは，アシッドホエイを濃縮・粉末化したものである。アシッドホエイプロテインは，チーズホエイプロテインと比べ，カラダづくりに役立つ必須アミノ酸「ロイシン」の含有率が高いことと，チーズ製造工程を経ないことによるすっきりとした風味が特徴となっている。世界的にみるとチーズホエイプロテインよりも生産量が少ないアシッドホエイプロテインであるが，明治は独自の原料ネットワークを駆使することで，品質基準をクリアしたアシッドホエイプロテインコンセントレートの原料調達に成功した。

　理想の筋肉のためにトレーニングする多くのトレーナーは，タンパク質含有率の高さや，脂質・乳糖の少なさなどを求め，高精製されたホエイプロテインアイソレート（WPI）を求める傾向がある。しかし，WPIはチーズホエイプロテインを精製したものであり，アミノ酸組成は一般的なチーズホエイプロテインと大きく変わらない。それに対して，アシッドホエイプロテインは，タンパク質100gあたり，WPIを上回る13.1gのロイシンを含有している。

　アシッドホエイプロテインは製造工程の違いから，チーズホエイプロテインと比べ，ホエイタンパク質の成分であるβ-ラクトグロブリンやα-ラクトアルブミンの比率が高い。そのため，分岐鎖アミノ酸（BCAA）のロイシン・イソロイシン・バリンの3種のアミノ酸やリジンに代表される必須アミノ酸（EAA）の含有率がチーズホエイプロテインよりも高い。また，チーズホエイプロテインには，ロイシンやリジンの含有率の低いcGMPというカゼイン由来の成分が含まれるのに対して，アシッドホエイプロテインには含まれていない。したがって，アシッドホエイプロテインは，本来のホエイの特徴を備えたプロテイン原料ということができる。

　新製品の「アドバンストホエイプロテイン100」は，すっきりとした風味が特徴のアシッドホエイプロテインと，同社独自の配合・造粒技術によりおいしく溶けやすい，飲みやすい品質を実現している。同製品は溶けやすいのでシェイカーだけでなく，グラスやコップでも簡単に溶かせて飲用できる。体づくりに欠かせないビタミンB群とビタミンD，体調維持に欠かせないビタミンCを配合，水で溶かしてもおいしい，すっきりとして飲みやすいココア味に仕上げている。

　そのほかにも，ザバスブランドには高純度ホエイプロテインアイソレート（WPI）を100％使用したスポーツドリンク感覚のプロテイン「アクアホエイプロテイン100」，スポーツジュニアが食事などで不足しがちな栄養素を理想的に補える「ジュニアプロテイン」，運動で理想の体を

第3章　代替タンパク質の市場動向

目指す女性に有用な成分を配合した「ホエイプロテイン100マルチビタミン＆ミネラル」などの製品が上市されている。ホエイプロテイン以外にも，引き締めたいカラダのために溶けやすさを追求した「ソイプロテイン100」，運動できれいに引き締めたい女性向けに有用な成分を配合した大豆プロテインの「シェイプ＆ビューティ」，引き締めたい体づくりをサポートするドリンクタイプの本格プロテインである「SOY PROTEIN」など多くの種類の製品を揃えている。

　DNSは，世界最先端のスポーツ栄養学に基づいて製品開発を行っている。国際スポーツ栄養学会が最新の知見を踏まえて発表する声明や，スポーツ栄養分野でのさまざまな研究結果を海外からも収集して製品設計のベースにしており，人間の身体で効果が実証されたエビデンスの高い研究結果から，有益な成分や組み合わせかどうかを社内でチェックし，効果が出る製品づくりにこだわっている。

　同社の製品はアスリートがアスリートのために開発してきた歴史を有しており，元アスリートや現在も競技スポーツやトレーニングに打ち込むスタッフも含めて，製品を実際に使用しながらユーザーとして欲しい製品，サービスを開発している。また，トップアスリートの生の声や栄養サポートから得た知見などスポーツ現場のニーズを製品開発や改良に反映している。

　ハイスペックプロテインでは，「ホエイプロテインSPフルーツミックス風味」を上市している。ホエイプロテインSPフルーツミックス味は，1食（34g）あたり，身体づくりに有効なホエイプロテインを26.5g以上配合しており，体重80kgの人なら，付属スプーン1杯で十分量を摂取できる。同時にHMBを1食あたり1,500mg配合しており，効率的に筋肉を増強したい人を強力にサポートしている。そのほかにも，さまざまな役割を持ち，免疫系にも重要な働きを持つことが知られているグルタミン5,000mgを配合しているほか，栄養素の素早いデリバリーを助けるNOブースター（アルギニンとシトルリンを1対1で配合したもの）も配合している。ホエイプロテインSPにはフルーツミックス風味のほか，チョコレート風味とヨーグルト風味の製品がある。

　スタンダードプロテインには，「プロテインホエイ100プレミアムチョコレート風味」，「ザ プロテインホエイ＆ソイココア風味1,000g」などの製品がある。プロテインホエイ100プレミアムチョコレート風味は，プロテインとして美味しいではなく，飲み物として美味しいを目指し，毎日でも飲みたくなるフレーバーを追求した製品で，同社の従来からの技術の蓄積でシェイク時の泡立ちと溶けやすさを改良して泡立ちをほぼなくした製品である。さまざまな場面で摂取できるように，コップに水を入れてかき混ぜるだけで溶かせる溶けやすさを追求して，プロテインを飲むストレスをゼロにすることを目指している。

　一方，ザ プロテインホエイ＆ソイココア風味1,000gは，ホエイとソイのメリットを兼ね備えたプロテインで，血中アミノ酸濃度が高くなるホエイプロテインにソイプロテインによる血中アミノ酸濃度の持続力が加わりバランスよくアミノ酸を摂取できる。さらに，大豆に含まれるイソフラボンには抗酸化・抗炎症作用も期待できる。同製品に使用されているソイプロテインは，新製法によりソイ特有の風味やざらつきを極限まで軽減し，スムーズな飲みごたえに仕上げられて

いる。

「EAA PRO」は，9種類の必須アミノ酸にアルギニンを加えて米国特許を取得したEAAlpha
を原料に使用し，わずか5gでのアスリートの身体づくりをサポートする飲料である。シェイ
カーでプロテインを飲むことが難しい時や減量中でプロテインのエネルギーを厳密に制限したい
時，プロテインを飲むと満腹になってしまう場合，合宿や遠征など荷物に制限がある場合などに
利用できる。EAA PRO は飲む時を選ばないが，トレーニングや運動に合わせて飲む場合にはト
レーニングの開始前に飲用することが適している。運動前に EAA PRO を飲み，身体の中のア
ミノ酸濃度を高め，筋肉に刺激を入れた状態でトレーニングすることにより，トレーニングの効
果を最大化できる。

森永製菓の「ウイダー」は長い歴史を持つブランドで，ゼリータイプやバータイプのプロテイ
ンも展開している。製品には，「マッスルフィットプロテインプラス」，「マッスルフィットプロ
テイン」，「プロテイン効果」，「ジュニアプロテイン」，「おいしい大豆プロテイン」，「リカバリー
パワープロテイン」など多くの製品がある。一方，「in」ブランドにもスポーツ用途の製品があり，
運動中〜後の筋肉に高タンパク質やアミノ酸をチャージする「エネルギー」，運動後などのタン
パク質補給用の「プロテイン15g」（販売ルート限定品），運動前・中などのエネルギー補給用の
「エネルギーBCAA」（販売ルート限定品），「プロテイン5g」などの製品がある。

マッスルフィットプロテインプラスは，ホエイ＋カゼイン＋大豆＋Eルチン（酵素処理ルチン）
のマッスルフィット最高品質の製品で，素早く吸収されるホエイプロテインとゆっくり吸収され
るカゼインプロテイン・大豆プロテインに加えて，アスリートに不足しがちなカルシウム・鉄・
タンパク質の働きに必要なビタミンB群（7種類），運動で消費され体のメンテナンスに役立つ
グルタミンを添加している。吸収スピードが異なる3種類のタンパク質で，持続的にアミノ酸補
給が行える。

マッスルフィットプロテインは，素早く吸収されるホエイプロテインと，ゆっくり吸収される
カゼインプロテインを配合したうえ，プロテインの働きを強める成分のEルチンを配合して効
率的なカラダづくりを目指している。また，体づくりに必要なカルシウムと鉄，タンパク質の働
きに必要なビタミンB群，運動で消費された体のメンテナンスに役立つグルタミンを添加して
いる。

プロテイン効果は，1杯で大豆プロテイン15g配合しており，大豆イソフラボンもあわせて摂
取できる製品である。そのうえ，1/2日分のビタミンCと1日分の鉄分を添加している製品で，
森永ココアの味をしている。

おいしい大豆プロテインには，コーヒー味とビターカカオ味の製品がある。製品20gあたり
植物性タンパク質を10g配合しており，おいしく手軽にタンパク質が摂取できる。カルシウム
＆ビタミンDをたっぷり配合しているうえ，大豆イソフラボンも摂取できる製品である。

リカバリープロテインは，運動直後の体のメンテナンスを目的とした製品で，糖質とタンパク
質を黄金比率（3：1）で配合した製品である。さらに，運動後の体のためにビタミンCのほか，

第3章　代替タンパク質の市場動向

糖質やタンパク質のはたらきに必要なビタミンB群（7種）と運動後の体のメンテナンスに役立つグルタミンを添加している。運動直後に摂取したい糖質，タンパク質，水分を素早く補給でき，同社がサポートしている多くのアスリートに愛用されている。なるべく疲労を残さず，毎日練習やトレーニングを積み重ねるために適した製品となっている。

　健康体力研究所（Kentai）は1978年，スポーツサプリメントのパイオニアとして，日本で最初のスポーツ用プロテイン「パワープロテイン1000」を発売した企業である。また，同年，トレーニングと栄養の情報誌「Kentaiニュース」の第1号を発行し，現在まで定期刊行が続いている。同社は，その後も業界初の大容量プロテインやアミノ酸サプリメント，CFM製法のホエイプロテイン，クレアチンなど，その時代の最先端のサプリメントを製品化してきた。

　同社は「100％CFDホエイプロテイン」をはじめ，「パワーボディ100％ホエイプロテイン」，「100％CFMホエイプロテイングルタミンプラス」，「100％ソイパワープロテイン」など，数多くのプロテイン製品を上市している。100％CFDホエイプロテインは，プラチナタンパク質含有率95.0％（無水物換算値），ロイシン81g，BCAA154g，ビタミン11種，ミネラル（Ca/鉄）を含んでいる，CFD製法により生成された高タンパク質含有率のWPIのみを使用している。CFD製法は，牛乳から脂肪分を除いた脱脂乳を原料とし，低温を維持しながら2段階の膜処理で加工するホエイプロテインの精製法である。低温で加工されるため，熱によるタンパク質へのダメージが抑制できる。この低温2段階膜処理の工程を通し精製されたホエイプロテインは，高いタンパク質含有率を有しており，高タンパク，低脂質のCFD製法ホエイプロテインは，すっきりしたクセのない風味をしている。

　パワーボディ100％ホエイプロテインは，筋力アップを目指す人のスタンダード製品で，ホエイプロテインに体づくりに大切なビタミンやミネラルを配合している。飲みやすさ，本物感を追求した，水でおいしく飲める3種類のフレーバーの製品があり，運動後やトレーニング後など場面を選ばず使用できる。トレーニング初級者からプロテインヘビーユーザーまで，幅広いユーザーを想定したベーシックタイプのホエイプロテインである。

　一方，100％CFMホエイプロテイングルタミンプラスは，CFM製法により精製されたWPIのみを使用したプロテインである。CFM製法は，牛乳が持つ生理活性物質を高いレベルで残し，かつ高タンパク質含有率を実現したホエイタンパクの精製方法で，つまりウエイトトレーニングを行うアスリートにとって必要なタンパク質，乳由来の生理活性物質，BCAAを豊富に含み，不要な乳糖，脂肪，精製過程で傷ついた変性タンパク質を取り除いている。さらに，筋肉を超回復に導くアミノ酸のグルタミンおよび失われがちなビタミン，ミネラルを添加したトップアスリートのためのホエイプロテインである。

　100％ソイパワープロテインは，分離大豆タンパクを使用したプロテインパウダーで，体内で合成できない9種の必須アミノ酸をすべて含有している。体づくりを考えるアスリートのタンパク質補給をサポートすることに加えて，コンディションづくりに欠かせないビタミン，ミネラルを配合している。しなやかでタフな体づくりを目指すアスリートからダイエットが気になる人ま

209

で幅広いターゲットとする植物性プロテインパウダーである。粉立ちが少なく，水でも利用できるので，運動後など手軽に使用できる。

　ビーレジェンドは，ISO認証を取得した日本国内の工場で，高い安全基準や管理体制のもと，低価格で高品質なプロテインを製品化し，急成長しているメーカーである。同社の「ビーレジェンドプロテインナチュラル（さわやかミルク風味）」は，2023年のモンドセレクションで最高金賞となり，同社のプロテインは9年連続受賞という実績を上げている。

　プロテイン製品は，「ホエイプロテイン（WPC／WPI）」，「人工甘味料不使用プロテイン」，「ソイプロテイン」などがラインアップされている。「WPCホエイプロテイン」は，フレーバーが豊富なスタンダードなホエイプロテインで，レモン風味，ストロベリー風味，アセロラ風味など数多くのフレーバーが用意されている。一方，「WPIプロテイン」は，WPCプロテインよりもタンパク質含有率を高めたホエイプロテインで，レモン風味，ヨーグルト風味，グレフル風味，リニューアルを予定しているココア風味などの製品がある。人工甘味料不使用プロテインは，人工甘味料の代わりに植物由来甘味料を使った製品で，ベリー風味，ライム風味，ガトーショコラ風味の3種類の製品がある。一方，主にダイエットを目的としているソイプロテインには，バナナラテ風味，ヨーグルト風味，ココア風味の製品がある。

第4章　代替肉に関連するフードテック技術

1　代替油脂

　代替油脂は，プラントベースミートの味覚を本物（動物性）の肉に近づけるための重要なツールとして期待されている。未だ実装にいたったケースは少ないが，2023年には世界的に代替油脂関連で最も先行しているとみられている複数のスタートアップが，試食できるレベルにまで完成度を高めていることが明らかになった。したがって，2024年はこれらの会社が既存のプラントベースミートの食品メーカーの商品に組み込まれていく可能性に期待が持てる。代替油脂の製法は，微生物脂質，精密発酵，細胞培養が代表的な手法であるが，そのほかにも植物種子からの天然脂肪オレオソームの抽出や，昆虫由来のオイルなど，多くの製法がある。

　米国のカーギル社は，代替脂肪の研究に取り組んでいる。この研究は，動物由来の脂肪を人工的につくり出すことを目指しており，持続可能な食品供給を実現することを目標としている。同社は，植物由来の成分を使って，動物の脂肪の特性を模倣することにすでに成功している。

　2023年3月，同社はスペインの代替油脂開発スタートアップのキュービックフーズ（CUBIQ Foods）社との間で，油脂技術の開発や製品共同開発など商業化の加速に向けて協働すると発表している。キュービックフーズ社は2018年に創業した動物性や植物性の飽和脂肪酸の代替油脂の開発をミッションにしている企業で，細胞由来のオメガ3脂肪酸の世界初の商業化に成功している。現在は，新開発の油脂と水のエマルジョン，細胞ベースのオメガ3の量産，オメガ3マイクロカプセル化技術の3つの分野で開発を進めている。すでに細胞由来のオメガ3脂肪酸「Smart Omega-3」と，肉や乳製品に使う動物性脂肪の代替品「Smart Fat」を企業向けに提供できる生産ラインも構築している。

　カーギル社は，キュービックフーズ社の油脂技術が植物由来の肉・乳製品代替食品の構造，味，食感，栄養プロファイル改善で極めて重要な役割を果たせると考えており，技術を活用することで顧客の代替食品開発を支援するとしている。カーギル社は，特に風味の向上やオメガ3の配合，動物性油脂やトロピカルオイル使用の従来製品を上回る植物由来の代替食品の開発などを進める見込みである。

　カーギル社は2022年5月，キュービックフーズ社に初期投資を実施している。また，同社はこれまでもエンドウタンパクを製造する米国のピューリスフーズ社や培養肉スタートアップのアップサイドフーズ社などへの投資を行っており，今回の協働はそれらを補完する形となる。

　サンフランシスコに本社を置くYali Bio社は，独自の酵母発酵技術により，従来の農業よりもはるかに少ない環境負荷で，単純投入物を高品質で栄養価の高いさまざまな脂肪に変える精密発酵による代替乳脂肪開発技術を開発している。同社は乳製品の代替品に使用する栄養価が高

211

く，高性能な代替脂肪の生産技術を開発しており，乳製品バターの優れた特性をすべて備えながら，より健康的で環境への影響が少ない代替バターの研究開発に取り組んでいる。そのほか，室温で適切な硬さを持ち，乳製品チーズと同じ融解パターンを持ち，同じ味がする代替チーズ，多くの植物性ミルクと異なり，乳製品のミルクと味と食感の同等性がある代替ミルクなどを開発している。

2023 年 11 月，同社は代替乳脂肪によるアイスクリームのデモを公表しており，今後は大手企業との協業を梃子としてより一層の成長を目指している。同社の精密発酵技術は，再生可能な炭素原料から原材料を取り，精密発酵を使用してそれらを特殊な脂質と脂肪に変える技術であり，合成生物学の力を利用して，製品性能のトレードオフなしに気候変動に配慮した脂肪の製造を目指している。

また，2024 年 2 月，米国国立衛生研究所（NIH）の支援を受けた同社は，精密発酵を利用してヒトの母乳に自然に豊富に含まれる OPO（1,3-ジオレオイル-2-パルミトイル-グリセロール /1,3-ジオレオリル-2-パルミチン酸）と同一の脂肪化合物を作製することに成功している。OPO は乳児の栄養素の吸収を助ける上で重要な役割を果たし，健康に長期的な影響を与えている成分で，不足すると感染症のリスクが高まると考えられている。

2 味覚検知ツール

食品の味を開発するうえで期待されているのが味覚検知ツールである。味覚検知ツールの開発は，最近注目を集めており，人工知能（AI）とバイオセンサー技術を組み合わせて，味覚データを AI で解析し，特定の味を識別するシステムや，バイオセンサーを使って食品の成分を検出し，それを味覚と関連づける技術などの開発が進んでいる。このような技術は，食品の開発や品質管理に役立つだけでなく，味覚障害のある人々のための補助ツールとしての活用なども期待されている。

スイスの iSense 社は，食品・飲料メーカーがフレーバーコストを削減し，フレーバーの選択を容易にするために，独立したフレーバーの味データとクラウドベースのフレーバーコレクション管理ソフトウェア（SaaS）を提供している。食品・飲料メーカーとフレーバーメーカーの機能や地域を超えたコラボレーションを促進する事業を展開しているスタートアップである。同社の事業の中核は，比較可能性，識別，よりシャープなフレーバー選択をもたらすためのフレーバーの官能プロファイリング（デジタル化）で，数千のフレーバーおよびそのデジタルプロファイルを備えた B2B デジタルフレーバーマーケットプレイスを実現して，嗜好業界のデジタルへの移行の引き金となることである。

ペンシルベニア州立大学の研究チームは，AI の脳が人工舌を使用して，一杯のミルクに含まれる水分の量，コーヒーブレンドの豆の混合物，さらに人間が見つけることができないフルーツジュースの初期の腐敗を検出する方法を詳しく説明した論文を発表している。混合物中の成分を

第4章　代替肉に関連するフードテック技術

識別するための電子機器は，新しいアイデアではなく酸性度や温度などを測定できる。しかし，同大学の研究者は，AIを使用して単にpHバランスを検出するだけでなく，舌，鼻，脳が物の味を解釈する方法を模倣することで味覚を検知している。

ISFET（グラフェンベースのイオン感受性電界効果トランジスタ）として知られる高度なセンサーを使用すると，電子舌は温度計やpHテストスティックなどの複数の種類のセンサーを必要とせずに，多くの複雑な化学物質を同時に測定できる。センサーが生成した膨大な量のデータの整理は，標準的なコンピューターを使用すると時間がかかる場合がある。また，分析ではミルクがどれだけ水で薄れているか，オレンジジュースがどれだけ絞りたてであるかについて情報化できない。

代わりに研究者たちは，人間が味を処理する方法の一部を模倣できるニューラルネットワークの形でAIを使用した。さまざまな化学物質が電子舌のセンサーにどのように影響するかをAIに教えた後，ニューラルネットワークはさまざまな種類のソーダとジュースの鮮度を80％以上の確率で正確に識別することができた。また，科学者が比喩的なリードを外して，AIが独自のデータ分析方法を考え出すようにしたとき，AIの精度は95％に跳ね上がり，間違った答えを得ることはほとんどなかった。

食べ物の微妙な側面を測定することと，AIを使用してそれらが何を意味するかを判断することの組み合わせは，人間がどのように物事を味わうかについてのシミュレーションであり，ミルクがまだ悪くないが，まもなく悪くなる場合など腐敗の初期段階も検出できる。

国内ではスタートアップのAISSY（アイシー）がAI技術により，人間の味覚を再現した「味覚センサーレオ」を用いて，食品の味覚分析および分析データをもとにしたコンサルティング，味覚に関する共同研究を行っている。味覚センサーレオは，慶應義塾大学で研究・開発されたAI技術を用いてヒトの味覚を再現した味覚センサーである。このセンサーは，味蕾の代わりをするセンサー部分で食品サンプルから電気信号を測定し，独自のニューラルネットワーク（人工的な知能の実現）を通し，5つの基本味を定量的な数値データとして出力する。

基本5味分析は，生理学的に位置づけられた5つの基本味を定量的に分析する機能で，甘味・旨味・苦味・酸味・塩味を分析し，コクやまろやかさも数値化する。また，「料理の相性」にはさまざまな定義が存在しているが，同社では相性度を「2つの食品・食材同士でどれだけお互いの味を引き立たせられているか」で計測している。味覚センサーレオの分析データをもとに，異なる最も強い味覚のバランスと味全体の強さのバランスから算出する。そのほか，味覚の経時変化もデータとして算出でき，先味（食べ物が口に入った瞬間に感じる味），後味（時間が経ってから感じる味）をデータ化して算出できる。

味覚を定量化することで，競合商品との差別化を容易に比較する，リニューアル商品のよさや特徴を伝える，海外展開を考え，味をローカライズしたい，関連棚をつくるための相性のよいレシピを考案したい，などのニーズに対応できる。

3　3D フードプリンター

3D プリンターは，樹脂や金属素材を立体的に造形できる機器が普及しているが，3D プリンターの材料に食材を用いる 3D フードプリンターは，一部で実用化されているもののいまだに研究開発途上の分野である。3D フードプリンターの主な仕組みは，ペースト状にした食材をノズルから射出し，縦横に動かしながら積層するというものである。機械が造形を行うため造形中は手間がかからず，人の手では製造が難しい食品にも対応できる。ノズルが複数ある 3D フードプリンターでは，硬い食材と軟らかい食材といったように，異なる食材を別々に射出できるため，製造する食品の幅を広げることができる。

3D フードプリンターは，介護食・人工肉・培養肉・昆虫食・和洋菓子など多くの分野で活用できる。現在最も 3D フードプリンターの実用化が進んでいるのは介護食の分野で，3D フードプリンターを使用して食感や見た目をよくする研究が盛んに行われている。介護食では，噛む力や栄養素など，各個人に応じた食事を用意する必要があり，3D フードプリンターを使用することで硬さや栄養素の調整がしやすくなる。見た目，食感，味のばらつきなどを再現することで，おいしいだけでなく高齢者の噛む力や飲み込む力の衰えの抑制にもつながっている。

3D フードプリンターは，樹脂造形などを行う従来の 3D プリンターと同じように，複数の材料を使って立体的に積層を行うなどして，自由度の高い食品を製造できる。そのため，代替肉を積層して肉の塊をつくるなど，現段階では難しい代替肉も製造できる。また，チョコレート細工のようにデザイン性も重視したスイーツをつくる場合には，人間の手では造形が難しい食品でも製造できる。さらに，機械による製造のため，同じ原材料や出力設定，互換性のある 3D フードプリンターがあれば，まったく同じレシピの再現も期待できることになる。

3D フードプリンターは，使用する材料のタンパク質，ビタミン，ミネラル，糖分などの量を調整することができるため，高齢者や病院での患者など決められた食事しか取れない人に対して，健康面に配慮した食事を提供できる。また，使用する材料に野菜のくずや虫などを利用できるとの考えもあり，一般的には廃棄される材料や見た目の問題で食材として利用されないようなものを活用できれば食品ロスの低減も期待できる。将来，3D フードプリンターが普及すれば，廃棄される食材が減って SDGs の飢餓をゼロにするなどの目標に貢献できる可能性もある。

一方，現在の 3D フードプリンターは，使用可能な材料がペースト状の材料に限られているため，使える食材に制約が生じている。また，材料として使用するには，食材をそのまま使うのではなく，ペースト状に加工する準備が必要であり，そのための手間がかかることもデメリットとなっている。そのほかにも，3D フードプリンターの運用には，食品のレシピだけでなく，プリント機器の使用方法や機械トラブルへの対処法などの知識が求められるほか，3D フードプリンターにトラブルが発生すると，対処するまで食品を提供できない点も課題となる。さらに，ペースト状の材料を使用する 3D フードプリンターは，使用する材料の関係で製造後に軟らかさにより自重で横に広がったり，食品下部の材料が潰れてしまったりといった問題も存在している。ま

第4章　代替肉に関連するフードテック技術

た，温度を高くしていると食材が劣化しやすく，雑菌も繁殖してしまうなど衛生面でもクリアしなければならない課題も残されている。

　オランダのバイフォロー（byFlow）社は，3D食品印刷における世界的な企業である。同社は食品の調理方法を変えることで，持続化可能な世界に貢献するために新鮮な食材や廃棄される食材を使用して，デザインや食感，風味を3Dプリント技術によって製造している。同社は，特に印刷が難しいとされる素材の1つであるチョコレートの印刷において革新的な開発をしており，独自の特許技術も取得している。7年間の開発期間をへて，パーソナライズされた3Dチョコレート印刷を実現した。

　従来の機種では，ペースト状に加工した食材を用いて食品をプリントするので，使用する材料にある程度の制限が生じる。しかし，新しい機種では，プリントヘッドのさまざまな部分の温度を測定し，1/10℃以内に調整が可能になっており，プリントヘッド上のボウルで材料を混ぜたり溶かしたりして，食品を層ごとに押し出せるプリントヘッドを実現している。また，固体，粉末，液体など，ほぼすべての食材を使ったフードプリントも可能である。

　スペインのバルセロナを拠点とするフードテック企業のナチュラルマシン（Natural Machines）社は，3Dフードプリンター「Foodini（フーディニ）」を製造している。同社は，ティラミスの世界大会「ティラミス・ワールドカップ」で優勝したティラミスを，3Dフードプリンターを用いて見た目，感触，味においてすべて忠実に再現することで，料理の世界に3Dプリントが完全に対応していることを証明した。フーディニは，43cm×45cmという大きさで，調理家電として販売されている。ユーザーフレンドリーな設計で，シンプルな操作を特徴としており，まず，タッチパネルを操作してつくりたい物のデザインや形状などを選択，次に，専用のスチール製カプセルに素材となる具材を詰め込むだけで準備が完了する。あとは機械がソフトクリームのようにノズルから食材を押し出し，1層ずつ積み上げるように仕上げることになる。具材を入れるカプセルは最大5つ収容でき，必要に応じて自動で切り替えて複雑なレシピを再現できるうえ，スマートフォンなどの端末と連動する専用アプリにレシピを保存して繰り返しつくることもできる。

　フーディニは，機械に収まるサイズであれば，何でも複製できるため，ピザやパスタなどの料理はもちろん，ケーキや皿にチョコレートでデコレーションを施すことも可能である。付属する部品は，食器洗い機やオーブンに対応しており，完成した料理を焼いたり冷凍させたりと加工することもできる。すでにフーディニは一部の一流レストランで地位を確立しつつあり，学校や病院，福祉施設など利用される場所の増加が予測されている。

　岡山県に本拠を置くナショナルデパートは，複数種類の食材のインジェクションが可能な新方式のスイーツ専用の食品3Dプリンティングシステム「Topology（トポロジー）」を開発し，2021年のバレンタイン商品から一部運用開始している。同社は，バター専門ブランド「カノーブル」を展開し，日本国内におけるフレーバーバターの先駆者として香るバター「ブールアロマティゼ」シリーズで多種多様なフレーバーを開発・製造している。従来からモールドの作成工程

などで 3D プリンターを活用してきた同社は，スイーツ自体を 3D プリントするための技術を開発した。

トポロジーは，3D プリンター単体の開発ではなく，3D プリントに最適化するためのテクスチャー剤の開発などを含めた食品 3D プリントの総合的なシステムの構築を目的としている。スイーツ専用の食品 3D プリンティングシステムであるトポロジーは，バターの開発・製造で培った 3D プリンターの活用やテクスチャー開発の実績をもとに開発された。

トポロジーの特徴は，複数種類の食材をシームレスに射出できる，食材を容器に密閉したまま衛生的にセットできる，立体的な造形で複雑な食味を実現できる，などである。トポロジーは，クリームやスポンジケーキなどのスイーツを構成するための食材を格納するストレージと食材を射出する 4 軸アームで構成されており，容器に密封された状態で機器にセットされた食材は，機器内のポンプで接続したチューブを通してアーム部分に送液され，先端の口金から射出される。これまでの食品 3D プリンターは，食材をシリンダーに収めてピストンで押し出す構造で，複数種類の食材を切り替えながらシームレスに射出することができないが，トポロジーは，食材の種類ごとに独立したポンプで制御することで継ぎ目のない射出を可能にしている。

また，トポロジーでは，スパウトパックに密閉した状態で食材をセットするので異物混入などのリスクを軽減できる。これまでのホッパーとスクリューで充填していた製造機械では時間のかかっていたパーツの洗浄なども省力化が可能になり，少量多品種の製造に特化したシステムとなっている。さらに，これまでのケーキは，スポンジとクリームの積層によるものが主流だが，3D プリントなら複数のフレーバーの食材を立体的に造形することができ，今までにない複雑な食味を実現することが可能になる。トポロジーでは従来 2 層しか積層できなかった体積内でより多数の食材を積層させることができるため，専用のテクスチャー剤を利用するとスポンジケーキなどの固形物も粘体として送液することができ，より複雑な食感を実現することも可能になる。同社では将来的に自社製品製造におけるトポロジーの全面的な活用を目指している。

山形大学理工学研究科では，3D フードプリンターを活用した介護食の研究を行っている。同大学では，ゲル状の食材を使用できる 3D フードプリンターを開発して，より料理に近い介護食をつくり上げている。従来の介護食は食材をペースト状にするだけであったが，3D フードプリンターなら，ペースト状の食材を噴射し，より本物に近いビジュアルを再現できる。

大阪大学は，3D フードプリンターで和牛ステーキ肉をつくることに成功している。3D フードプリンターで，和牛の筋や脂肪の構造を再現し，本物の肉のような培養肉を再現した。この技術は，肉の複雑な構造を再現できることから「3D プリント金太郎飴技術」と命名されている。この技術が実用化されれば，場所を問わず培養肉の生産が可能になり，食肉の運搬が難しかった地域や食糧問題が深刻な国など，あらゆる社会問題を解決する糸口になると期待されている。

第 4 章　代替肉に関連するフードテック技術

4　植物分子農業

2023 年 4 月，代替タンパク質の普及を促進する非営利団体の Good Food Institute（GFI）は，植物分子農業（Plant molecular farming）に関する新たなレポートを発表している。GFI は従来，プラントベース，細胞培養，微生物発酵を代替タンパク質の 3 つの柱としてきたが，次の注目分野として，植物分子農業が代替タンパク質の第 4 の柱になるとみている。植物分子農業は，植物をミニ工場として活用し，太陽エネルギーの力で卵，乳製品などの動物タンパク質を植物につくらせる技術である。精密発酵で使用されるバイオリアクターの代わりに，植物をリアクターとして活用するもので，光合成と農業技術を使用することで，植物の中で代替タンパク質の生産が可能となる。これまでにワクチンなどの医薬品から，生分解性プラスチックへと研究対象が拡大してきたが，近年ではタンパク質の開発の研究対象となっている。

2020 年に設立されたニュージーランドのミルク（Miruku）社は，植物で生成された乳タンパク質の開発を目的とする企業である。同社はベニバナに牛の乳タンパク質の情報を与え，ベニバナの種子の中に本来生成されるタンパク質と脂肪ではなく，乳タンパク質と乳脂肪が生成されるように改変している。種子からタンパク質と脂肪を抽出するプロセスは，大豆の種子を改変するのと同様のプロセスを使用しており，AI 技術を駆使して，ミルクの風味やテクスチャーを最適化し，消費者にとって魅力的な製品を提供することを目指している。ベニバナを使用する分子農業企業には，ミルク社のほかにもイギリスのモーレックサイエンス社があるが，モーレックサイエンス社がベニバナで開発している対象は乳タンパク質ではなく，食品の栄養価を高める成分であり，ミルク社はベニバナを使用して乳タンパク質を開発する世界で唯一の企業である。

植物分子農業が抱えている課題は，食品の安全性，環境影響，遺伝子組み換えの規制，ラベリングと表示などである。食品の安全性に関しては，新しい植物の品種が人間や動物に有害でないことを確認するための試験と審査が必要になる。環境影響では，新しい植物が生態系にどのような影響を与えるかを評価するための環境影響評価が求められている。また，遺伝子組み換え技術を使用した植物は，多くの国々で厳しい規制の対象となっており，今後これらの規制をクリアする必要がある。ラベリングと表示については，植物分子農業の製品は，消費者に適切な情報を提供するためにラベリングと表示に関する規制に従う必要がある。

5　培養肉の量産化技術

培養肉の量産には，培養プロセスの改善，スケールアップ，栄養価の向上などが必要になる。培養プロセスの改善では，効率的な培養プロセスを構築するため，筋肉細胞を培養するための培地や培養器具が必要になり，酵素処理法，3D プリンティング，バイオリアクター法，組織工学などの知見や技術が使われている。

培養肉の製造において，酵素処理法は培養細胞を酵素で処理し，細胞外基質を除去することで，

217

筋肉を形成するための成分を生成する方法で，培養肉の品質を向上させ，培養肉をより安全で栄養価の高い食品にするために使用されている。酵素処理法には複数の種類があるが，一般的には細胞の分解（酵素を使用して筋肉細胞を分解），細胞外基質の除去（細胞外基質を除去するために，さらに酵素を使用），精製（細胞外基質が除去された後，培養肉を精製）の手順で行われる。

3Dプリンティングは，培養細胞をフード3Dプリンターで積層し，筋肉の構造を形成する技術である。培養肉の複雑な構造を大量に再現するのに必要とされている。

バイオリアクターは，培養細胞をバイオリアクター（培養槽）で成長させ，筋肉を形成する。牛や豚，魚といった動物から採取した種細胞を，細胞が成長しやすいようにつくられた培地（培養液）で生育した後，バイオリアクターに移して細胞を大量に増殖させる役割を担っている。

培養肉の量産化には，大量の培養肉を効率的に生産する必要があり，大規模な生産施設が必要になるなど大きな困難が伴っている。培養肉の開発が再生医療の仕組みを活用してはじまったことから，商用化のためにはラボスケールの発想から製造業の発想が必要になる。この発想の転換はスタートアップや食品メーカーだけでは無理なことから，プラント業界などの新規参入の余地を創出している。そのため，従来とは異なる協業の仕組みも生まれつつある。

栄養価の向上は培養肉の普及にとって不可欠な要素である。培養肉の栄養価を向上させるための研究は数多く進められており，健康的な食品としての価値向上が試みられている。

培養肉の量産化技術は，遺伝子改変により動物細胞の増殖能を増加させる技術や細胞が増殖するための構造（Filter cake）や培養条件を最適化する技術が開発されている。また，培養肉事業には大手食品メーカーに加えて，島津製作所や凸版印刷などの製造業の企業も続々と培養肉での協業や開発に新規参入を試みている。

総合エンジニアリング企業としてエネルギーの分野をはじめとしたさまざまな事業を手がける日揮は2022年1月，子会社のオルガノイドファームを新たに設立して培養肉の製造に参入している。同社は，オルガノイド技術という食肉組織から特定の幹細胞を取り出し，効率よく培養して食肉オルガノイドと呼ばれる組織体を作成する技術を保有している。横浜市立大学とオルガノイド作成技術を食料生産へ応用するための特許ライセンス契約を締結しており，商業化に向けた研究を行っている。オルガノイド作成技術は，立体的なミニ臓器を細胞培養でつくる技術で，普通は細胞を試験管内で培養するとバラバラ・ドロドロになってしまう細胞を，三次元的な塊（小さな臓器のようなもの）に構築できる。

代替肉の技術と市場

2024 年 11 月 29 日　第 1 刷発行

監　　修	井上國世	(S0887)
発 行 者	金森洋平	
発 行 所	株式会社シーエムシー出版	
	東京都千代田区神田錦町 1 − 17 − 1	
	電話 03 (3293) 2065	
	大阪市中央区内平野町 1 − 3 − 12	
	電話 06 (4794) 8234	
	https://www.cmcbooks.co.jp/	
編集担当	吉倉広志／麻生美里／品田　篤	

〔印刷　倉敷印刷株式会社〕　　　　　　　　　　　　　© K. Inouye, 2024

本書は高額につき，買切商品です。返品はお断りいたします。
落丁・乱丁本はお取替えいたします。

本書の内容の一部あるいは全部を無断で複写（コピー）することは，
法律で認められた場合を除き，著作者および出版社の権利の侵害
になります。

ISBN978-4-7813-1855-4　C3045　¥80000E